JN444748

건축설비

남재성 · 신동인 · 김태곤 · 도진석 · 최상현 공저

SEOWOO PUBLICATIONS

머리말

건물의 규모가 고층화·대형화 됨에 따라 건축설비가 차지하는 중요도가 점점 더 높아지고 있다. 건축기술자는 건축설비에 관한 기초지식이나 새로운 지식이 없이 완전한 건물의 설계·시공은 불가능한 실정이다.

본래 건축설비는 건축계획 및 건축구조와 일체화 된 것으로 건축규모의 대소에 관계없이 건축계획 단계에서 건축물이 가지는 여러 조건을 충분히 고려한 다음 건축전체의 고품질화, 안전화를 추구할 필요가 있다.

건축설비에 관한 기술은 건축에 관한 지식뿐만 아니라 기계공학, 전기공학, 물리, 화학 등 모든 분야의 기초적인 지식과 함께 이러한 광범위한 지식 상호간의 영역을 하나의 기술로서 확립하고 체계화하고 있다.

본인은 수년 간 대학강단에서 건축설비라는 과목을 강의해 오면서 건축설비가 어려운 과목이 아니라 재미있고 알기 쉬운 과목이 되도록 나름대로 노력해 왔다. 특히 건축학을 전공하고 있는 건축학도들에게 생소하게만 느껴지는 설비과목을 이해하기 쉽고 접근이 편한 교재를 어떻게 하면 만들 수 있을까 고심한 끝에 이 책을 쓰게 되었다.

모쪼록 이 한 권의 책이 건축설비를 이해하는데 많은 도움이 되었으면 하는 것이 저자의 바램이며, 본서의 특징은 아래와 같다.

첫째, 알기 쉽게 건축설비를 이해할 수 있도록 그림과 사진을 많이 수록했다.

둘째, 건축설비를 이해하는데 중요한 식이 있을 때는 문제풀이를 통하여 쉽게 이해할 수 있도록 했다.

셋째, 건축설비에 관련된 중요한 전공용어는 단원 뒤에 정리하여 이해를 도왔다.

넷째, 문장 중에서 중요한 키워드(key-word)가 되는 단어나 숫자는 굵은 글씨체로 강조하여 이해를 도왔다.

저자 씀

차 례

제1편 총 론

제1장 건축설비의 개요

제2장 건축설비의 기초지식

제2편 급배수 · 위생설비

제1장 급배수·위생설비 개요

제2장 급수설비

제3장 급탕설비

제4장 배수 및 통기설비

제5장 오물정화설비

제6장 위생기구설비

제7장 배관용 재료

제3편 공기조화설비

제1장 공기조화의 기초

제2장 공기선도와 상태변화

제3장 공기조화설비의 부하계산법

제4장 공조계획과 공조방식

제5장 공기분배장치

제6장 공기조화기기

제7장 난방설비

제8장 환기설비

제4편 전기설비

제1장 총 론

제2장 전원설비

제3장 배전과 배선설비

제4장 전력부하설비

제5장 정보설비

제6장 반송설비

제7장 방재설비

제5편 특수설비

제1장 가스설비

제2장 소화설비

제1편

총　론

제1장　건축설비의 개요
제2장　건축설비의 기초지식

제 1 장 건축설비의 개요

1. 건축설비의 목적

건축물은 우리들이 생활을 영위하기 위하여 만들어지기 때문에 **셸터(*shelter* : 피난처, 보호)**를 매개로 하여 생활공간의 환경 특성에 적합한 환경조정, 공급, 처리, 반송, 정보통신, 방재 등의 기능이 발휘되도록 하는 것이 중요하다. 또한 생활공간에서의 안전이나 쾌적성, 건강, 편리성 등의 성능을 향상시켜야 한다. 건축공간의 성능평가는 건축외부 및 내부의 성능과 거기에 설비된 설비의 성능에 지배받게 된다.

일반적으로는 건축의 정적요소와 설비는 상호 보완관계로 어느 정도 호환성이 있다. 예를 들어 셸터의 단열성능이 좋다면 공간의 열수지(熱收支)는 적어져서 공조설비의 능력은 작아도 되지만, 반대의 경우라면 커져야 한다.

또한 채광과 조명부하, 자연배연과 기계배연 등의 관계에 대해서는 건축 및 설비설계에 있어서 건축공간의 목적을 잘 이해한 다음 셸터 내부의 성능과 설비성능을 경제적인 관점에서 효율이 좋고, 균형있게 정리할 필요가 있다.

건축설비는 **안전성, 쾌적성, 건강성, 편리성**을 갖추기 위하여 여러 가지 형태로 역할을 하고 있다. 공조설비와 같이 단순히 실내의 기후환경만 관계한 것과 같이 목적이 명확한 것과 전기설비와 같이 각종 설비의 에너지 공급, 정보・통신 공급과 같은 다각적으로 역할을 하는 것도 있다.

2. 환경조절과 건축설비

옛날부터 인간의 거처는 자연 속에 있으면서 다양한 환경의 변화와 외적(外敵)으로부터 인간의 몸을 보호하기 위하여 존재하여 왔다. 이것이 점차 발전하여 채광이나 환기를 위한 창문과 통풍구 등과 같은 자연환경을 이용한 환경조절의 지혜를 터득하게 되었다. 마침내는 더욱 쾌적한 생활공간을 원하게 되어 자연환경에 대응한 보다 적극적인 환경조절을 익히게 되었다.

건물은 항상 노출된 자연환경 속에서 존재하며, 인간은 예로부터 필요로 하는 환경을 건축적 방법을 통하여 조절해 왔으나 인간생활의 환경 변화와 현대사회에서 요구하는 건축환경 수준을 모두 수용하기에는 그 한계성이 있다. 예를 들면, 도심의 열섬효과(heat island 현상)나 건축양식의 다양화, 건축 규모의 대형화, 입체화와 이에 따른 실내환경의 질적 욕구의 고도화 등이다.

이런 건축 실내환경을 조절하는 방법에는 두 가지가 있다. **건축적인 방법(*Passive*)**으로 해결하는 방법과 **기계설비적인 방법(*Active*)**이 있다. 건축적인 방법은 에너지 소모는 없으나 실내환경 개선에 한계가 있다. 기계 설비적인 방법은 건축 실내환경을 인간이 요구하는 수준은 만족시킬 수 있으나 에너지 소모를 수반해야 한다는 점이 다르다.

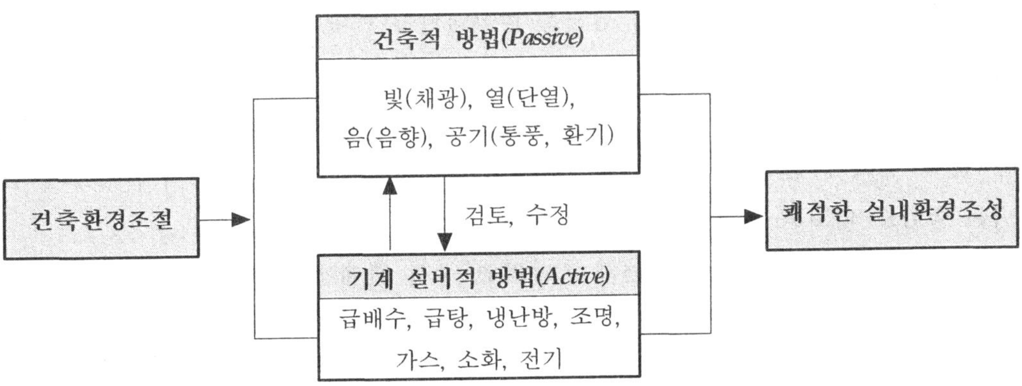

<그림 1-1> 건축환경 조절방법

3. 건축설비의 설계순서

건축설비의 계획은 크게 기획단계, 기본계획 단계, 기본설계 단계, 실시설계 단계로 구분되며, 각 과정에서 고려할 사항은 아래와 같다. 또한 <표 1-1>은 설비계획 단계에서 각 설비에 따른 계획시 유의사항 등을 기술하고 있다.

3-1 기획단계

부지환경, 도시시설, 자연환경, 법규, 주민의식 등 사회적 조건의 조사를 행하고 계획의 제반조건, 시공상의 조건을 조사 · 수집한다. 연구조사, 기획, 설계목표의 설정, 설계조건을 정리하고 사업채산계획의 보조, 창조, 기획업무를 행한다.

3-2 기본계획 단계

설계 제조건, 연구조사, 사업비, 계획 테마 등을 정리, 통합을 여러 방법으로 정리하고 설계목표를 명확하게 정하여 설계조건의 결정으로 진행한다. 개략적인 계획의 창작활동으로 시작하여 각종 조건에서 공간 구성된 공간설정에 대한 공간의 환경조정, 안전, 건강, 쾌적, 편리, 경제, 유지관리 등의 성능에 관하여 몇 가지의 시스템 구성을 제안한다. 또한 건축 메카니즘 상에서 조정, 개선, 선정, 평가의 행위를 종합적으로 취급하여 시스템 고찰, 시스템 개발, 시스템 구성을 분해 조립하여 최적화수법, 평가수법, 선정수법 등을 포함한 소프트한 면에서 에너지의 선택, 공급, 열 발생, 반송 시스템, 변환 시스템, 시스템 제어, 이용, 처리 시스템 등을 비교 · 검토로 업무를 행한다.

3-3 기본설계 단계

기본계획의 단계에서 비교 · 검토된 각 설비 시스템을 결정하고 정해진 각각의 설비 시스템을 건축내외 구성에 작업을 행함과 동시에 기술화된 기술을 중심으로 설계목표, 설계조건을 대응하면서 각 설비의 시스템 검토를 행하고 경상비, LCC(Life Cycle Cost)를 산출한다. LCC에서 필요에 따라 보조 시스템으로 대체하는 경우도 있다.

3-4 실시설계 단계

기본설계에서 결정된 각각의 설비 시스템을 기준으로 시공, 적산, 사양, 공사계약에 필요한 설계도서를 작성한다. 또한 관공서의 신청업무 적산서를 작성하여 공사금액을 결정한다.

<표 1-1> 건축설비의 각 부문별 설계순서

설비설계의 순서	기 획	기본 계획	기본 설계	실시 설계
각 과정의 테마	● 제반조건의 정리와 설계테마의 설정, 설계방침의 방향설정 ● 관한 공정의 입안 ● 설계감리 비용계획 ● 인원분배계획 ● 사업계획 타당성 검토	● 설계 테마, 방침에 근거한 기본 시스템 구상 ● 설비방식의 비교 검토 ● 관계 관청과의 절충	● 근거한 기본설계도서 작성 ● 관계 관청과의 사전 협의를 설계에 반영 ● 기본 시스템 배려에 근거한 설비계획과 건축계획 및 구조계획에 대응	● 기본설계 도서에 근거하여 시공자에게 발주가 능한 실시설계도 작성 ● 법적으로 필요한 신청을 행함 ● 운전경상비를 제시
공조설비	1. 테마와 수법의 설정 2. 관련 정보수집 3. 열원·공조계획의 기본안 입안 4. 원단위와 개략적인 설비용량 파악 5. 개략적인 소요공간 파악 6. 사업계획 타당성 검토 7. 장래계획 검토 8. 개략적인 비용산출 9. 기획서 작성 10. 설계 제조건 타당성 검토 • 외부조건 : 기상조건, 에너지공급사정, 지역 환경 • 내부조건 : 용도 및 사용조건, 가동조건, 부하조건	1.기본조건의 결정 • 건물규모, 용도, 목적에 맞는 열원 시스템의 비교검토 및 선택 • 공조 시스템 검토 • 에너지 절약을 고려한 열원, 공조시스템 • 설계 조건의 결정(실내조건, 부하조건, 운전조건) • 개략적인 동선계획 2. 법적 제출물 3. 관계 관청과의 절충 4. 관계법규 체크	1. 기본 설계도의 작성 • 계통도, 시스템도, 주요기기표, 주요기기의 배치, 기준층의 배관, 덕트, 기기배치도, 상세부분 검토도 2. 기본계획서 • 열원방식, 공조방식, 주요기기 선정, 에너지 절약 계산, 부하·설비용량의 설정, 소요 설비의 공간설정, DS·PS계획, 기기반입구 계획 3. 기본시의 약산 산출 4. 설계의 계획원론적인 배려 • 외부 환경과의 관계(급배기, 소리, 배기가스, 동결) • 건축계획과의 관계(창벽비, 코어, 기계실, 방재, 단열 등) • 구조계획과의 관계(층고, 보관통, 하중) • 설비 시스템(조닝, 기기, 재료, 소재)	1. 실시설계도의 작성 • 기기표 • 계통도(덕트, 배관, 자동제어) • 평면도(덕트, 배관, 자동제어) • 상세도 2. 사양서 3. 계산서 • 부하계산 • 기기용량 계산 및 기기선정 • 배관, 덕트 사이즈의 계산 • 각종 검토서(양정, 소리, 진동, 결로 등) 4. 발주관계도서의 작성 • 견적요령, 견적주의서, 메이커리스트 5. 법적 제출물 • 확인신청도서, 에너지 절약 계산서, 방재계획서, 공해계산서, 빌딩관리법 관련

설비설계의 순서	기 획	기본 계획	기본 설계	실시 설계
위생설비	1. 테마와 수법의 설정 2. 관련 정보의 수집·정리 3. 부지조사 • 급수, 배수, 가스, 쓰레기, 소방서, 보건소 4. 사업계획 타당성 검토 5. 장래 계획 검토 6. 개략적인 비용 산출 7. 기획서 작성	1.기본조건의 결정 • 원단위와 개략적인 설비용량의 산출 • 건축법규, 용도, 목적에 따른 급배수설비 시스템의 비교 검토 및 선택 • 설비의 개략적인 소요 스페이스 산출 2. 관계 관청과의 절충 • 상하수도국, 가스 회사, 소방서, 건축지도과, 지방자치체 3. 관련 법규 체크	1. 기본설계도의 작성 • 계통도, 시스템도, 기기표와 배치도 • 기준층 평면도, 물주변 검토도 2. 기본계획서 • 급수방식, 급탕방식, 배수방식, 가스 공급방식, 소화설비, 쓰레기처리방식, 수처리방식, 배수처리방식, 소요 스페이스와 펌프 마력 설정 3. 기본시의 개략적인 산출 4. 설계의 계획원론적인 배려 • 동결, 취기, 부식대책	1. 실시설계도의 작성 • 기기표, 계통도, 평면도, 상세도 2. 사양서 3. 계산서 • 기기용량계산, 기기 및 위생기구의 설정, 배관 사이즈계산, 각종검토서(양정, 소리, 진동, 결로 등) 4. 발주 관련 도서 작성 5. 법적 제출물
전기설비	1. 설계테마설정 2. 관련정보의 수집·정리 3. 부지조사 • 전력(공급방법, 능력, 전압인입방법, 요금분담금) 4. 사업계획 타당성 검토 5. 장래계획 검토 6. 개략적인 비용산출 7. 기획서 작성	1. 기본조건의 결정 • 원단위와 개략적인 설비용량의 산출, 전력인입 경로, 수변전, 배전 시스템, 배선계통, 조명조도, 예비전원의 정도, 사용전력량, 예비전원량의 산출, 코제너레이션 검토, 주요기기의 용량과 배치, 설비의 개략적인 소요공간 산출 2. 관계 관청과의 절충 • 전력회사, 건축지도과, 소방서, 지방자치체 3. 관련법규체크	1. 기본 설계도의 작성 • 계통도, 시스템도, 기기표와 배치도 • 기준층 평면도, 특수부분의 상세도 2. 기본계획서 • 수변전 설비의 기본구성, 수변전 단선결선도, 예비전원 설비계획, 코제네레이션계획, 축전지설비계획, 조명계획 3. 기본시 개략적인 산출	1. 실시 설계도의 작성 • 기기표, 계통도, 평면도, 상세도 2. 사양서 3. 계산서 • 기기용량계산, 기기 및 위생기구의 선정, 배관 사이즈 계산, 각종 검토서(양정, 소리, 진동, 결로 등) 4. 발주 관련 도서 작성 5. 법적 제출물 6. 조명 기구의 선정 7. 외등 계획

설비설계의 순서	기 획	기본 계획	기본 설계	실시 설계
방재 설비	1. 설계 테마와 수법 설정 2. 관련정보의 수집·정리 3. 설계 제조건 정리 • 계획지의 방재 체제 • 천재(수해, 지진)에 대한 방재체제 • 지방조례, 지도사항 • 계획 건물의 방재상의 계획요소 도출	1. 기본 조건의 결정 • 방재대상의 설정, 방재 시스템의 검토(예비전원, 소화, 배연, 비상용 엘리베이터, 피난유도, 비상조명), 방재 센터 2. 방재설비의 배치, 용량 결정 3. 관계 관청과의 절충 • 소방서, 건축지도과, 지방자치체	1. 기본계획 • 자동화재탐지설비, 가스누출화재경보설비, 비상경보기구·설비, 화재설비, 비상전원설비, 비상용 콘센트, 비상용 엘리베이터, 피난유도등, 방배연설비, 무선통신 보조설비, 비상조명 장치, 방재센터 2. 주요기기 배치계획 • 소화기, 소화전, 송수구, 배수구, 배연구	1. 실시설계도의 작성 • 기기표, 계통도, 평면도, 상세도 2. 사양서 3. 계산서 • 기기용량 계산, 기기 및 기구의 선정, 배관사이즈 계산, 각종 검토서(양정, 소리, 진동, 결로 등) 4. 발주 관련 도서 작성 5. 법적 제출물

제 2 장 건축설비의 기초지식

1. 물의 성질

건축에서 급수 · 배수(排水) · 급탕 · 난방설비 등은 물을 매체로 하는 설비로서 물의 기본적인 성질을 잘 이해하여야 한다.

1-1 중량과 부피

물은 1기압 하에서 4℃일 때 기준으로 하며, 밀도는 $1g/cm^3$이다. 이때 부피는 최소이며, 가장 무겁다. 물 $1m^3$는 1,000 l이고, 물 1 l는 무게가 1kg이다. 따라서 물 $1m^3$는 1,000kg이 된다.

1-2 물의 체적변화

물은 온도에 따라 체적의 변화가 있으며, 급수 · 급탕 및 난방설비의 경우, 이 체적을 흡수할 수 있는 안전장치가 필요하다. **0℃의 물이 0℃의 얼음**이 되면 **약 9% 체적이 증가**하며 이 때의 **팽창압력은 약 $250kg/cm^2$**에 달한다. 동절기에 수도관 속의 물이 얼게 되면 체적이 팽창하고 이 때 팽창압력 때문에 수도관이 파열된다. 4℃의 물이 100℃의 물이 되면 약 4.3% 체적이 증가하고, 100℃의 물이 100℃의 증기가 되면 체적은 무려 1,700배 가량 증가한다.

1-3 압력과 수두

(1) 압력

압력이란 단위면적에 작용하는 힘으로 단위는 kg/cm^2, kg/m^2 이다. 대기압의 기준은 다음과 같이 나타낸다.

① 1atm = 760 [mmHg]

= 1.033 [kg/cm^2]

= 10.33 [mAq]

② $1kg/cm^2$ ≒ 10mAq=10m [수두] (2-1)

$1kg/m^2$ = 1 [mmAq] (2-2)

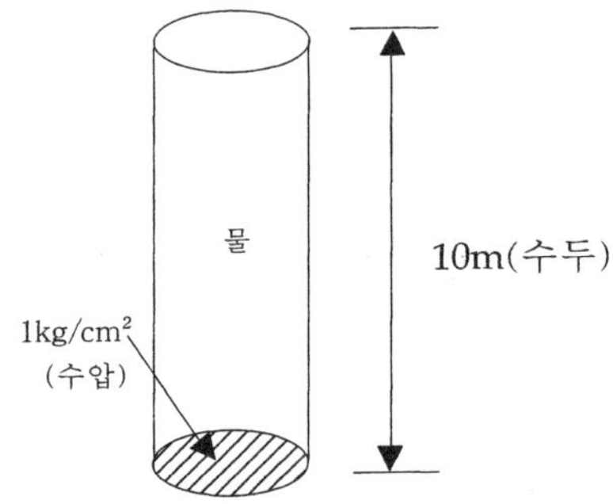

<그림 2-1> 수압과 수두의 관계

(2) 수두(水頭)

수두의 뜻은 **물의 압력, 물의 높이, 물이 갖고 있는 에너지라**는 뜻이다. 압력을 수주(水柱) 몇 m로 나타내도 같은 의미이며, $1kg/cm^2$의 압력은 10m 수주에 해당하며 이것을 수두라고 한다. 즉 수압과 수두의 관계는 물의 단위용적당 중량 W를 1,000 [kg/m^3] 수심을 h [m]라 할 때 수압 P는 다음과 같다.

$$P = W \cdot h = 1,000\ [kg/m^3] \times h\ [m] = 1,000 \cdot h\ [kg/m^2]$$

$$\therefore P = 0.1 \cdot h\,[kg/cm^2] \qquad (2\text{-}3)$$

$$\text{수두} \quad H = 10 \cdot P[\mathrm{m}] \qquad (2\text{-}4)$$

2. 열량

2-1 온도

(1) 섭씨(celsius 또는 centigrade)

℃로 표시하고 빙점과 비등점을 각각 0℃ 및 100℃로 잡고 그 사이를 100등분 한 것.

(2) 화씨(fahrenheit)

°F로 표시하고 빙점과 비등점을 각각 32°F와 212°F로 잡고 그 사이를 180등분한 것. 섭씨온도와 화씨온도와의 관계는 다음과 같다.

$$\text{섭씨온도} \quad t_c = \frac{5}{9}(t_f - 32)\ [℃] \qquad (2\text{-}5)$$

$$\text{화씨온도} \quad t_f = \frac{9}{5}t_c + 32\ [°\mathrm{F}] \qquad (2\text{-}6)$$

(3) 절대온도(absolute temperature)

섭씨 −273.15도를 절대온도 0도라 부른다. 절대온도 0도보다 낮은 온도는 존재하지 않는다. 물질 중의 열 운동의 에너지를 나타내는 척도로 절대온도 0도는 모든 열 운동을 정지한 상태이다. 섭씨의 절대온도는 K(kelvin)로 표시한다. 절대온도와 섭씨온도와의 관계는 다음과 같다.

$$K = 273.15 + t\ [℃] \qquad (2\text{-}7)$$

2-2 비열

표준대기압 하에서 순수한 **물 1kg을 1℃ 높이는데 필요한 열량**을 **1kcal**라고 한다.

어느 물질 1kg을 1℃ 높이는데 필요한 열량을 **비열**(比熱)이라 하며, 단위는 **[kcal/kg℃]**이다. 물의 비열은 1kcal/kg℃이고 공기의 비열은 0.24kcal/kg℃이다. 공기의 경우, **단위체적당 비열(용적 비열)**은 0.24kcal/kg℃×1.2kg/m^3(공기의 비중량)≒0.29 kcal/m^3℃이다.

2-3 열용량

어떤 물질이 **축적할 수 있는 열량**으로 **질량과 비열의 곱 kg×kcal/kg·℃=[kcal/℃]**으로 나타낸다. 또한, 열용량은 물당량이라고도 하며 어떤 물체의 온도를 1℃ 만큼 올리는데 소요되는 열량을 의미한다.

2-4 현열과 잠열

어떤 물체에 열을 가했을 때 온도변화가 있으면 이 열을 **현열(*sensible heat,* 顯熱)**이라 하고, 온도변화는 일어나지 않으나 상태 변화만 일어나는 열을 **잠열(*latent heat,* 潛熱)**이라 한다.

0℃의 얼음 $\underset{\text{융해열}}{\overset{\text{응고열}}{\leftrightarrows}}$ 0℃의 물. 응고 및 융해잠열은 약 80kcal/kg

100℃의 물 $\underset{\text{증발열}}{\overset{\text{융해열}}{\leftrightarrows}}$ 100℃의 증기. 증발 및 응축잠열은 약 539kcal/kg

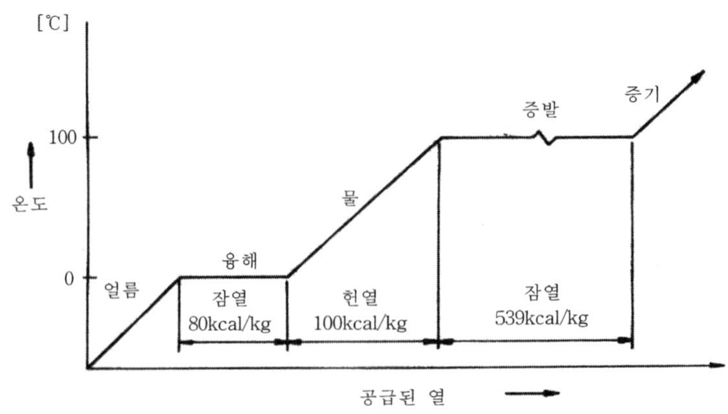

<그림 2-2> 물의 상태 변화도

3. 유체의 성질

3-1 연속법칙

일정한 관로를 흐르는 유체는 모든 지점에서 유량이 같다. 유량 $Q[\mathrm{m}^3/\mathrm{s}]$는 단면적 $A[\mathrm{m}^2]$와 평균유속 $v_m[\mathrm{m/s}]$의 곱으로 나타낸다. 따라서 유체속도는 관로의 단면적에 반비례한다.

$$Q = A_1 \cdot v_{m_1} = A_2 \cdot v_{m_2} = 일정 \tag{2-8}$$

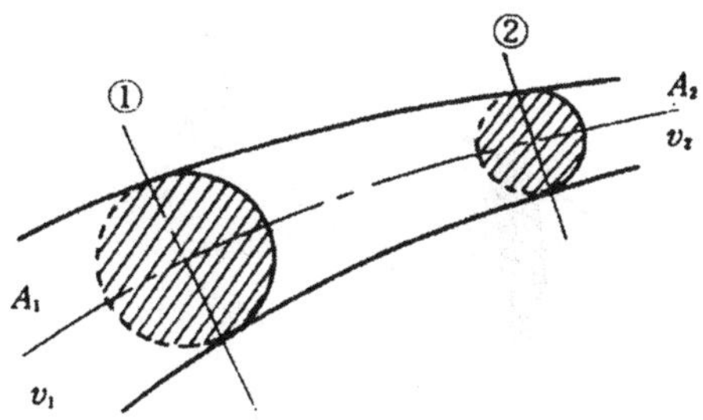

<그림 2-3>

3-2 베르누이(Bernoulli)방정식

관 속의 유체 흐름이 정상상태라고 할 때, 임의 점 두 지점(①, ②)에서 전(全)에너지의 합은 같다. 이때 유체가 갖는 에너지는 압력수두, 속도수두, 위치수두 3종류이다.

$$\frac{{v_1}^2}{2g} + Z_1 + \frac{P_1}{\gamma} = \frac{{v_2}^2}{2g} + Z_2 + \frac{P_2}{\gamma} = H \tag{2-9}$$

$\frac{{v_1}^2}{2g}$: 속도수두 [m]

$\frac{P_1}{\gamma}$: 압력수두 [m]

Z : 위치수두 [m]

H : 전수두 [m]

이 식을 베르누이 방정식(Bernoulli Equation)이라 한다. 식 (2-9)에서 γ를 곱하고, $Z_1 = Z_2 = 0$ 이라 하면 다음과 같은 식이 성립된다.

$$\frac{v_1^{\ 2}}{2g}\gamma + P_1 = \frac{v_2^{\ 2}}{2g}\gamma + P_2 + \Delta P_e \tag{2-10}$$

이 식에서 P는 정압, $\frac{v_1^{\ 2}}{2g}\gamma$는 동압, ΔP_e는 마찰손실 압력을 나타낸다.

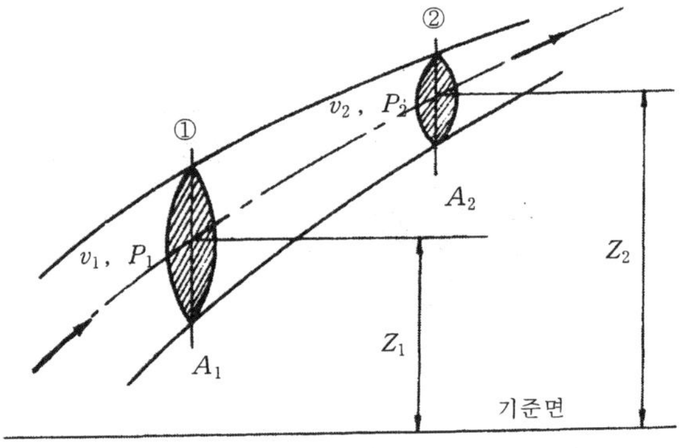

<그림 2-4>

3-3 마찰손실수두

관 속을 흐르는 유체는 관벽의 마찰, 굴곡부 저항, 기기류 저항 등에 의하여 압력이 손실되는데 이를 마찰손실수두라고 한다. 마찰손실수두는 파이프 내부면의 거칠기, 길이에 비례하고 유속의 제곱에 비례하며, 관직경의 크기에 반비례한다.

$$H_f = \lambda\frac{l}{d}\cdot\frac{v^2}{2g} \tag{2-11}$$

H_f : 마찰손실수두 [m]

λ : 마찰계수

l : 관의 길이 [m]

v : 유속 [m/s]

d : 관의 안지름 [m]

g : 중력가속도= 9.8 [m/s^2]

제2편

급배수 · 위생설비

제 1 장 급배수 · 위생설비 개요

1. 급배수·위생설비의 구성

급배수(給排水) · 위생설비는 건물 내의 거주자가 생활에 필요한 음료, 세탁, 식기세척, 오물 처리, 소화(消火) 등에 필요한 물을 적재적소에 공급하고, 생활에서 사용된 더러운 물 또는 오물(대소변)을 위생적이고 안전하게 처리하는 설비의 총칭이다.<그림 1-1>은 건물의 급배수 · 위생설비의 구성을 나타낸다. 이들 각 설비의 역할은 다음과 같다.

(1) 급수 및 급탕설비는 양호한 수질, 적당한 온도의 물을 충분한 수량을 확보하여, 적정한 수압으로 공급할 수 있는 설비 시스템이 요구되며, 급수배관 계통에 다른 용도의 물이 역류되어 물이 오염되지 않도록 주의해야 한다.

(2) 배수(排水)와 통기(通氣)설비는 불가분의 설비관계로 건물에서 발생된 오수나 잡배수가 누수, 넘침, 역류 등이 일어나지 않고 배출되어야 함은 물론 배수관 내의 악취나 벌레가 실내에 침입하지 않는 구조여야 한다. 이를 막기 위해서는 트랩(trap)이 사용되며 통기관은 트랩을 보호하고 배수 능력을 촉진시키는 역할을 담당한다.

(3) 위생기구는 물이나 오물을 받는 용기와 급수전이나 트랩과 같은 기구류를 말하며, 이런 위생기구들은 오물이 흡수되거나 정체되지 않는 구조이어야 한다.

(4) 배수처리 설비는 오수(汚水) 또는 잡배수(雜排水)를 방류시키기 위한 정화처리설

비로, 오수만을 단독으로 처리하는 경우와 잡배수를 합류시키는 방법이 있다. 방류수의 수질기준은 오수 및 잡배수 처리 규정에 따른다. 그리고 잡배수 중 일부는 배수(排水) 재사용 시설에서 중수도(中水道)로 개발되어 변기 세척용 등에 사용된다.

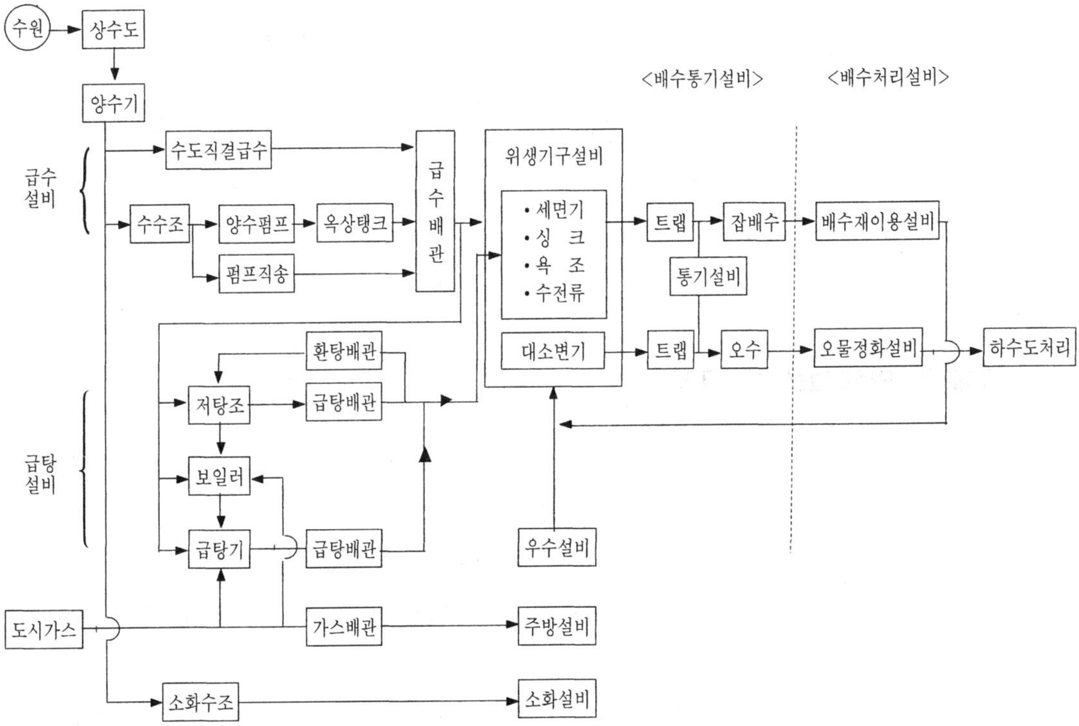

<그림 1-1> 급배수 · 위생설비의 구성

2. 상수도와 급수설비

2-1 인간과 물

인간이 생존함에 있어 공기와 함께 물은 절대적으로 필요한 것이다. 물은 체액에 의한 **미네랄의 공급**과 혈액에 의한 **산소의 공급**, 그리고 몸 안에서 **영양분을 공급하는**

역할을 하고 있으며 물은 섭취한 음식물에서 체내 유효성분을 섭취한 후, 배설물을 오줌이나 땀으로 몸 밖에 배출하는 역할을 해준다. 물은 인간의 체온을 항상 36℃ 전후로 유지하기 위하여 여름에는 땀을 흘려보내 체온을 내려주는 **냉각수**이며, 겨울에는 체온의 저하를 막아주는 **보온수**의 역할도 하고 있으며, 물은 체내에 있는 효소를 용해하여 각 효소의 성분이 체내에서의 역할을 잘 할 수 있도록 하는 **용매제**이기도 하다. 물은 이와 같이 인간생활에서 없어서는 안 되는 중요한 요소 중에 하나이다.

2-2 물의 순환

물은 태양 에너지와 중력의 작용으로 자연계를 끊임없이 이동한다. 이것을 **물의 순환**이라고 한다. 물은 육지나 바다에서 항상 증발하여, 총 증발량은 1년 간에 약 400억 톤이다. 그 중에서 84%가 바다에서 나머지 16%는 육지에서 증발한다. 전체의 75%는 해상에서 구름이 되어, 비나 눈이 되어 다시 바다로 돌아온다. 나머지 25%도 비나 눈의 형태로 형태를 바꾸어 육상으로 떨어진다. 그 일부는 고산이나 남극대륙에 떨어져 만년설이나 얼음이 되어 몇 백 년동안 그 곳에 머물지만 지하수나 하천수가 되어 다시 바다에 돌아오는 경우도 있다. 육지에서 바다로 흘러 들어가는 물은 9%이다. 바다로 돌아온 물은 해면에서 다시 증발하는 경우도 있고, 해류가 되어 멀리까지 이동되는 경우도 있다.

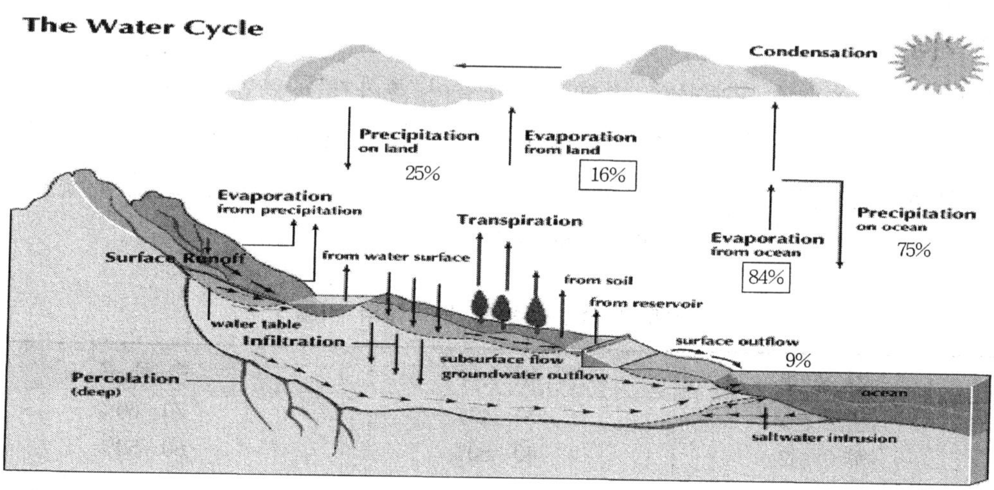

<그림 1-2> 물의 순환

2-3 수원(水源)

급수설비의 급수원은 일반적으로 수돗물이 사용되지만 수돗물을 공급받지 못하는 지역에서는 지하수, 하천수, 호수 등을 이용한다. 일반적으로 건물에서 급수계통을 음용수는 시수, 잡용수는 우물물로 구분하여 사용하고 있다. <표 1-1>은 건물 용도에 따른 상수와 우물물의 사용 비율을 나타낸다.

(1) 지표수

지표수는 빗물 또는 지하수가 지표면으로 유출하는 것으로 다량의 취수가 용이하고 값이 저렴하므로 가장 많이 이용된다. 하수 등의 유입을 방지하지 않으면 오염될 우려가 있다.

① 하천수 : 수량, 탁도 등의 변동이 심하지만 이용 수량은 많다. 유하시간이 짧아서 오염의 영향이 취수지점에 관계된다. 자정작용은 호수물에 비하여 적다.

② 호수물 : 자체 정화작용은 크나 일단 오염되면 회복되기 어렵다. 오염물의 확산은 하천보다 느리지만 계절에 따라 순환정도가 다르다. 또한 수량은 많지 않으나 일반적으로 수질은 하천수보다 좋다.

③ 저수지 : 수질은 하천수와 호수물의 중간이며 하천수의 유량을 조정하여 취수량을 확보할 수 있다.

(2) 지하수

지하수는 깊을수록 오염물이 정화되어 수질이 좋아지는 반면 유리탄산을 포함해서 무기질이 많이 녹기 때문에 경수가 많다. 일단 오염된 것은 회복이 어려우며 연간 수온의 변화가 적어서 여름에는 차고, 겨울에는 따뜻하므로 상수로서는 가장 좋다. 종류에는 우물물, 복류수(伏流水), 샘물 등이 있다.

<표 1-1> 상수와 우물물의 비율

건 물 별	상 수	우 물 물
일반 건물	30~40%	70~60%
학 교	40~50%	60~50%
병 원	60~66%	40~34%
백 화 점	45%	55%

3. 수질(水質)

3-1 음료수 기준

음료수 기준은 그 외관이 거의 무색 · 투명할 것이며 냄새가 없고, 맛이 좋고, 독물(毒物), 병원균, 유해생물과 같은 것으로 오염되어 있지 않을 것이며, 여러 광물을 허용량 이상으로 함유하지 말 것 등이 요구된다(표 1-2 참조).

3-2 물의 경도(hardness of water)

(1) 의미

물의 경도는 물 속에 녹아 있는 마그네슘의 양을 이것에 대응하는 탄산칼슘 ($CaCO_3$)의 100만분율(ppm=parts per million)로 환산하여 표시한 것이다. 수돗물은 <표 1-2>에 나타난 바와 같이 음용수의 수질기준에 알맞고 규정된 잔류 염소를 갖는 물이어야 한다.

(2) 탄산칼슘의 함유량에 따른 분류

① 연수(軟水) : 일명 **단물**이라고 하며, 탄산칼슘의 함유량이 90ppm 이하인 물로서 세탁 및 보일러 용수에 적당하다.

② 적수(適水) : 탄산칼슘의 함유량이 90~110ppm인 물

③ 경수(硬水) : 일명 **센물**이라고 하며, 탄산칼슘의 함유량이 110ppm 이상인 물로서 비누의 용해가 어려워 세탁용수로 부적당하다. 보일러에 사용시 보일러 내면에 스케일(scale)이 생겨 전열효율이 저하되며 과열과 수명 단축의 원인이 된다. 또한, 양조, 염색, 제지공업에도 부적당하다.

3-3 정수방법

천연원수에 함유되어 있는 유기물 및 무기물을 물리적 또는 화학적인 방법에 의하여 제거하거나 살균하여 급수의 사용 목적에 알맞은 물을 만드는 과정을 정수처리라고 한다. 상수도시설은 취수(取水), 정수(淨水), 배수(配水)의 3단계로 구분된다.

<표 1-2> 음료수의 수질기준

수도법 제4조 1항의 규정	보사부령(제 106호)에 의하여 규정된 사항	
1) 병원 생물에 오염되었거나 병원 생물에 오염된 생물 또는 물질에 관한 사항	(1) 암모니아성 질소 및 아질산성	동시에 검출되지 아니할 것
	(2) 질소질산성 질소	10ppm을 넘지 아니할 것
	(3) 염소이온	150ppm을 넘지 아니할 것
	(4) 과망간산칼륨 소비량	10ppm을 넘지 아니할 것
	(5) 일반 세균	1cc 중(형성되는 집락수가)100을 넘지 아니할 것
	(6) 대장균군	50cc 중에 건출되지 아니할 것
2) 시안, 수은 기타 유독물질에 관한 사항	시안 수은 유기인(살충제)	검출되지 아니할 것
3) 동, 철, 불소, 페놀, 기타물질에 관한 사항	(1) 동	1ppm을 넘지 아니할 것
	(2) 철 및 망간	0.3ppm을 넘지 아니할 것
	(3) 불소	1ppm을 넘지 아니할 것
	(4) 연	0.1ppm을 넘지 아니할 것
	(5) 아연	1ppm을 넘지 아니할 것
	(6) 크롬 및 비소	0.05ppm을 넘지 아니할 것
	(8) 규산	50ppm을 넘지 아니할 것
	(9) 페놀	0.005ppm을 넘지 아니할 것
	경도(Ca, Mg 등)	300ppm을 넘지 아니할 것
	황산이온	200ppm을 넘지 아니할 것
4) 과도한 산성이나 알칼리성에 관한 사항	수소이온 농도	pH가 5.8~8.0이어야 할 것
	과산성도	검출되지 아니할 것
	알칼리도	5ppm 이상 이어야 할 것
5) 냄새에 관한 사항	소독으로 인한 냄새 이외의 냄새	있어서는 아니될 것
6) 무색 투명하지 아니할 것에 관한 사항	색도	2도를 넘지 아니할 것
	탁도	2도를 넘지 아니할 것
	증발 잔유물	500ppm을 넘지 아니할 것

※ 주 : ppm=parts per million, 1ℓ의 중량은 100만 mg이므로 1mg/ℓ=1ppm=1g/cm^3 임

(1) 취수(取水)시설

원수를 취급하는 시설이며, 수원은 지하수나 지표수 등에서 단독 또는 2~3의 수원으로부터 병용하는 경우가 있다.

(2) 저수(貯水)시설

가뭄시에도 필요한 원수를 공급하기 위해 저수해 두는 시설이다. 인공적으로 만들어진 것이 저수지이다.

(3) 도수(導水)시설

원수를 저수시설에서 정수시설에 송수하는 수로, 펌프 등과 같은 시설을 말한다.

(4) 정수(淨水)시설

원수를 보건위생상 무해한 수질로 처리하는 시설이며, 정수처리는 침전, 여과, 폭기, 화학처리, 소독시설로 구분한다.

① 침전법(sedimentation) : 원수 중에 부유하는 불순물을 침전시켜 제거하는 방법이며 보통 침전법과 약품 침전법 2종류가 있다.

② 여과법(filteration) : 침전지에서 침전 처리된 물을 여과지의 모래층을 통과시켜 물 속의 부유물이나 세균을 제거하는 방법으로 완속 여과법과 급속 여과법이 있다.

③ 폭기법(aeration) : 깊은 우물이나 지하수에는 철이 중탄산 제 1철 [$Fe(HCO_3)_2$] 수산화 제 1철 [$Fe(OH)_2$] 또는 황산 제 1철의 형태로 용융되어 있다. 이 철을 제거하기 위하여 폭기에 의해 물을 공기에 잘 접촉시킴으로써 이것을 산화시켜 불용해성 제 2철 [$Fe(OH)_3$]로 만든 다음 침전여과에 의해 제거한다.

$$Fe(HCO_3)_2 \rightarrow 2CO_2 + Fe(OH)_2,\quad 4Fe(OH)_2 + O_2 + 2H_2O \rightarrow 4Fe(OH)_3$$

④ 경수의 연화법(softening of hard water) : 연화법은 여러 가지가 있다. 일시적 연수는 끓임으로써 탄산석회를 침전시켜 연화할 수 있다.

$$Ca(HCO_3)_2 \rightleftarrows CaCO_3 \downarrow + CO_2 + H_2O$$

공업상 다량의 연수를 필요로 할 때는 소석회를 혼합하여 연화한다.

$$Ca(HCO_3)_2 + Ca(OH)_2 \rightleftarrows 2CaCO_3 \downarrow + 2H_2O$$

$$Mg(HCO_3)_2 + 2Ca(OH)_2 \rightleftarrows Mg(OH)_2 \downarrow + 2CaCO_3 \downarrow + 2H_2O$$

⑤ 소독법(sterilization) : 침전과 여과의 과정을 거치면 물 속의 세균은 거의 제거되

지만 잔존하는 세균을 살균하기 위해 염소살균법이 채용된다. 일반적으로 급수전에서의 물이 부유잔류염소를 0.1ppm 이상 유지하게 염소소독을 해야 한다.

(5) 송수(送水)시설

정수(淨水)를 펌프와 송수관 등의 설비를 통하여 정수장에서 배수지의 배수시설에 송수하는 시설이며, 송수량은 계획한 하루 최대 급수량으로 한다.

(6) 배수(配水)시설

정수시설에서 정화된 물을 급수구역의 수용자에게 필요한 수압으로 소요 수량을 배수하기 위한 시설이다. 배수관의 수압은 최소 동수압 1.5 kg/cm^2 이 표준인데 자연낙차를 이용해서 송수하는 자연 유하식과 펌프로 압송하는 펌프 압송식이 있다.

제 2장 급수설비

1. 개요

급수설비는 건물의 각종 위생기구에서 필요한 물을 공급하기 위한 기기와 장치를 말한다. 급수설비는 첫째, **충분한 수량공급** 둘째, **적절한 수압유지** 셋째, **위생적으로 안전한 물의 공급 등이 요구**된다. 최근에는 도시화 추세에 따라 물의 수요 증대, 수질오염의 진행, 수원 확보의 어려움 등이 있다. 따라서 수자원의 부족과 자원의 효율적인 이용 측면에서 선진외국에서는 상수계통의 배수를 다시 처리하여 잡용수(雜用水)로 사용하는 예가 늘고 있다. <그림 2-1>은 중수도(中水道)설비의 계통도이다.

2. 급수방식

건물 내의 급수방식에는 수도직결방식, 고가 탱크방식(옥상탱크), 압력탱크방식, 부스터방식(tankless booster)이 있다. <표 2-1>은 급수방식에 따른 각 항목을 비교한 것이다.

2-1 수도직결방식(direct supply system)

일반적으로 도로에 매설되어 있는 수도본관에서 급수 인입관을 분기하고, 부지 내에서 건물 내의 필요한 장소에 급수하는 방식으로 주택과 같은 소규모 건물에서 많이 이용된다. 수도 본관의 최저 필요압력은 다음 식과 같다.

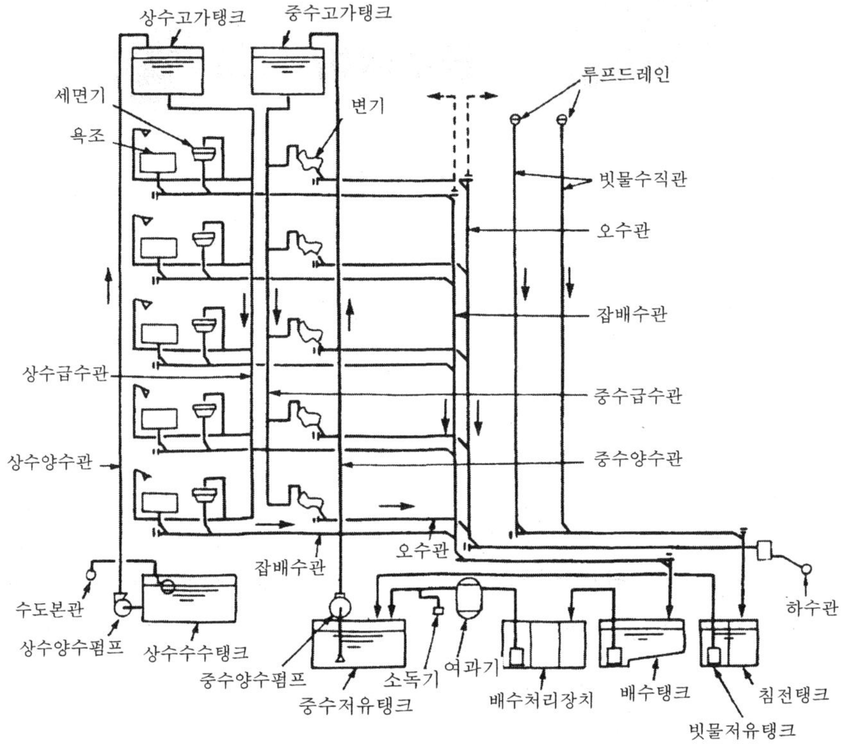

<그림 2-1> 중수도 설비의 계통도

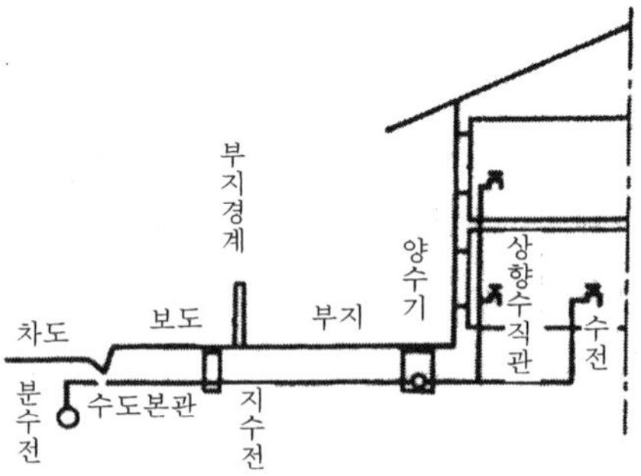

<그림 2-2> 수도직결방식

$$p \geq p_1 + p_2 + \frac{h}{10} \quad (2\text{-}1)$$

p : 수도본관의 최저 필요 압력 [kg/cm^2]

p_1 : 기구별 최저 소요압력 [kg/cm^2]

p_2 : 관내 마찰손실수두 [kg/cm^2]

h : 수도본관에서 최고층 급수기구까지의 높이 [m]

<표 2-1> 급수방식의 비교

평가항목 \ 급수방식	수도직결방식	고가탱크방식	압력탱크방식	부스터방식
1) 수질오염의 가능성	1	4	3	2
2) 급수압력의 변동	일 정	일 정	변동이 큼	변동있음
3) 단수시 급수	불가능	탱크물 이용가능	탱크물 이용가능	탱크물 이용가능
4) 정전시 급수	가 능	탱크물 이용가능	압력범위내 이용가능	불가능
5) 기계실의 면적	불필요	1	3	2
6) 옥상탱크의 면적	불필요	필 요	불필요	불필요
7) 설비비	1	3	2	3
8) 운전비	1	2	3	3
9) 에너지 절약	1	2	3	4

주) 작은 숫자일수록 유리함을 표시함

2-2 옥상(고가)탱크방식(elevated tank system)

우물물이나 수돗물을 수수(受水)탱크(receiving tank)에 저장한 후 이것을 양수펌프에 의해 건물옥상이나 높은 곳에 설치한 탱크로 양수하여, 급수관을 통하여 각 층에 공급하는 방식이다.

고가탱크의 설치높이는 다음 식으로 구한다.

$$H \geq H_1 + H_2 + h \quad (2\text{-}2)$$

H : 고가탱크의 높이 [m]

H_1 : 최고층의 급수전 또는 기구에서의 소요압력에 해당하는 높이 [m]

H_2 : 고가탱크에서 최고층의 급수전 또는 기구에 이르는 사이의 마찰손실수두에 해당하는 높이 [m]

h : 지반에서 최고층 급수전 또는 기구까지의 높이 [m]

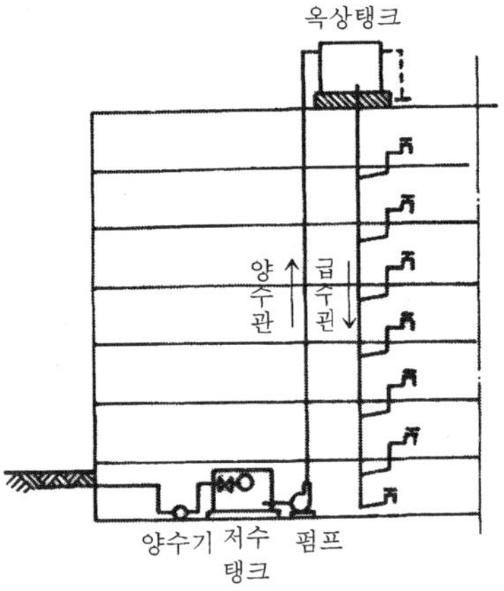

<그림 2-3> 고가탱크 급수배관법

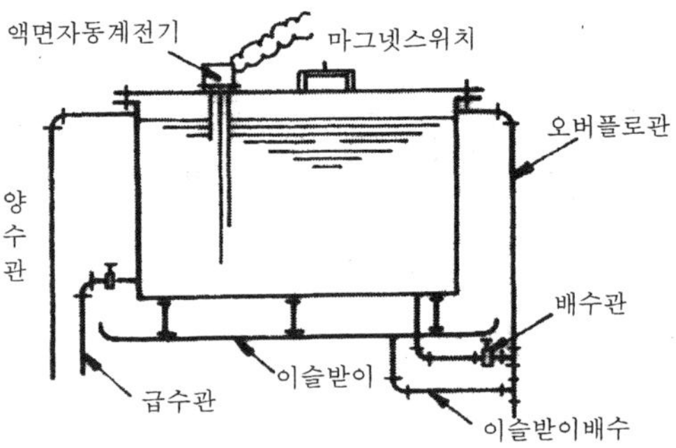

<그림 2-4> 옥상탱크의 구조

(1) 옥상탱크의 용량

옥상탱크의 용량은 다음 식으로 구한다.

$$V = Q_h \times (1\sim3\text{시간})\ [\mathrm{m}^3] \qquad (2\text{-}3)$$

Q_h : 1시간 최대 사용수량 $[\mathrm{m}^3]$

(2) 양수 펌프의 크기결정

① 펌프의 양수량

$$Q = \text{옥상탱크용량} \times 2\ [\mathrm{m}^3/\mathrm{h}] \qquad (2\text{-}4)$$

② 펌프의 전양정(全揚程)

$$H = H_s + H_d + H_f\ [\mathrm{m}] \qquad (2\text{-}5)$$

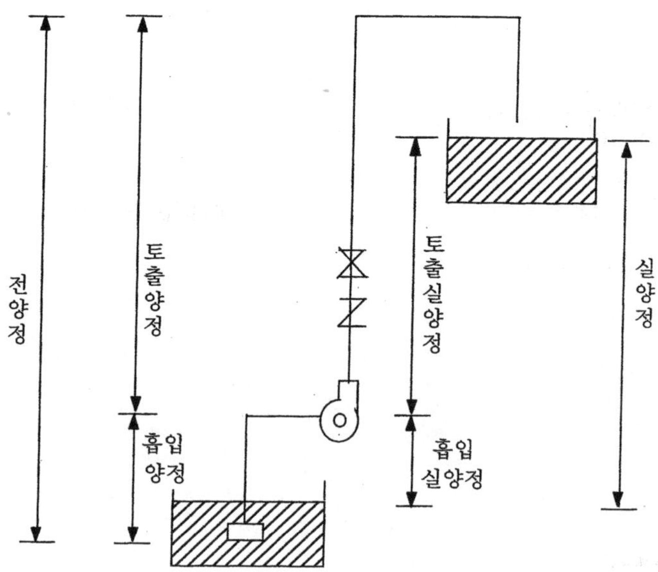

<그림 2-5> 펌프의 양정(揚程)

H_s (suction head) : 흡입양정 [m]

H_d (delivery head) : 토출양정 [m]

H_f (friction head) : 관내 마찰손실수두 [m]

③ 펌프의 구경

$$d=\sqrt{\frac{4Q}{v\pi}}=1.13\sqrt{\frac{Q}{v}}\ [\mathrm{m}] \tag{2-6}$$

Q : 양수량 [m^3/min]

v : 유속 [m/s]

④ 펌프의 축동력

$$\frac{W\cdot Q\cdot H}{6120\cdot E}\ [\mathrm{kW}] \tag{2-7}$$

⑤ 펌프의 축마력

$$\frac{W \cdot Q \cdot H}{4500 \cdot E} \text{ [PS]} \tag{2-8}$$

W : 단위중량 [kg/m^3] 물의 단위중량은 1,000kg/m^{3}이다.

Q : 양수량 [m^3/min]

H : 전양정 [m]

E : 효율 [%]

2-3 압력탱크방식

수도본관으로부터의 인입관 등에 의해 일단 물받이 탱크에 저수한 다음 급수펌프로 압력탱크에 보내지면 압력탱크에서 공기를 압축 · 가압하여 그 압력에 의해 물을 필요한 장소에 급수하는 방식이다. 이 방식은 조작상 최고 · 최저의 압력차가 크므로 급수압이 일정하지 않으나 탱크의 설치위치에 제한이 없으며 특히 국부적으로 고압을 필요로 하는 경우에 채택된다.

이 방식의 특징은 아래와 같다.

(1) 장점

① 높은 곳에 설치할 필요가 없으므로 건축물의 구조를 강화할 필요가 없다.

② 고가시설 등이 불필요하므로 외관상 깨끗하다.

③ 국부적으로 고압을 필요로 하는 경우에 적합하다.

④ 탱크의 설치위치에 제한을 받지 않는다.

(2) 단점

① 최고 · 최저압의 차가 커서 급수압이 일정하지 않다.

② 펌프의 양정이 길기 때문에 시설비가 많이 든다.

③ 탱크는 압력에 견디어야 하므로 제작비가 비싸다.

④ 저수량이 적으므로 정전이나 펌프 고장시 급수가 즉시 중단된다.

⑤ 에어 컴프레서를 설치하여 때때로 공기를 공급해야 한다.

⑥ 취급이 곤란하며 다른 방식에 비해 고장이 많다.

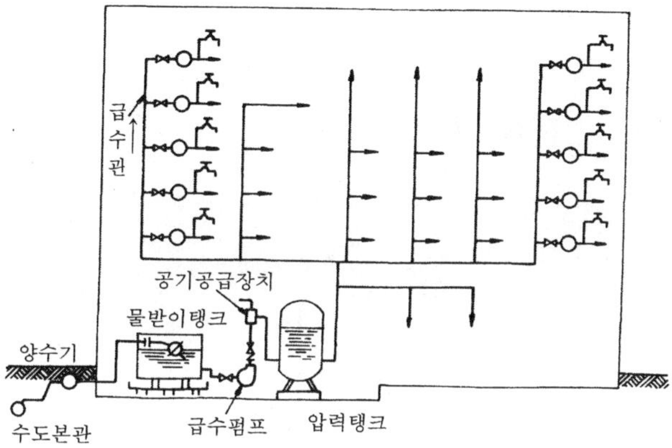

<그림 2-6> 압력탱크 방식

(3) 압력탱크의 설계

① 최저 필요압력

$$P_{\mathrm{I}} = p_1 + p_2 + p_3 \ [\mathrm{kg/cm^2}] \qquad (2\text{-}9)$$

p_1 : 압력탱크의 최고층 수전의 높이에 해당하는 수압 [kg/cm²]

p_2 : 기구별 최저 소요압력 [kg/cm²]

p_3 : 관내 마찰손실수두 [kg/cm²]

② 최대 필요압력

$$P_{\mathrm{II}} = P_{\mathrm{I}} + (0.7 \sim 1.4\mathrm{kg/cm^2}) \qquad (2\text{-}10)$$

③ 탱크의 용적

$$V = \frac{Q}{A-B} \ [l] \qquad (2\text{-}11)$$

Q : 유효저수량 [l]= 최대 사용 수량 [l/h]×20/60

A : 최고 압력일 때의 수량비 [%]

B : 최저 압력일 때의 수량비 [%]

④ 펌프의 전양정

$$H = (10P_{II} + \text{흡입양정}) \times 1.2 \tag{2-12}$$

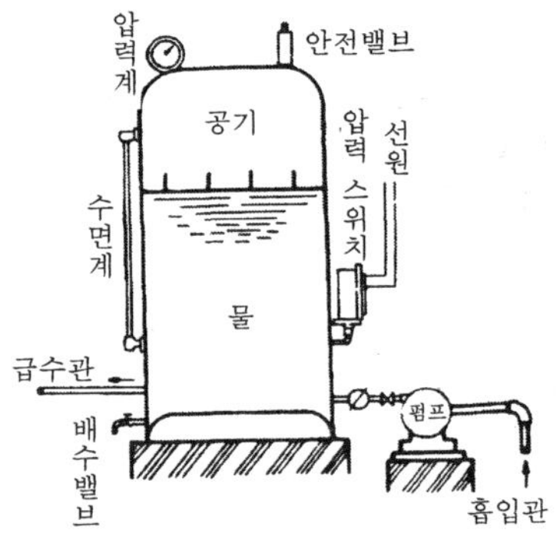

<그림 2-7> 압력탱크의 구조

2-4 탱크가 없는 부스터 방식(tankless booster system)

수도 본관으로부터 인입관 등에 의해 물을 저수탱크에 저수하여 급수펌프만으로 건물내의 소요개수에 급수하는 방식으로 구미 각국에서 많이 사용하고 있다. 자동펌프에 의한 급수는 고가수조 등을 설치하지 않고 지하 저수조에서 부스터 펌프에 의해 각 수전 또는 기구에 가압 · 급수한다. 종류에는 정속방식과 변속방식이 있다.

(1) 정속방식

여러 대의 펌프를 병렬로 설치하고 1대의 펌프를 항상 가동시켜 토출관의 압력 변화를 감지했을 때 다른 펌프를 시동 또는 정지시키는 방식이다.

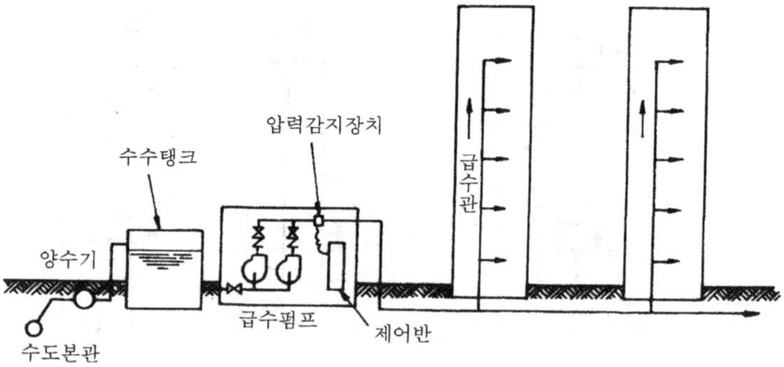

<그림 2-8> 부스터 방식

(2) **변속방식**

정속 전동기와 변속장치를 조합하거나 또는 변속 전동기를 사용하여 토출관의 압력 변화를 감지하고 펌프의 회전수를 변화시킴으로써 양수량을 조절하는 방식이다.

2-5 초고층 건물의 급수방식

고층 건물은 급수존의 구분 없이 1계통으로 적용하면 급수압력이 과대해져서 급수전, 기구사용 및 내압에 지장을 초래하고 소음, 워터 해머(water hammer), 급수전 밸브 등의 부품 마모, 수명 단축 등의 장해가 있다. 대개 급수압력에 대한 **조닝**은 **4~5 [kg/cm²]정도 이하**가 되도록 하는 것이 바람직하다. 조닝 방식은 층별식, 중계식, 압력탱크방식 등이 있다. 기구별 최저 필요수압은 <표 2-2>와 같다.

<표 2-2> 기구별 최저 필요압력

기 구 명	최저 필요압력 [kg/cm²]	기 구 명	최저 필요압력 [kg/cm²]
세정 밸브	0.7	순간온수기(대)	0.5
보통 밸브	0.3	순간온수기(중)	0.4
자동 밸브	0.7	순간온수기(소)	0.1
샤 워	0.7		

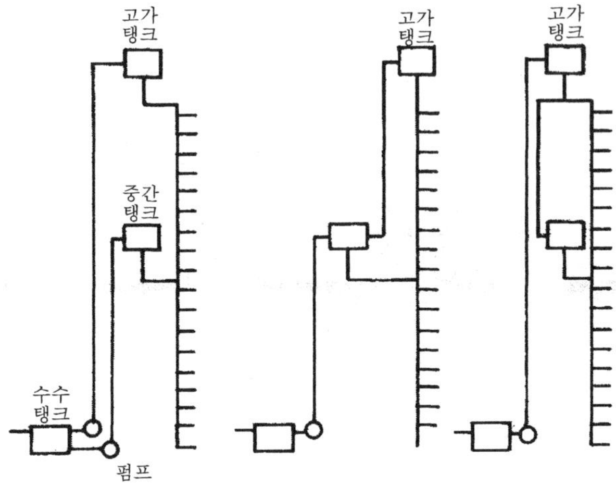

(a) 중간탱크에 의한 방식

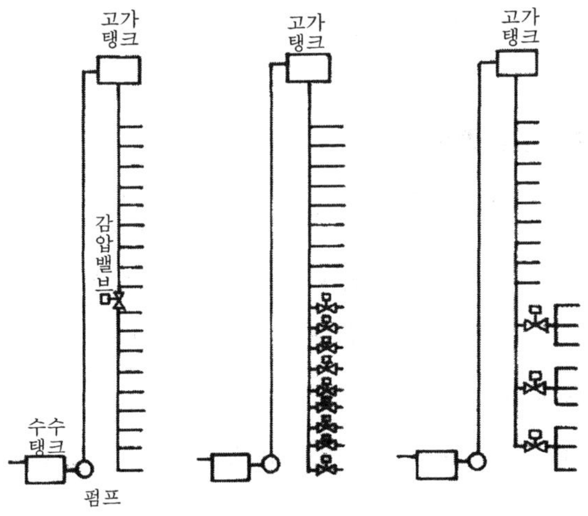

(b) 감압밸브에 의한 방식

<그림 2-9> 초고층 건물의 급수배관법

3. 급수량 산정

급수설비의 설계에서 가장 중요한 것은 건물에서 필요한 예상 급수량을 추정하는 일이다.

3-1 건물의 종류에 의한 방법

(1) 급수인원에 의한 방법

급수 대상인원이 분명한 경우에는 1일 1인당 필요로 하는 물의 양에 인원수를 곱하여 산정한다.

$$Q_d = N \times q \tag{2-13}$$

Q_d : 1일 급수량 [ℓ/d]

N : 급수 대상인원 [명]

q : 건물 종류별 1일 1인당 사용수량 [$\ell/d \cdot c$]

(2) 건물면적에 의한 산정

급수대상이 불분명한 경우 건물의 유효면적에 거주 인원을 산출하여 다음과 같이 계산한다.

$$Q_d = A \cdot k \cdot n \cdot q \tag{2-14}$$

A : 건물의 연면적 [m^2]

k : 유효면적비율 [%]

n : 유효면적당 거주인원 [명/m^2]

q : 건물 종류별 1일 1인당 사용수량 [$\ell/d \cdot c$]

3-2 기구수에 의한 방법

(1) 기구별 사용수량을 구하여 동시 사용률을 적용하는 방법

$$Q_d = Q' \times F \times b \tag{2-15}$$

Q' : 기구당 사용수량 [ℓ/d]

F : 기구수 [개]

b : 동시사용률[%]

(2) 미국의 위생기준에서 정해진 급수기구 단위를 이용하여 산정하는 방법

① 기구급수 단위 : 보통 세면기의 1분간 사용 수량(30ℓ)을 1로 하고 이것과 비교하여 각종 위생기구의 급수단위로 가정한 것

② 기구급수 부하단위(FU : Fixture Unit) : 동시 사용률을 고려하여 가정한 기구급수 부하단위

<표 2-3> 건물 종류별 사용 수량

건물종류	급수량 [l]	사용시간 [h]	유효면적당 인원	유효면적/연면적 [%]
사무소	100~120	8	0.2인/m^2	55~57
은행 · 관청	100~120	8	0.2인/m^2	사무소와 같음
병원	고급 1,000 이상			
	중급 500 이상	10	3.8인/bed	45~48
	기타 250 이상			
교회 · 사원	10	2		
극장	30	5		53~55
영화관	10	3	1.5인/객석	
백화점	3	8	1.0인/m^2	55~60
점포	100	7	0.16인/m^2	
소매시장	40	6	1.0인/m^2	
대중식당	15	7	1.0인/m^2	
요리집	30	5	1.0인/m^2	
주택	200~250	8~10	0.16인/m^2	50~53
아파트	200~250	8~10	0.16인/m^2	45~50
기숙사	120	8	0.2인/m^2	
호텔	250~300	10	0.17인/m^2	
여관	200	10	0.24인/m^2	
초 · 중학교	40~50	5~6	0.25~0.14인/m^2	58~60
고등학교 이상	80	6	0.1인/m^2	
연구소	100~200	8	0.06인/m^2	
도서관	25	6	0.4인/m^2	
공장	60~140	8	0.1~0.3인/m^2	

<표 2-4> 각종 건물에 있어서의 위생기구 1개당 1일 사용 수량 [l/d]

위생기구 \ 건물별	사무실 건물	학 교	병 원	아파트	공 장	회관·은행	극장·영화관
대변기(세정 밸브)	900	600	750	200	750	600	750
대변기(세정 탱크)	1200	800	1000	240	1000	800	1000
소변기(세정 밸브)	400	240	480	150	420	320	480
소변기(세정 탱크)	400	240	480	150	420	320	480
수세기	240	140	180	120	-	160	300
세면기	960	900	400	200	-	640	3200
싱크	1200	720	600	550	-	960	-
욕조	-	-	-	760	-	-	-
청소용싱크	510	440	6100	270	-	440	-

4. 급수관의 관경 결정법

급수관의 관경 결정방법에는 기구 연결관의 관경에 의한 방법, 균등표에 의한 약산법, 마찰저항선도에 의한 방법 등이 있다. 여기서는 후자의 2가지 방법에 대하여 설명한다.

4-1 균등표에 의한 약산법

이것은 옥내 급수관과 같은 간단한 배관의 관경 계산에 사용하는 방법으로 관경균등표와 동시 사용률을 적용하여 계산하는 약산법이다. 큰 관과 작은 관의 관경을 각각 D, d라 할 때 큰 관에 해당하는 작은 관의 수 N은 다음과 같다.

$$N = (D/d)^{5/2} \tag{2-16}$$

식 (2-16)에 의해 계산된 급수관의 균등표는 <표 2-5>와 같다.

<표 2-5> 급수관의 균등표

관 경 mm (B)	10 (3/8)	15 (1/2)	20 (3/4)	25 (1)	32 (11/4)	40 (11/2)	50 (2)	65 (21/2)	80 (3)	90 (31/2)	100 (4)	125 (5)	150 (6)
10 (3/8)	1												
15 (1/2)	1.8	1											
20 (3/4)	3.6	2	1										
25 (1)	6.6	3.7	1.8	1									
32 (11/4)	13	7.2	3.6	2	1								
40 (11/2)	19	11	5.3	2.9	1.5	1							
50 (2)	36	20	10.0	5.5	2.8	1.9	1						
65 (21/2)	56	31	15.5	8.5	4.3	2.9	1.6	1					
80 (3)	97	54	27	15	7	5	2.7	1.7	1				
90 (31/2)	139	78	38	21	11	7.2	3.9	2.5	1.4	1			
100 (4)	191	107	53	29	15	9.9	5.3	3.4	2	1.4	1		
125 (5)	335	188	93	51	26	17	9.3	6	3.5	2.4	1.8	1	
150 (6)	531	297	147	80	41	28	15	9.5	5.5	3.8	2.8	1.6	1

주) 이 표는 마찰손실을 계산에 포함한 것이다.

<표 2-6> 기구의 동시 사용률 [%]

기 구 수	2	3	4	5	10	15	20	30	50	100
동시 사용률	100	80	75	70	53	48	44	40	36	33

주) 이 표에 기재되어 있지 않는 것은 비례배분에 의해 결정하면 된다.

4-2 마찰저항선도에 의한 방법

이 방법은 대규모 건축물에 있어서 탱크에서의 취출관, 횡주관, 주관 등의 급수주관의 관경을 결정할 때 사용한다. 다음 3단계를 거쳐 관경을 계산한다.

(1) 동시사용 유수량 계산

① 표에 의하여 기구급수부하단위를 산정한다.

② 그림을 이용하여 동시 사용 유수량을 계산한다.

(2) 허용마찰 손실수두 계산

배관의 마찰손실수두는 다음과 같다.

① 직관부의 마찰손실

$$h=\lambda\frac{l}{d}\cdot\frac{v^2}{2g} \tag{2-17}$$

② 국부의 마찰손실

유입・유출부, 관의 단면 변화, 밸브류, 국부, 기타 이음부 등에서의 마찰손실을 말하며, 국부의 마찰손실수두를 구하는 데는 많은 실험공식이 있으나 계산이 대단히 번잡하다. 따라서 실용상 국부 마찰손실수두가 같은 지름의 직관에 생기는 마찰손실수두의 몇 m분에 상당하는 가를 환산하여 구한다. 이 직관의 길이를 국부 마찰손실수두의 **상당관 길이**라고 한다.

③ 허용 마찰손실

고가탱크 이하의 급수의 경우, 허용 마찰손실은 아래 식과 같다.

$$R=\frac{(P_h-P_t)}{L+L'}\times 1000 \tag{2-18}$$

P_h : 기구의 수전위치의 정수두 [m]

P_t : 최저 소요수압 [m]

L : 급수관의 실제길이 [m]

L' : 국부저항에 의한 마찰상당관 길이, 직선부가 많은 경우는 실제관 길이의 20~30%로 고려해도 된다.

(3) 관경결정

① 동시 사용 유수량과 허용마찰 손실수두를 이용하여 마찰저항선도 그림을 이용하여 관경을 구한다.

② 관내유속이 클 경우, 워터 해머의 원인이 되므로 **유속을 2m/s 이하**가 되도록 **조정**한다.

<표 2-7> 기구급수부하단위

기 구 명	수 전	기구급수 부하단위		기 구 명	수 전	기구급수 부하단위	
		공중용	개인용			공중용	개인용
대 변 기	세정 밸브	10	6	세면싱크	급 수 전	2	
대 변 기	세정 탱크	5	3	(수세 1개당)			
소 변 기	세정 밸브	5		세탁용싱크	급 수 전		3
소 변 기	세정 탱크	3		청소용싱크	급 수 전	4	2
세 면 기	급 수 전	2	1	욕 조	급 수 전	4	2
세 수 기	급 수 전	1	0.5	샤 워	혼합 밸브	4	8
의료용 세면기	급 수 전	3		양식욕실1식	대변기가 세정 밸		
사무실용 싱크	급 수 전	3			브에 의한 경우		6
부엌싱크	급 수 전		3	양식욕실1식	대변기가 세정 탱		
조리장 싱크	급 수 전	4	2		크에 의한 경우		1
조리장 싱크	혼합 밸브	3		음 수 기	음수수전	2	
식기세척싱크	급 수 전	5		탕 비 기	볼 탭	2	
연합싱크	급 수 전		3	살수 · 차고	급 수 전	5	

주) 급탕전 병용의 경우에는 1개의 급수 전에 기구급수부하단위를 상기치수의 3/4으로 한다.

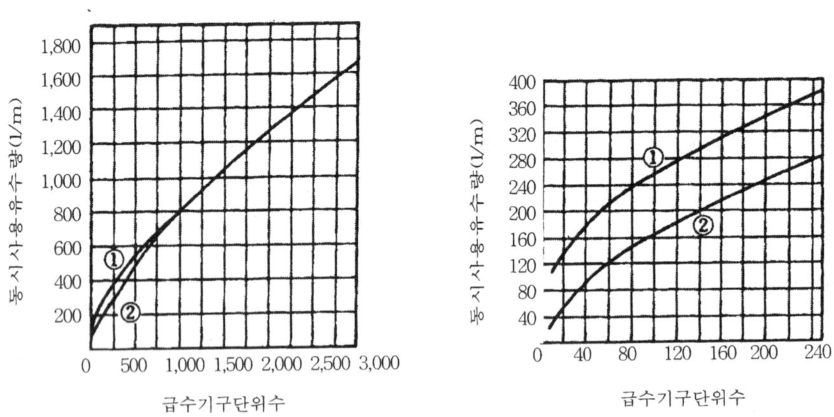

(a) ①은 세정밸브를 사용한 경우
②는 보통밸브를 사용한 경우
(b) (a)부분 일부 확대

<그림 2-10> 동시 사용 유량곡선

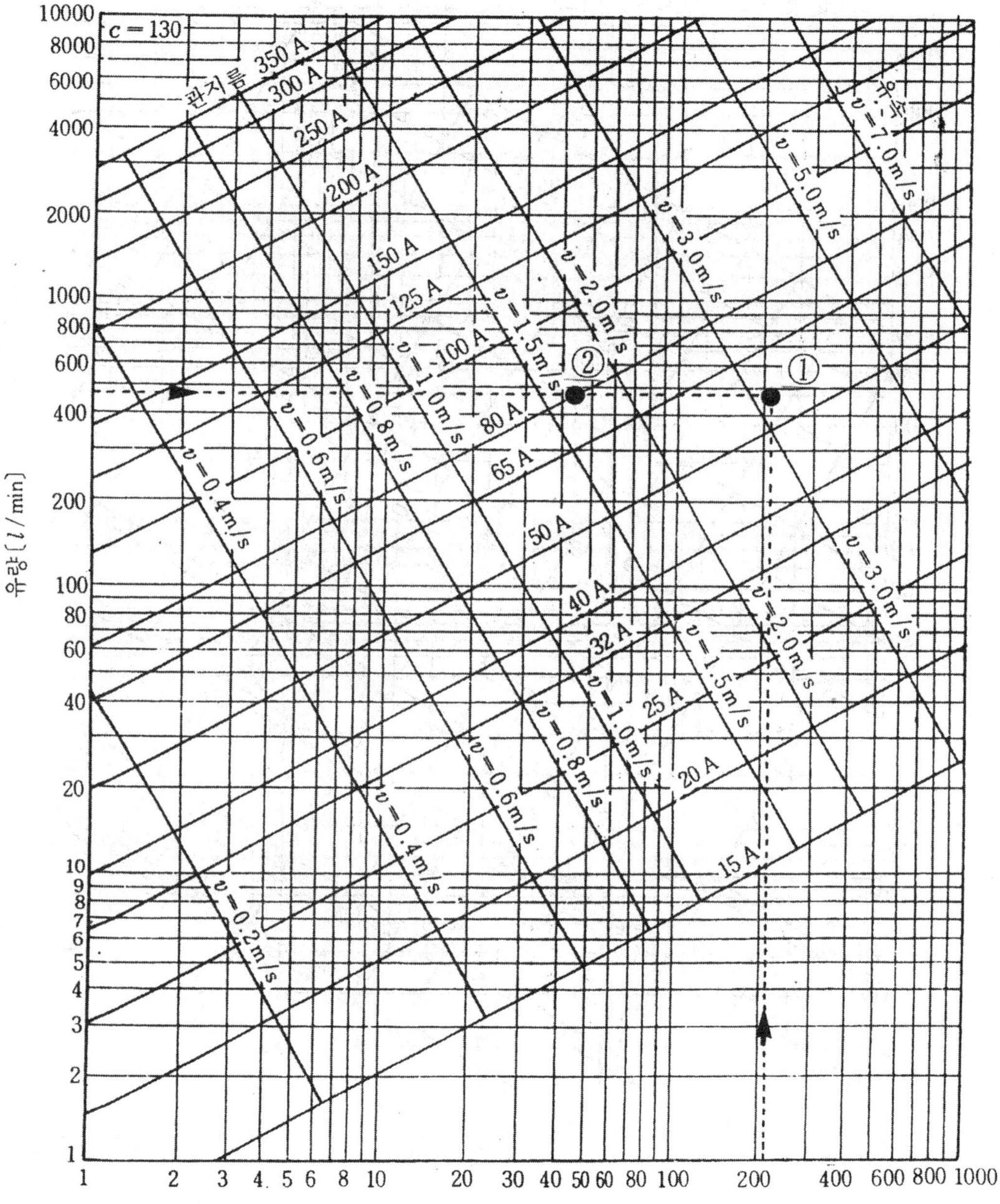

<그림 2-11> 경질염화비닐 라이닝 동관

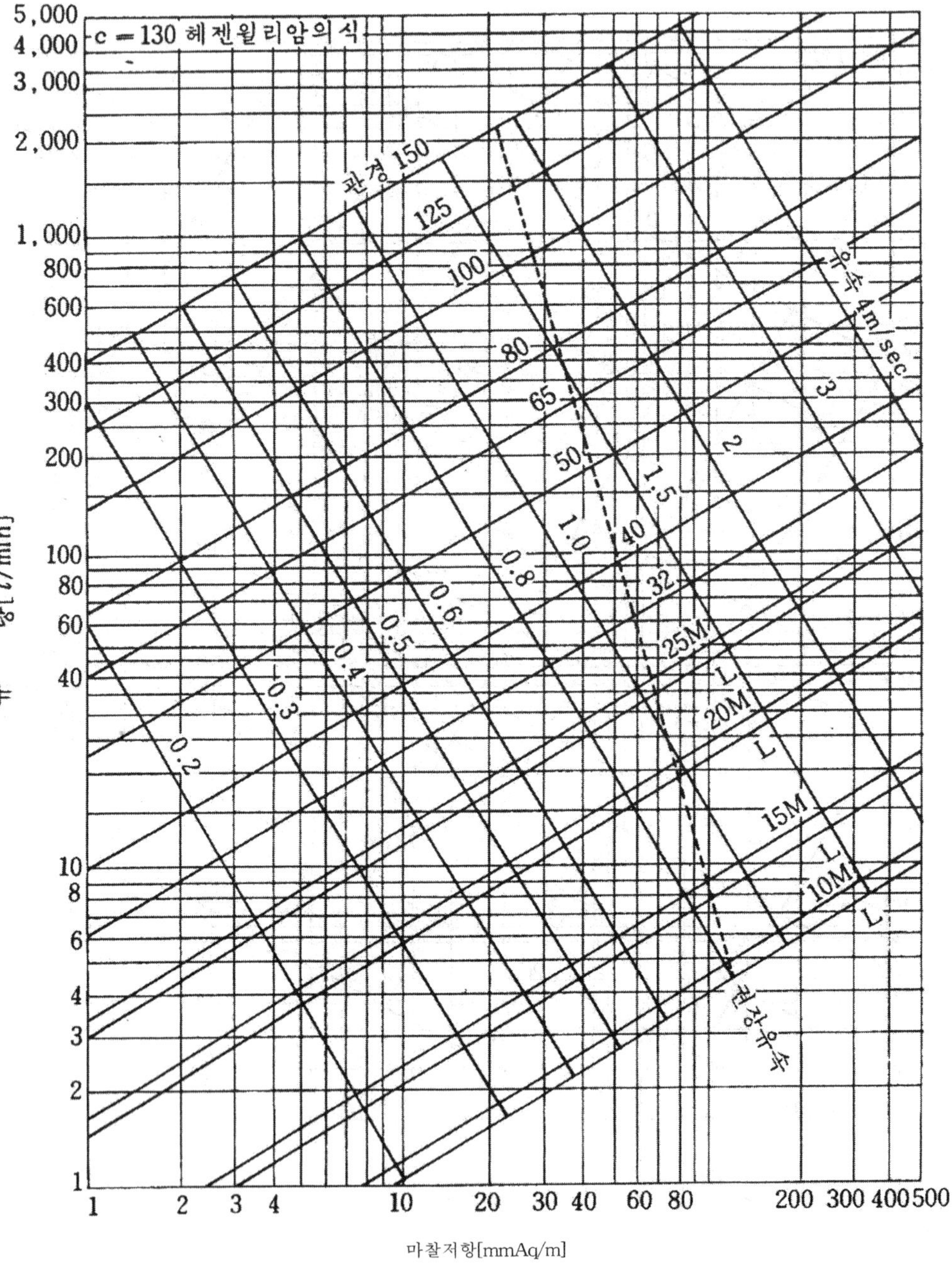

[주] L : 의료배관용, L.M : 급수, 급탕, 냉난방, 도시가스용

<그림 2-12> 동관의 마찰저항선도

5. 펌프

5-1 개요

펌프(pump)는 외부에서 공급받는 동력으로 저수위 또는 저압력 상태에 있는 액체를 고수위 또는 고압력의 곳으로 보내는 기계이다. 펌프의 작용에는 **흡상(吸上, suction)**과 **토출(吐出, delivery)**의 두 종류가 있으며, 대부분의 경우 이 양 작용이 동시에 작용한다. 흡상작용은 진공에 의하는 것이므로 대기압에 상당하는 수두, 즉 표준 대기압하에 있어서는 10.33m 이상으로 빨아올릴 수가 없다.

5-2 펌프의 운전

(1) 펌프의 운전점

펌프의 특성 곡선 $H \sim Q$와 배관계의 저항곡선과의 교차점이 펌프의 운전점이 된다.

① 밸브를 전개(全開)했을 때의 유량은 Q_d가 된다.

② 유량 Q_c가 요구될 때 밸브에 저항을 주고, 저항곡선을 ②로 만든다.

③ B점도 ②와 마찬가지 개념이다.

④ 다시 밸브를 전폐(全閉)하면 운전점은 A점이 되고 체절운전이 된다.

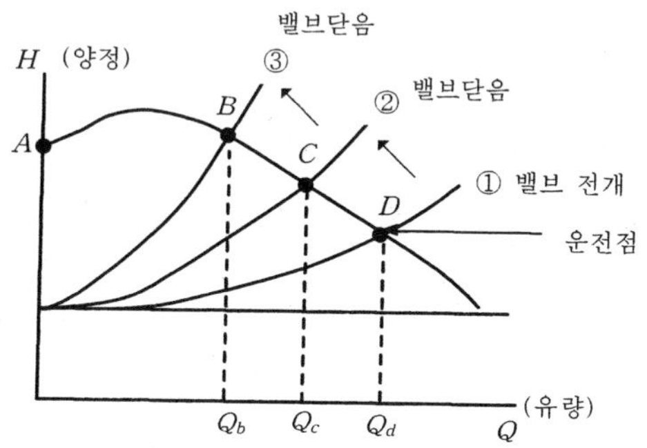

<그림 2-13> 펌프의 운전점

(2) 펌프의 연합운전

1) 직렬운전

양정의 변화가 커서 1대의 펌프로서 양정이 부족한 경우에 2대 이상의 펌프로 직렬운전을 한다. I 곡선은 단독 운전일 때의 특성곡선이며 펌프의 운전점은 A가 되고 유량은 Q_a가 된다. 동일한 특성을 가진 2대의 펌프로 직렬운전을 하면 특성곡선은 II가 되고 펌프의 운전점은 B, 유량은 Q_b가 된다.

2) 병렬운전

동일 특성 펌프 2대를 병렬운전을 할 경우, 특성곡선은 II가 되고 I 의 가로축 2배가 된다.

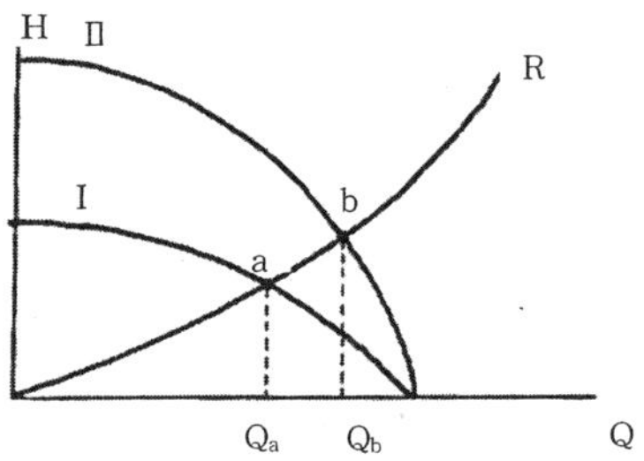

<그림 2-14> 펌프의 직렬운전

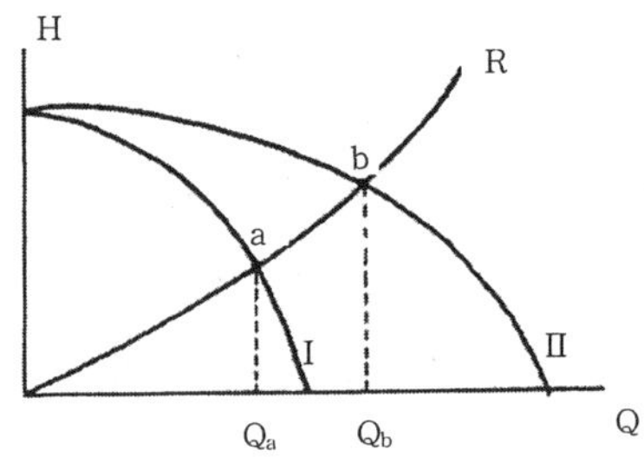

<그림 2-15> 펌프의 병렬운전

5-3 펌프의 흡상높이

흡입양정은 흡입액면상의 기압과 펌프의 회전차 중심에 대한 압력의 차에 의해서 정해지기 때문에 그 때의 상태에 따라 일정한 한도가 있다. 실제로 펌프의 내부를 완전진공은 구조상 불가능하고 흡입관속의 손실수두, 양 액의 증기압, 설치위치의 표고 등의 영향을 받기 때문에 실제 설치높이는 보통 7m정도가 한도이다.

<표 2-8> 수온에 따른 흡상높이 (단위 : m)

수 온 [℃]	0	10	20	30	40	50	60	70	80	90	100
이론상 흡상높이	10.3	-	9.7	-	-	9.0	7.9	7.2	5.6	2.9	0
실제상 흡상높이	7.5	7.0	6.3	5.0	3.8	2.5	1.4	0	-1.1	-2.3	-3.5

<표 2-9> 고도와 기압에 따른 이론상 흡상높이

고도(해발 : m)	0	100	200	300	400	500	1,000	1,500
기 압(mmHg)	760	751	742	733	724	716	674	634
이론상 흡상높이(mAq)	10.33	10.20	10.08	9.97	9.83	9.70	9.00	8.66

주) 수온 15℃인 경우의 값임.

5-4 펌프의 특성

양수량은 펌프의 회전에 비례하고, 전양정은 회전수의 제곱에 비례하며, 축마력은 회전수의 3제곱에 비례한다. 회전수 N을 N'로 변경시켰을 때 양수량 Q, 전양정 H, 축마력 P의 관계는 다음 식과 같다.

$$\frac{Q'}{Q} = \frac{N'}{N} \qquad \therefore\ Q' = Q\left(\frac{N'}{N}\right) \tag{2-17}$$

$$\frac{H'}{H} = \frac{N'}{N} \qquad \therefore\ H' = H\left(\frac{N'}{N}\right)^2 \tag{2-18}$$

$$\frac{P'}{P} = \frac{N'}{N} \qquad \therefore\ P' = P\left(\frac{N'}{N}\right)^3 \tag{2-19}$$

5-5 펌프의 종류

펌프의 종류는 다양하며, 건축설비의 사용 목적에서 말하면 급수용, 배수용, 순환용, 진공용 등이 있으며, 이것을 구조 및 작동원리에 따라 크게 분류하면 비용적식 펌프와 용적식 펌프로 나눌 수 있다.

5-5-1 비용적식 펌프

비용적식 펌프는 날개차(impeller)에 의해 와권 펌프, 사류 펌프, 축류 펌프, 마찰 펌프가 있다. 건축설비용 펌프로 사용되는 와권 펌프는 날개차의 회전에 의해 유입된 액체에 운동에너지를 부여하여 이것을 압력 에너지로 변환하여 양수하는 펌프이다. 회전식이므로 진동이 적고 연속송수가 되며, 구조가 간단하여 취급이 용이하고 운전성능도 좋다.

(1) 와권 펌프

와권(渦券) 펌프는 완곡한 여러 개의 날개를 부착한 날개차를 회전시켜 흡입하여 관내를 진공으로 만들어 액체를 빨아 올린다. 흡입된 액체에는 회전하는 날개차의 원심력에 의해 압력 에너지와 속도 에너지가 주어진다. 이와 같이 원심력을 이용하기 때문에 **원심 펌프**(centrifugal pump)라고도 한다.

① 터빈 펌프(turbine pump) : 날개차의 외주에 부착된 안내날개(guid vane)로 속도 에너지를 효율 좋은 압력 에너지로 변환할 수 있게 한 것이다. 20m 이상의 고양정에 주로 사용한다.

② 벌류트(volute pump) 펌프 : 원심력 펌프의 일종으로 안내날개가 없고 임펠러만을 갖는 펌프이다. 가장 많이 사용하는 펌프. 주로 15m 정도의 저양정에 사용한다.

(2) 축류(軸流) 펌프

토출량이 매우 크고, 양정이 낮을 경우(대개 10m 이하)에 사용되는 펌프로서 농업용 배수 펌프, 증기 터빈의 복수기의 순환 펌프, 상하수도용 펌프 등에 사용된다. 프로펠러형 임펠러가 보스(boss)에 정착되어 있기 때문에 **프로 펠러형 펌프**라고도 한다.

(3) 사류(斜流) 펌프

원심 펌프에서 펌프의 양정은 주로 임펠러의 회전에 의한 원심력에 의한 것에 비해, 사류 펌프의 양정은 일부는 임펠러에서 받는 원심력에 의하고, 기타는 날개의 양정에 의해 얻어진다. 토출량의 조절을 자유롭게 할 수 있는 이점이 있다.

(4) 마찰 펌프

좁은 케이싱 내에서 홈이 있는 원판을 회전시켜 액체에 극심한 난류를 일으켜서 압력을 주어 액체를 보내는 펌프이다. 특징은 구조가 간단하고, 제작하기 쉬우며 가격이 저렴하고 양정(40m정도)이 높다. 양수량이 적기 때문에 작은 동력으로도 운전이 가능하다. 이 펌프는 보통 웨스코(wesco) 펌프, 와류 펌프, 나선형 펌프라고도 한다.

(5) 수중 모터 펌프

수직형 터빈펌프 펌프 밑에 모터를 직결하여 양수하며 모터와 터빈은 수중에서 작동한다.

(6) 보어홀 펌프(borehole pump)

수직형 터빈 펌프로서, 임펠러와 스트레이너는 물 속에 있어 2개를 긴축으로 연결하여 깊은 우물의 양수에 사용하는 입형 다단 터빈 펌프로 긴 중간축을 써서 펌프를 운전하기 때문에 고장이 많고 수리가 어렵다.

(7) 오수 펌프

오수 펌프는 가옥오수 등 오물잔재의 고형물이나 천조각 등이 섞인 물을 배제하는데 사용하는 펌프이다. 청수형 펌프와 다르게 임펠러 입구의 끝이 둥글고 날개의 수도 1~2개로 적으며, 와권 케이싱의 수로도 충분히 넓게 해서 고형물로 막히지 않게 된 펌프이다. 일명 **논클로그 펌프(*non clog pump*)**라고도 한다.

5-5-2 용적식 펌프

용적식 펌프에는 피스톤 또는 플런저를 실린더 내에 왕복 운동시켜 펌프작용을 하는 왕복 펌프와 케이싱 내의 회전차(rotor)에 의해 액체에 압력을 부여하는 회전 펌프가 있다. 운전 중 다소의 토출량 변동이 있으나 고압을 발생시켜 효율도 좋다.

(1) 왕복 펌프

피스톤 또는 플런저의 왕복 운전에 의해 액체를 빨아들이고 소요의 압력을 주어서 내보내는 펌프. 보통 배출량은 적지만 고압이 필요할 때 사용한다.

① 피스톤 펌프 : 공장 급수용으로 사용

② 플런저 펌프 : 고압으로 수압이 높고 유량이 적은 곳에 사용

③ 워싱턴 펌프 : 보일러 급수용 (증기압 10kg/cm^2 이하)으로 사용

(2) 회전 펌프

케이싱에 내접하면서 기어, 날개, 사판, 나사 등으로 구성되는 회전자(rotor)가 회전함에 따라서 생기는 밀폐공간의 이동에 의해 피스톤 작용을 하는 펌프이다. 주요한 운

동부분이 등속 회전운동을 하므로 진폭이 적고, 토출양의 변동도 적다.

① 베인 펌프 : 원통형의 케이싱 내에 이것과 중심을 달리하는 회전자가 회전하고, 그 회전자에는 홈이 있어서 그 홈 속에 판상의 날개가 삽입되고 원심력 또는 스프링 등의 힘으로 원통형의 내면에 밀려가면서 활동한다. 주로 기름을 압송하는 목적에 사용되고 최고 토출압력은 $100kg/cm^2$ 정도까지이다.

② 기어 펌프 : 보통 같은 크기의 기어 2개를 맞물려서 케이싱 내에서 회전시키면 액체는 흡입측에서 양쪽 기어의 톱니 사이에 봉입되어 케이싱 내주를 돌아 토출된다. 오래 전부터 압유(壓油) 펌프로서 사용되어 왔지만 일반적으로 효율이 낮고 소음이나 진동이 심하며, 기름 속에 기포가 발생하는 등의 결점이 있다.

③ 나사 펌프 : 케이싱 내에 내접하여 1~3개의 나사형 회전자를 회전시키고 유체는 그 사이에 생기는 공간을 가득 채우면서 축방향으로 보내진다. 보통 윤활성을 가진 유류에 많이 사용되며, 일반 윤활유 펌프, 연료유 이송 펌프에 등에 사용된다.

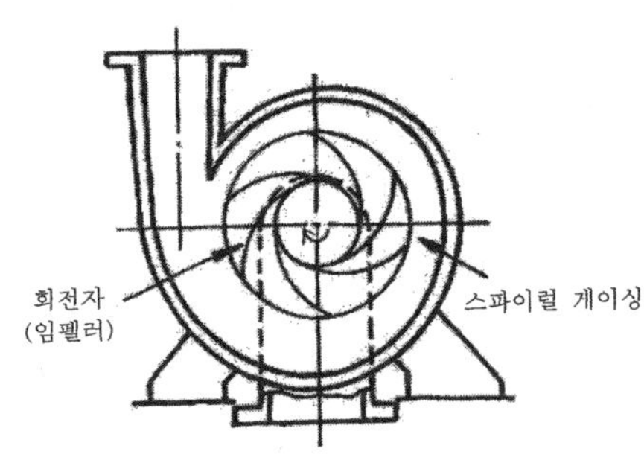

<그림 2-16> 벌류터 펌프

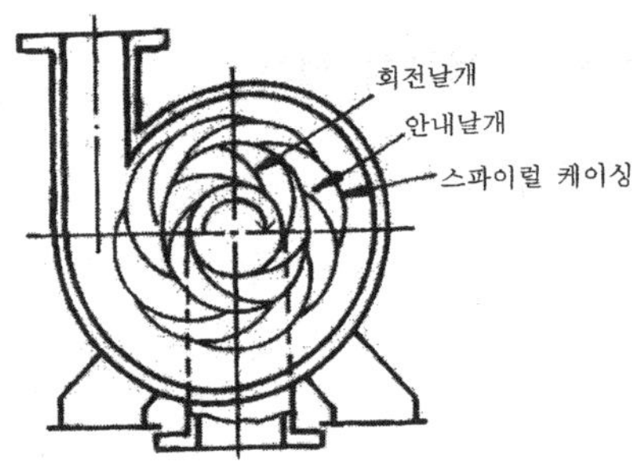

<그림 2-17> 터빈 펌프

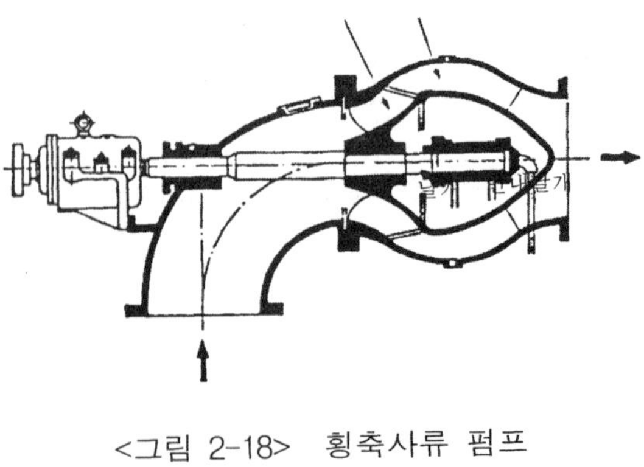

<그림 2-18> 횡축사류 펌프

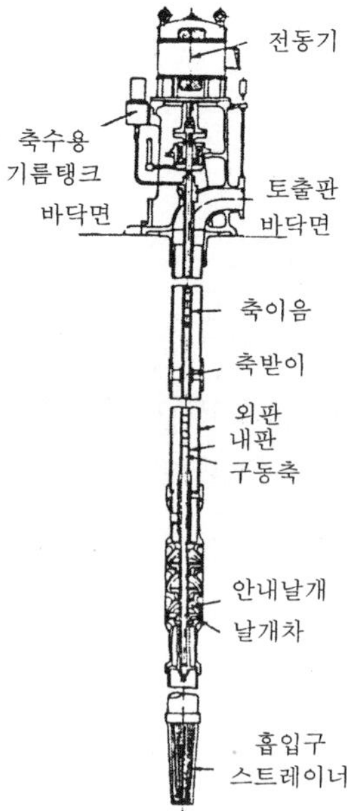

<그림 2-19> 보어홀 펌프

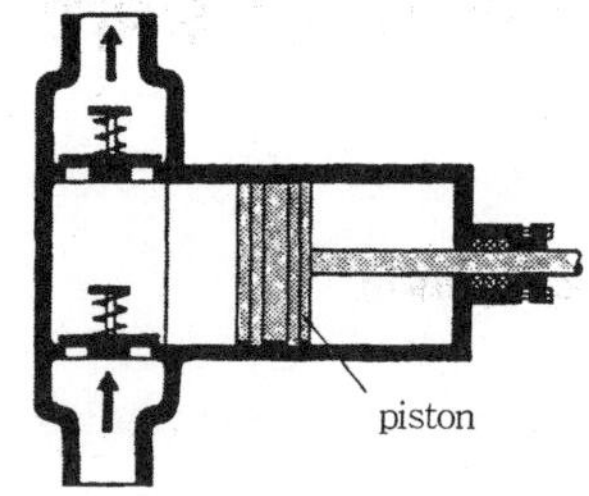

<그림 2-20> 피스톤 펌프

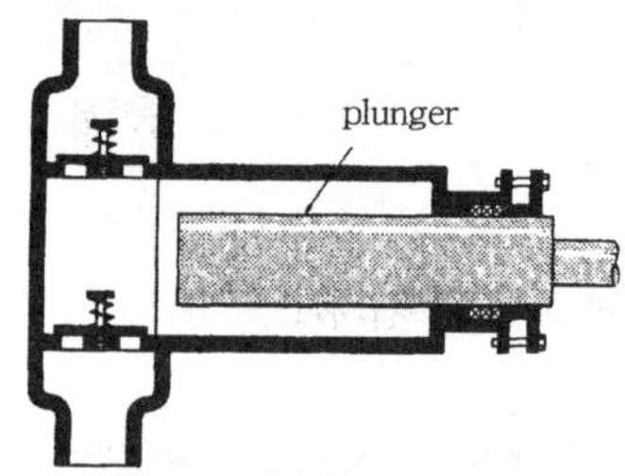

<그림 2-21> 플런저 펌프

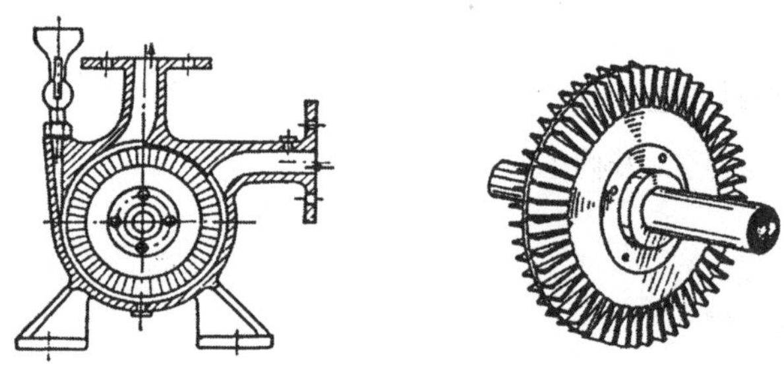

<그림 2-22> 웨스코 펌프

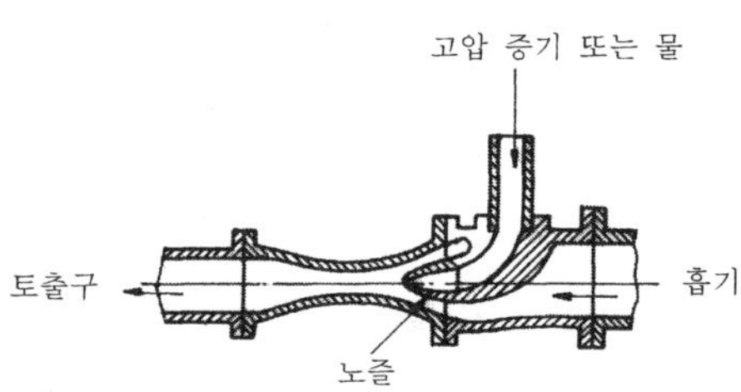

<그림 2-23> 제트 펌프

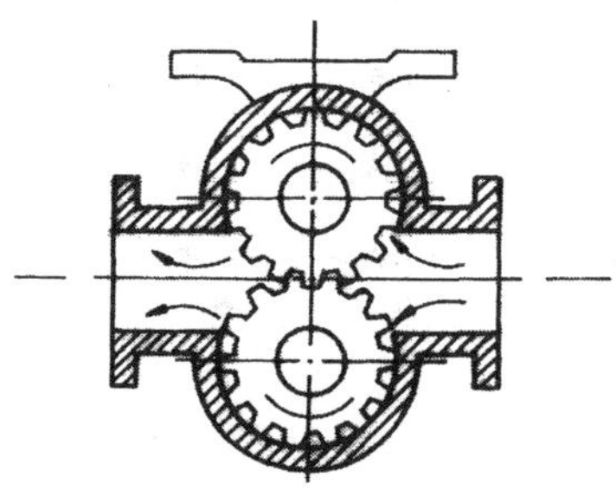

<그림 2-24> 기어 펌프

6. 급수설계의 시공상 유의할 사항

6-1 배관의 구배

급수관은 고장 · 수리시에 배관 속의 물을 완전히 비울 수 있고, 공기가 정체되지 않도록 일정한 구배가 필요하다. 가능한 한 굴곡배관을 피하고 불가피한 굴곡배관일 경우는 공기가 찰 우려가 있으므로 공기빼기 밸브(air vent valve)를 설치해야 한다. 급수관의 배관구배는 모두 선단 하향 구배로 하나, 옥상 탱크식 급수배관의 경우에는 하향 배관에 있어 횡주주관은 선하향 구배, 각 층의 횡주관은 선상향 구배로 한다.

6-2 밸브(stop valve)

(1) 공기빼기 밸브(air vent valve)

굴곡배관이 되어 공기가 찰 우려가 있는 부분에 설치하여 공기를 제거하여 물의 흐름을 원활하게 한다.

(2) 배니(찌거기 제거) 밸브

배관의 말단부분인 청소구에 설치하여 침전물질 등 부유물을 제거한다.

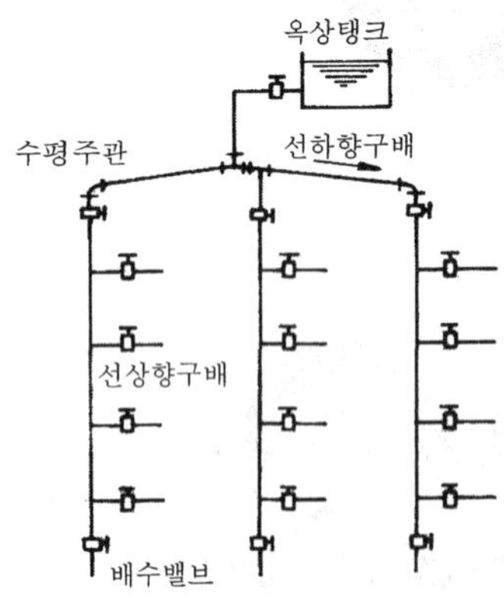

<그림 2-25> 배관구배

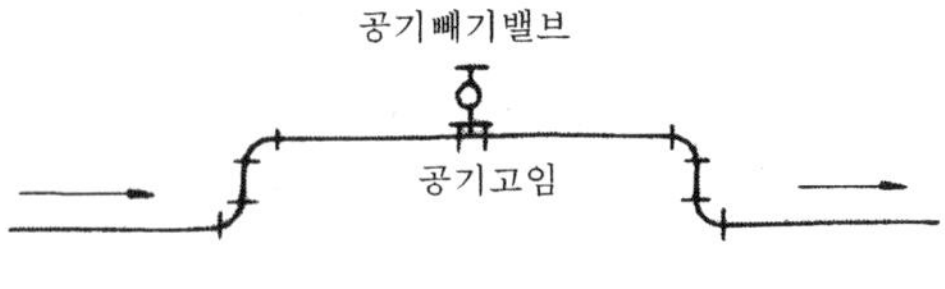

<그림 2-26> 공기빼기 밸브

(3) 지수 밸브

각 급수관의 분기점에는 지수 밸브(stop valve)를 설치하여 국부적으로 단수가 가능해야 한다. 설치장소는 수평주관에서의 각 수직관의 분기점과 각층 수평주관의 분기점에 설치한다.

6-3 슬리브(sleeve) 배관

바닥이나 벽을 관통하는 배관의 경우, 콘크리트를 칠 때 미리 철관인 슬리브를 넣고 이 슬리브 속에 관을 통과시켜 배관한다. 배관의 팽창을 자유롭게 함과 동시에 콘크리트에 의한 관의 부식을 막고, 관의 교체시 편리하다.

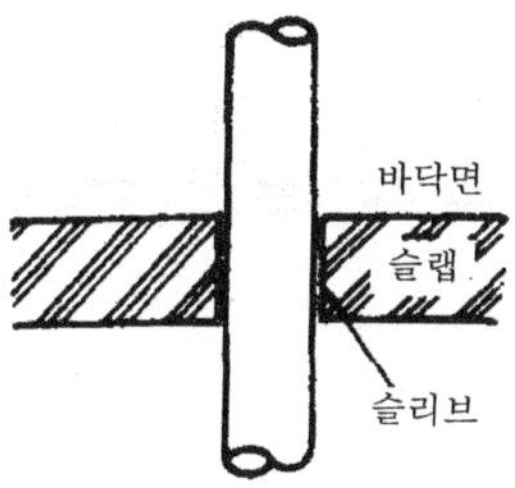

<그림 2-27> 슬리브 배관

6-4 수격작용(water hammering)

수격작용은 플러시 밸브나 기타 수전류를 급격히 열고 닫을 때 소음·진동을 수반하는 현상으로 이 때 생기는 수격작용의 수압은 수류를 [m/s]로 표시한 14배 정도가 된다. 수격작용을 방지하기 위해서는 다음과 같은 방법이 있다.

① 기구류 가까이에 공기실(air chamber)을 설치한다.

② 관경을 크게 하고 가능한 유속을 느리게 한다.

③ 수전류 등의 폐쇄속도를 느리게 한다.

④ 굴곡배관을 억제하고 가능한 직선배관으로 한다.

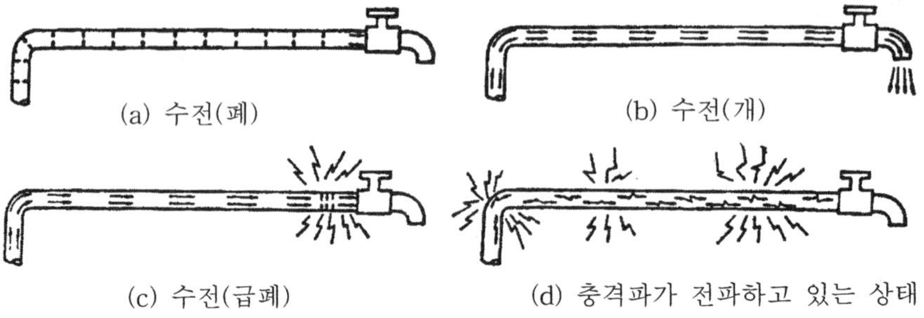

<그림 2-28> 워터 해머 발생 상황도

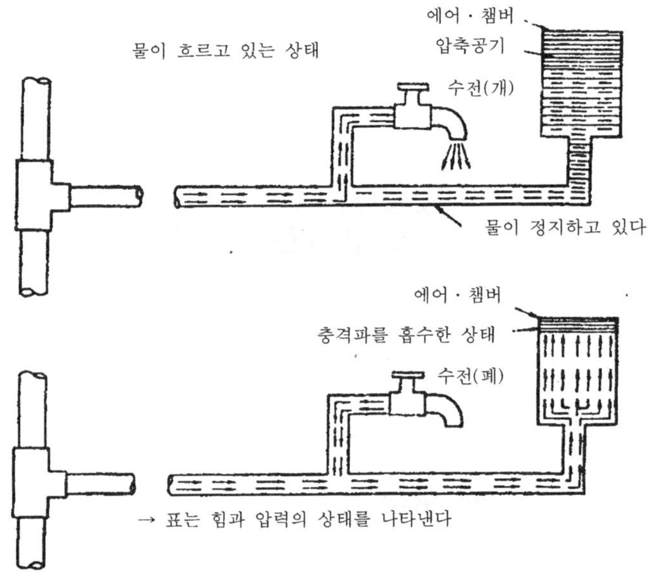

<그림 2-29> 공기실의 역할

6-5 피복

(1) 방식피복

강관은 특히 나사부분이 부식하기 쉬우므로 그 부위에 내산도료(耐酸塗料)를 칠하고, 변소, 욕조, 화학공장 등과 같이 산성수가 흐르는 바닥속에 매설하는 배관에는 아스팔트 주트(asphalt jute)를 감아서 매설한다.

(2) 방동 · 방로 피복

겨울철의 동파 방지를 위해서나 여름철에 습기가 많고 실온이 높은 경우, 배관 속에 차가운 물이 흐르면 배관주위에 결로가 발생하여 천장이나 벽에 얼룩이 생기므로 방로피복을 해야 한다. 피복재로는 펠트(felt), 아스베스토(asbestos), 마그네시아(magnesia) 등이 사용된다.

6-6 수압시험

배관공사가 끝난 후 노출 상태에서 접합부나 기타 부분에서의 누수 유무, 수압에 대한 저항 등 시공의 불량 여부를 파악하기 위하여 시험한다. 수압시험 전에 배관말단이나 개구부를 플러그나 캡으로 막고 수압테스트 펌프로 가압하여 실시한다. **공공 수도 직결식**의 경우에는 **17.5kg/cm^2**, **탱크 및 급수관**의 경우에는 **10.5kg/cm^2**의 수압으로 시험한다.

7. 건축물내 수질과 오염방지

수돗물을 수원으로 하는 음료수 공급설비에 있어서는 최종 급수 전까지 공급될 때까지 수수탱크, 옥상탱크, 배관 등의 경로를 거치게 되는데 이곳에서 물이 오염되지 않도록 주의해야 한다.

급수설비의 오염원인은 다양하며, 일반적으로 다음과 같다.

① 수수탱크의 오염물질 침입

② 배수의 급수설비로의 역류

③ 크로스 커넥션(cross connection)

④ 배관의 부식

7-1 수수탱크의 오염물질 침입

① 수조의 정기적인 청소

② 탱크 자체, 내면 도료, 내부 보강재는 수질에 영향이 없는 것으로 한다.

③ 일사에 의한 해조류 발생에 유의한다.

④ 탱크 맨홀 뚜껑의 시건 장치, 오버 플로관, 통기관 입구 등으로 유해물 침입을 방지한다. 또한, 우수침입이 되지 않는 구조로 한다.

7-2 배수의 급수설비로의 역류

배수의 역류는 급수관 내의 일시적인 부압(負壓)이 형성되거나 변기의 세정 밸브에 진공방지기(vaccum breaker)가 달려있지 않는 경우에 일어나기 쉬운 현상으로 역사이펀 작용이 일어나지 않게 진공방지기를 설치한다. 또한 급수전과 위생기구 사이에는 토수구(吐水口) 공간을 확보하고 토수구공간을 확보할 수 없는 경우에는 반드시 역류방지기를 설치한다.

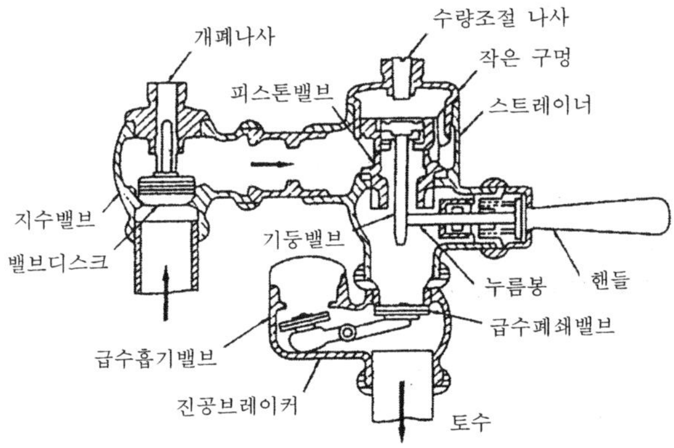

<그림 2-30> 대변기용 세척 밸브

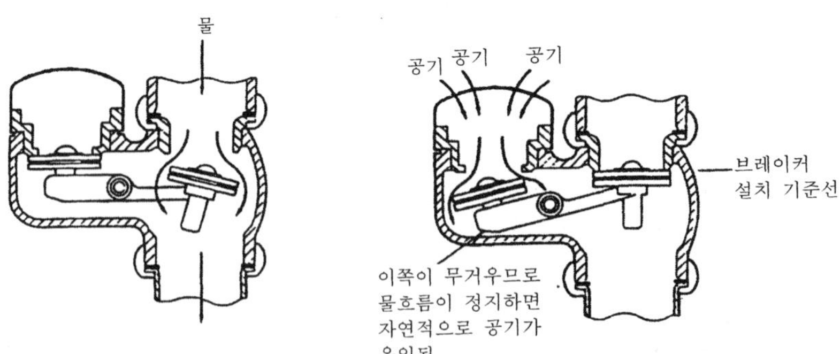

(a) 작동한 상태 (b) 정지한 상태

<그림 2-31> 진공 브레이커의 단면

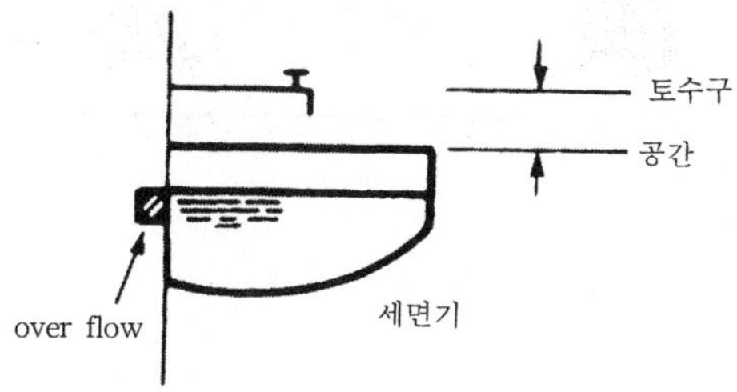

<그림 2-32> 세면기의 토수구 공간

7-3 크로스 커넥션(cross connection)

크로스 커넥션은 수돗물과 수돗물 이외의 물질이 혼입되어 급수관을 오염시키는 것으로 이와 같은 현상은 백 플로(back flow), 수수탱크, 고가탱크 등을 통하여 일어난다. 백플로는 음료수 배관과 다른 배관을 연결하였거나 역사이펀 작용에 의해서 발생한다.

또한 배관이 노후하여 부식되었을 때 급수를 오염시키는 경우가 있는데 이런 경우에는 배관 내의 스케일을 제거하고, 청소 후 라이닝을 실시하면 된다.

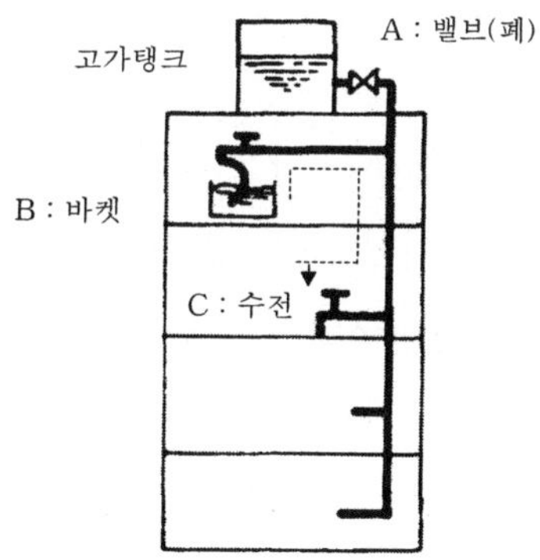

<그림 2-33> 백 플로의 설명도

연습문제

예제 1. 기구별 소요압력이 0.7kg/cm^{2}이고 수전고가 10m일 때 수도본관에는 최소 얼마의 압력이 있어야 급수가 가능한가? (단, 배관 중 마찰손실은 0.4kg/cm^{2}이다.)

【풀이】 $p_o \geqq 10/10(m) + 0.4 + 0.7 = 2.1$ [kg/cm^2]

예제 2. 수도본관에서 수직높이 8m 위치의 화장실에 플러시밸브를 사용하고자 할 때, 수도본관의 최저 필요압력은? (단, 관내 마찰손실수두는 0.3kg/cm^{2}이다.)

【풀이】 $p_o \geqq 8/10$ [m] + 0.3 + 0.7(플러시밸브) = 1.8 [kg/cm^2]

예제 3. 어떤 목욕탕 건물에서 가장 높은 곳에 있는 샤워꼭지까지의 높이가 지상에서 7m이다. 배관의 마찰 손실수두를 0.1 [kg/cm^2] 이라 하면 고가수조의 최소높이는?

【풀이】 지상에서 고가수조까지의 설치높이(H)는 $H = H_1 + H_2 + h$ (m)이므로

$H = 7m + 1m + 7m = 15m$ 이상이다.

예제 4. 전양정 24m, 양수량 13.8m^3/h, 효율 60%일 때 펌프의 축동력은?

【풀이】 펌프의 축동력= $\dfrac{W \cdot Q \cdot H}{6,120 \cdot E}$ [kW] = $\dfrac{1,000 \times 13.8/60 \times 24}{6,120 \times 0.6}$ = 1.5kW

예제 5. 지하 저수조의 물을 분당 1,000 ℓ 씩 높이 27m(전양정)에 있는 고가수조에 양수하고자 한다. 양수 펌프의 축마력(이론마력)은 얼마인가? (단, 펌프의 효율은 60%이다.)

【풀이】 펌프의 축마력 $= \dfrac{W \cdot Q \cdot H}{4500 \cdot E}$ [PS] $= \dfrac{1,000 \times 1 \times 27}{4500 \times 0.6} = 10$마력

예제 6. 그림과 같은 급수설비에서 다음과 같은 조건일 때, ① 고가수조의 유효용량[m^2], ② 양수 펌프의 양정[m], ③ 양수 펌프의 소요 동력[kW]을 구하시오. (단, 시간 최대 급수량(시간평균 급수량의 2배)이 연속하여 사용되는 경우로 한다.)

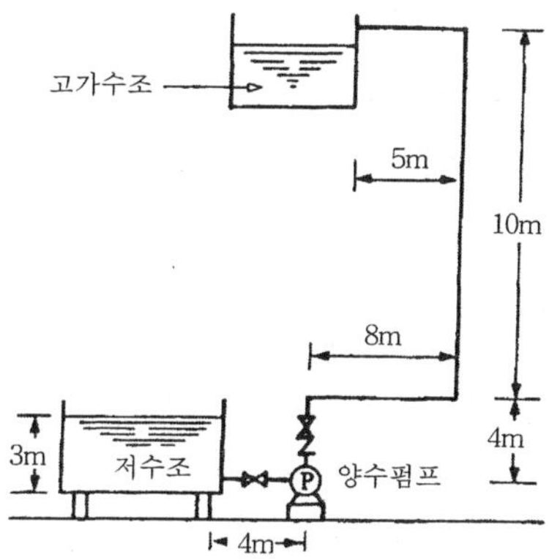

<조건> ① 시간평균 급수량은 $18m^3$으로 한다.

② 관이음쇠 및 밸브류의 상당관길이는 실제 배관길이의 50%로 한다.

③ 양수관 1m당 마찰손실수두는 60mmAq로 한다.

④ 양수관의 고가 수조측에서의 토출압은 $0.3kg/cm^2$으로 한다.

⑤ 저수조의 수위는 일정하다. 펌프 효율은 50%이다.

【풀이】 1) 고가수조의 유효용량은 시간 최대 급수량으로 본다.

$$Q_h = 18 \times 2 = 36m^3/h$$

$$\therefore V = 36m^3$$

2) 양정＝실양정＋마찰손실수두＋토출압력

$$= (14-3) + \{(4+4+8+10+5) + (31 \times 0.5) \times 60/1,000\} + 0.3 \times 10$$

$$= 16.79m$$

3) 동력$= \dfrac{W \cdot Q \cdot H}{6120 \cdot E} = \dfrac{1,000 \times 36/60 \times 16.79}{6120 \times 0.5} = 3.29\text{kW}$

예제 7. 그림과 같은 고가수조식 급수주관의 구간 $A \sim B$의 관경을 구하라.

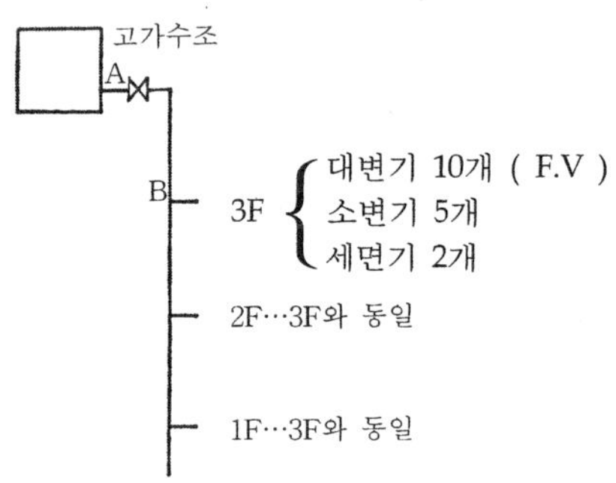

<조건> ① 건물은 사무소

② 각층에 대변기 : 10개

소변기 : 5개

세면기 : 2개

③ 국부의 마찰상당관길이는 실배관 길이의 30%로 한다.

④ 3층 기구에서 고가수조 수면까지의 거리를 10m로 한다.

⑤ A에서 3층, 가장 먼 수전까지의 거리를 11m로 한다.

【풀이】 1) 총기구 급수단위를 구하면 다음과 같다.

	개수	기구급수단위	층수	계
대변기	10	10	3	300
소변기	5	5	3	75
세면기	2	2	3	12
합 계				387

2) 총기구 급수단위로 그림을 이용하여 동시 사용 유수량을 구하면→ 480 l/min

3) 허용마찰손실수두를 식에 의해서 구하면

$$R = \frac{(P_h - P_t)}{L + L'} \times 1,000$$

$P_h = 10\text{m}$, $P_t = 7\text{m}$(대변기 세정밸브는 0.7kg/cm^2)

$L = 11\text{m}$, $L' = 11 \times 0.3 = 3.3\text{m}$

$R = 3,000/14.3 = 209.8\text{mmAq/m}$

4) 그림 2-11에 대입하면, 유속은 약 3.1m/sec이 된다.(①번)
유속이 크므로 유속이 2m/sec 이하인 관경을 구하면 관경은 80mm, 그때의 유속은 1.7m/sec이다.(②번)
∴ 관경 : 80mm, 유속 : 1.7m/sec

예제 8. 어떤 펌프가 970rpm으로 회전하여 전양정 9.2m에 0.6m^3/min 을 방출한다. 펌프가 1,450rpm으로 운전될 때 수량은 몇 [m^3/min]인가?

【풀이】 $Q=0.6\times\frac{1,450}{970}=0.9m^3/min$

예제 9. 어떤 펌프가 매분 2,000회전으로 전양정 100m에 대하여 0.17m^3/sec 인 수량을 방출한다. 이것과 상사로서 치수가 2배인 펌프가 매분 1,500회전일 때 전양정을 구하라.

【풀이】 $H=100\times\left(\frac{2}{1}\right)^2\times\left(\frac{1,500}{2,000}\right)^2=225m$

제3장 급탕설비

1. 개요

급탕설비는 일반 가정의 욕실이나 부엌에서와 같은 소규모의 것이나 호텔, 병원과 같은 대규모 건물에 이르기까지 규모나 사용목적에 따라 열원, 배관방식 등이 달라진다.

1-1 급탕의 목적

위생설비에서의 급탕의 사용 목적은 음료용, 인체의 세정 및 보온, 물품의 세정・소독・보온이 있다. 또한 냉수를 온수로 만드는 목적은 인체의 감각적인 쾌적, 세정 효과, 살균 효과에 의한 소독, 열에너지의 이용 등이다.

1-2 급탕의 성질

① 대기압에 개방된 상태이거나 밀폐된 상태, 모두 물의 밑부분을 가열하면 자연대류가 발생한다.

② 비중량의 감소는 체적 팽창으로 나타나며, 밀폐용기 내에는 팽창 억제분 만큼의 압력 상승이 나타난다. 따라서 팽창용적의 도피처가 필요하다.

③ 또한 물 속에 있는 용존산소가 가열로 인하여 물에서 분리된다. 따라서 급탕배관 도중에 공기빼기 밸브(air vent)를 설치한다.

④ 급탕은 보통 물과 혼합하여 적당한 온도로서 사용하며, 급탕온도가 높을수록 사용탕량에 대한 급탕량의 비율은 낮아진다. 급탕용도에 따라 사용 온도가 정해지고 사용 급탕량은 계산상으로 급탕온도 60℃로 환산한 급탕량으로 표시함이 일반적이다.

1-3 급탕온도와 급탕량

① 중앙식에서는 배관계통의 열 손실에 의한 온도강화를 예상하여 가열온도를 10~20℃정도 높게 한다. 보통 급탕온도는 60~70℃로 하고, 각 용도에 따라 물을 혼합하여 사용 온도로 낮추어 사용한다. 여기서 급탕관계의 에너지적 차원을 고려한다면 급탕량이 증가해 급탕 배관계가 다소 굵어진다 할지라도 되도록 급탕온도를 내리는 것이 좋다.

② 급탕온도를 너무 낮게 하면 급탕순환량이 증가하고, 온도를 너무 높이면 화상의 위험성 및 기수분리(캐비테이션)가 발생하기 쉽다.

③ 또한 급탕온도는 배관의 부식을 포함하여 밀접한 관계가 있다. 수온이 60℃ 이상이 되면 수중의 산소의 분리가 쉽고, 전식(電蝕)속도가 증가하여 배관이 침식되기 쉽다. 따라서 높은 온도의 탕을 필요로 하는 개소에는 그 부근에서 승온하는 방법이 바람직하다.

④ 양로원 및 소아전용, 환자용의 급탕온도는 50℃ 이하로 하고, 주방의 접시세정용 급탕은 부스터 히터(booster heater)를 설치하여 80℃로 공급한다.

<표 3-1> 용도별 급탕온도

용 도	급탕온도 [℃]	용 도	급탕온도 [℃]
음료용	50~55	주방용 : 일반용	45
목욕용 : 성 인	42~45	: 접시세정용	45(60)
: 어린이	40~42	: 접시세정시 행구기용	70~80
샤워	43	세탁용 : 상업일반	60
세면용(수세용)	40~42	: 모직용	33~37(38~49)
의료용(수세용)	43	: 린넨 및 견직물	49~52(60)
면도용	46~52	수영장용	21~27
		세차용	24~30

주) ( )안의 수치는 기계사용의 경우임

2. 급탕방식

급탕방식에는 개별식과 중앙식이 있으며, 개별식은 건물 내의 필요 개소에 소형가열기를 설치하여 해당 장소에 급탕하고, 중앙식은 건물의 기계실 등에 대형 가열기와 저탕탱크를 설치하며, 배관에 의해 건물 전체의 필요개소에 급탕한다. 급탕방식의 선택은 건물의 종류, 사용목적, 규모, 급탕의 사용방법, 설비의 초기투자예산, 유지관리비 등을 고려하여 선택한다.

2-1 개별식 급탕방식

개별식은 보통 소규모 급탕설비에 이용하며, 대규모 건물에서도 용도에 따라서 개별식을 일부 혼용한다. 개별식은 급탕목적에 따라 순간온수기, 저탕형 탕비기, 기수혼합식 등이 있으며, 개별식의 특징은 아래와 같다.

(1) 장점

① 배관거리가 짧고 배관중 열손실이 적다.

② 수시로 급탕하여 사용할 수 있고 높은 온도의 물이 필요할 때 쉽게 얻을 수 있다.

③ 급탕개소가 적을 경우에는 시설비가 저렴하다.

(2) 단점

① 급탕개소마다 가열기의 설치공간이 필요하다.

② 값싼 연료의 사용이 곤란하다.

(3) 종류

① 순간온수기 : 급탕관의 일부를 가스나 전기로 가열시켜 직접 온수를 얻는 방법으로 급탕기구수가 적고 급탕범위가 좁은 주택의 욕실, 부엌의 싱크, 이발소 등에 적합하다.

② 저탕형 탕비기 : 중앙식 급탕의 축소판으로 최대 사용시에 소요되는 급탕량을 저장하여 배관으로 필요개소에 공급하며 순간식보다 규모가 큰 양과 범위에 적당

하다. 설비비는 순간식보다 많으며, 사용개시 전 저탕탱크내 물을 사용온도까지 가열하는데 30분~1시간이 소요된다. 열원으로는 가스, 등유, 전기가 사용되며, 용도는 학교, 공장, 기숙사 등과 같이 특정한 시간에 다량의 온수를 필요로 하는 장소에 적합하다.

③ 기수혼합식 : 병원이나 공장에서 증기를 열원으로 하는 경우 저탕조에 증기를 직접 불어넣어 가열하는 방식이다. 이 방법은 열효율은 100%이지만 소음이 따르는 결점이 있어 소음을 줄이기 위한 스팀 사일런스(steam silence)를 사용해야 한다.

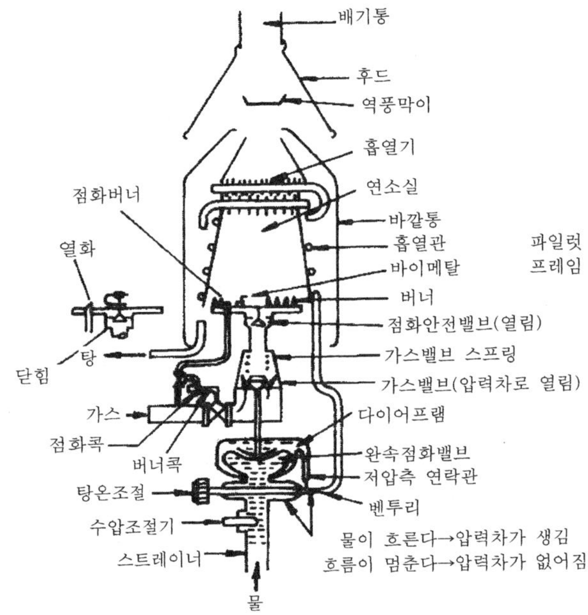

<그림 3-1> 순간온수기

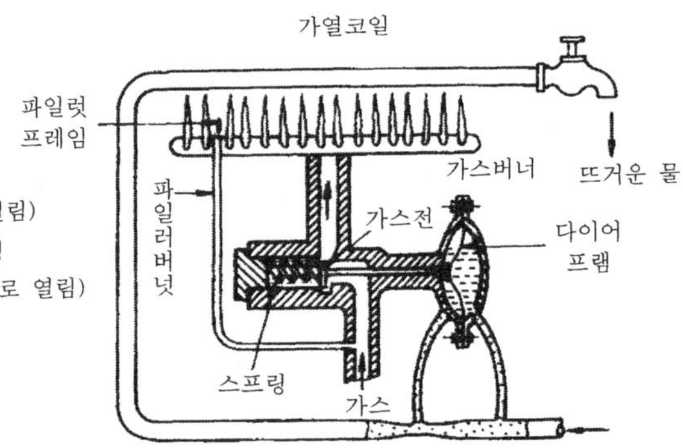

<그림 3-2> 자동 연소장치의 원리

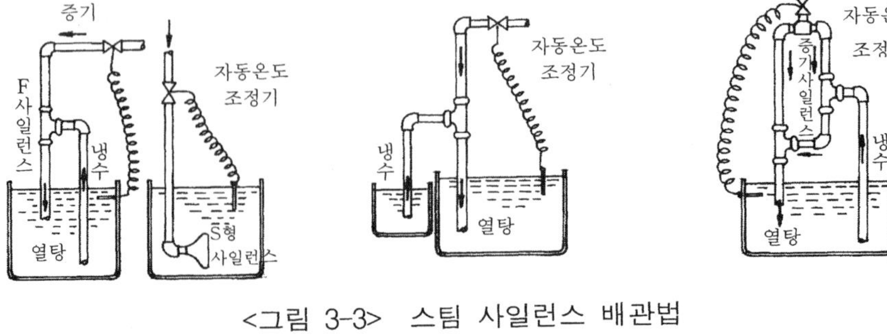

<그림 3-3> 스팀 사일런스 배관법

2-2 중앙식 급탕방식

지하실 등 일정한 장소에 급탕장치를 설치해 놓고 배관에 의해 필요한 각 장소에 공급하는 방법으로 대규모 급탕에 적합하다. 중앙식 방식의 특징은 아래와 같다.

(1) 장점

① 석유, 중유 등을 사용하기 때문에 연료비가 적게 든다.
② 열효율이 좋다.
③ 관리상 유리하다.

(2) 단점

① 초기설치 비용이 많이 든다.
② 전문기술자가 필요하다.
③ 배관도중 열손실이 크다.
④ 시공후 기구 증설에 따른 배관변경 공사가 어렵다.

(3) 종류

① 직접 가열식 : 열 효율면에서는 경제적이나 계속적인 급수로 항상 새로운 물이 들어오게 되어 보일러의 신축이 불균일하고 수질에 의해 보일러 내면에 스케일이 생겨서 열효율이 저하되며 보일러의 수명이 단축된다. 주택 또는 소규모 건물에 주로 사용된다.

② 간접 가열식 : 저탕조 내에 가열코일을 설치하고 이 코일에 증기 또는 온수를 통해서 저탕조의 물을 간접적으로 가열하는 방식이다. 이 탱크는 탕물을 저장함과 동시에 히터 역할을 하므로 이것을 탱크 히터(tank heater) 또는 스토리지 탱크(storage tank)라고도 한다. 이 방식은 보일러 내면에 스케일이 거의 끼지 않으며 가열코일에 난방용 보일러의 증기를 사용시 급탕용 보일러가 불필요하며 대규모 급탕설비에 적합하다.

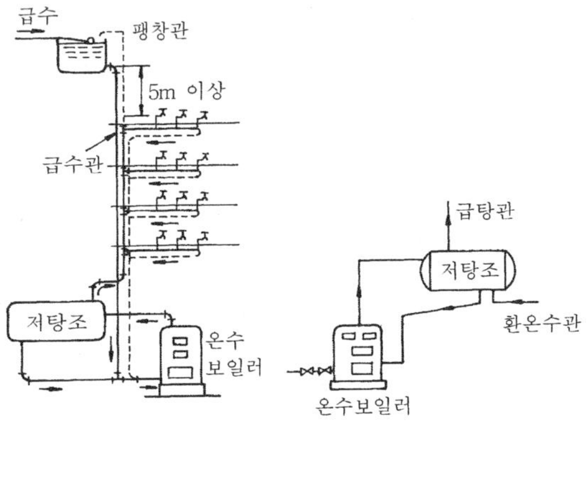

<그림 3-4> 직접 가열식 급탕배관

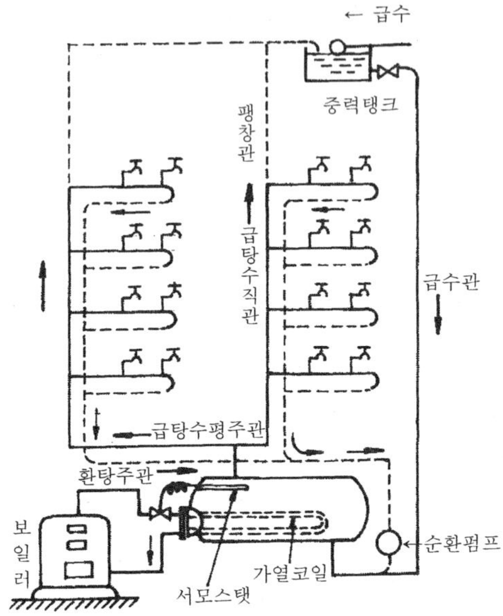

<그림 3-5> 간접 가열식 급탕배관

2-3 태양열 이용 급탕방식

태양열 이용 시스템은 초기 설치비는 드나 에너지 절약과 환경보호 차원에서 권장되어야 할 급탕방식이다. 태양열을 이용하여 급탕설비를 계획할 경우 가장 중요한 것은 그 지역의 일사량 취득이므로 이에 대한 충분한 검토가 이루어져야 한다. 태양열에 의한 급탕은 주택에서부터 공동주택, 수영장, 대중목욕탕, 호텔, 병원의 급탕에 이러기까지 다양하게 이용되고 있다. 일반가정에서 태양열 온수기를 이용하는 경우는 대부분

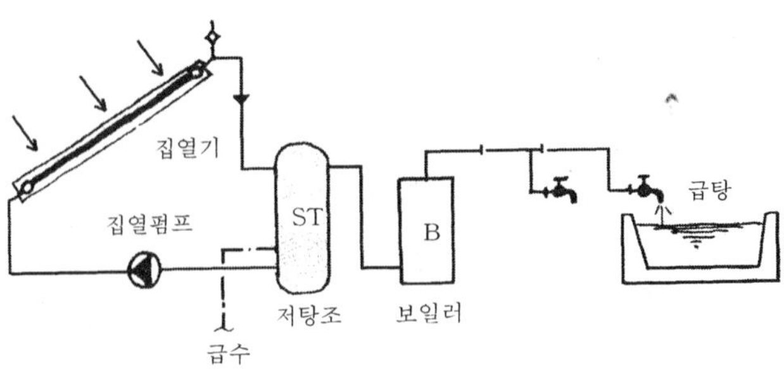

<그림 3-6> 태양열 급탕 시스템

급탕을 위한 것으로 집열(集熱)부분의 저탕량은 200*l*정도를 표준으로 하고 있다. <그림 3-6>은 태양열 급탕 시스템을 나타내며, <그림 3-7>은 태양열 냉난방 · 급탕 시스템을 각각 나타내고 있다.

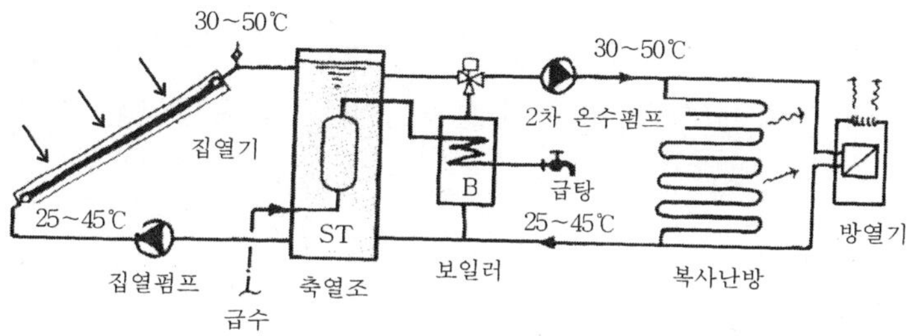

<그림 3-7> 태양열 냉난방 · 급탕 시스템

3. 급탕배관법

급탕배관은 배관방식과 공급방식에 의하여 다음과 같이 분류할 수 있다.

- 급탕배관법
  - 단관식
    - 상향 배관
    - 하향 배관
  - 복관식
    - 상향 배관
    - 하향 배관
    - 상 · 하향 배관

3-1 단관식

단관식은 온수를 급탕전까지 운반하는 배관을 1관으로만 설치한 것으로 환탕관이 없어서 순환되지 못하며 주관에서 멀리 떨어져 있는 급탕 전에서는 배관속에 차 있던 탕물이 냉각하기 때문에 수전을 열면 처음에는 찬물이 유출되고 나중에 더운물이 나오기 때문에 사용상 불편한 면이 있다. 배관이 비교적 짧고 간단하여 설비비가 적게 들기 때문에 주택이나 소규모 건물의 급탕에 사용된다.

3-2 복관식

급탕관의 길이가 길 때 관내온수의 냉각을 방지하기 위하여 보일러에서 급탕전까지 공급관과 순환관을 배관하는 방식으로 주로 대규모 건물의 급탕에 사용한다. 이 방식은 급탕관과 환탕관에 항상 급탕이 순환하기 때문에 급탕전을 열면 즉시 온수가 나온다.

(1) 상향 공급식

이 배관법은 일반적으로 가장 많이 사용하는 방식이다. 급탕 수평주관으로부터 수직관을 세워 이 수직관으로부터 각층 기구에 급탕하고 각 최말단 기구에서 순환관을 내어 환수주관에 연결한다.

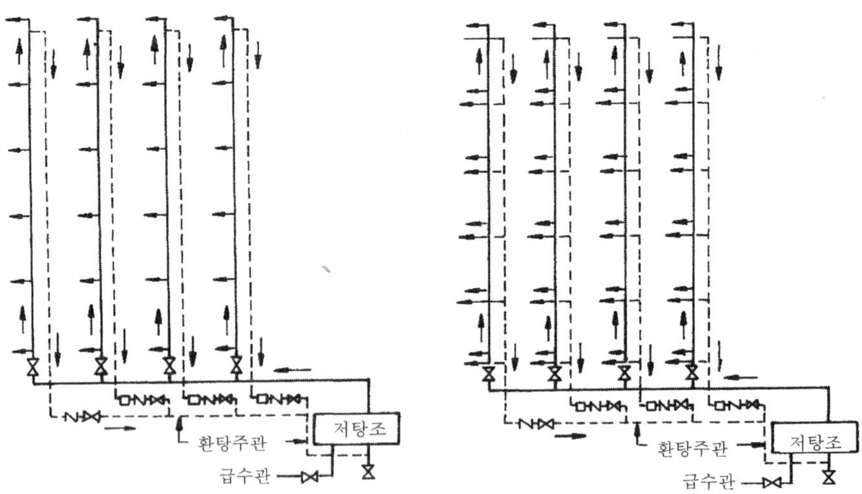

<그림 3-8> 상향식 급탕순환방식

(2) 하향 공급식

급탕주관을 일단 건물 최고층까지 끌어올려 최고층에서 수평주관을 늘려서 수직주관으로 연결하고 그 수직주관에서 각층 기구에 급탕을 공급하는 방식이다.

(3) 상 · 하향 공급식

수직 급탕주관에서부터 각층 기구에 급탕하는 한편 최고층 수평관을 거쳐 필요한 위치에서 수직관을 내려 그 수직관에서도 각층 기구에 급탕하는 방식으로서 그 하단은 순환관이 된다.

(4) 역환수방식(reverse return)

급탕계통이 많을 경우, 유량을 균등하게 분배하기 위하여 사용하는 배관법이다.

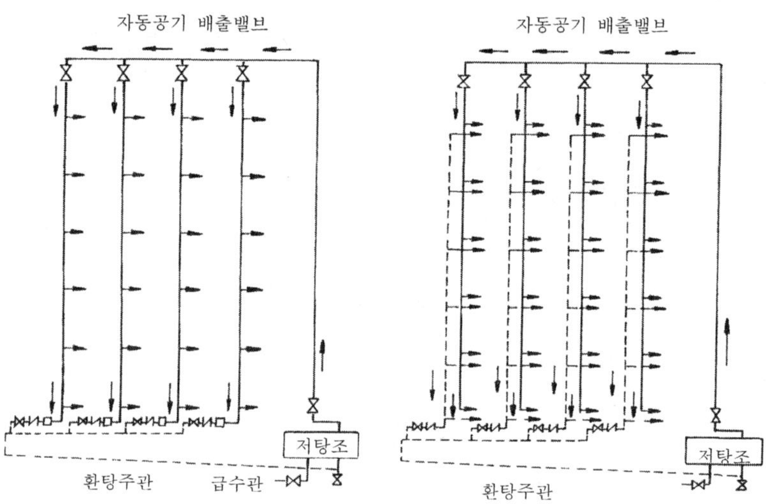

<그림 3-9> 하향식 급탕 순환방식

4. 급탕설비의 설계

4-1 개요

건물의 종류, 설치장소, 계절적 온도에 의한 사용량, 생활환경, 시간적 사용량의 변동 등을 정확하게 파악하여 설계자료로 활용한다.

4-2 급탕방식의 결정

건물의 규모, 열원의 공급방법 이것에 의한 기기의 선정, 기기종류에 의한 환기방식의 선정, 용량의 결정 등의 일련의 작업을 동시에 진행하며 결정한다.

4-3 급탕량 산정방법

급수설비의 경우와 같이 건물의 종류나 용도에 따라 다르며, 하루동안에도 시간차에 따라 차이가 많고 또한 계절에 따라 영향을 받으므로 주의를 요한다. 급탕량 산정은 기구수에 의한 방법과 사용인원에 의한 방법이 있으며, 일반적으로 인원에 의한 방법이 정확하다.

(1) 사용 인원수에 의한 방법

① 1일 최대 급탕량

(Q_d) = 급탕대상 인원수(인)×1인 1일당 급탕량 $(l/d \cdot c)$ (3-1)

② 1시간의 최대 급탕량

(Q_h) = 1일 최대 급탕량×1시간당 최대치 비율 (3-2)

③ 가열기 능력

1일 최대 급탕량×1일 사용량의 가열능력비율×온도차 (3-3)

<표 3-2> 건물의 종류별 급탕량

건물의 종류	1인 1일당 급탕량	1일사용에 대한 필요한 1시간당 최대치 비율	피크로드의 계속시간	1일 사용량에 대한 저탕비율	1일 사용량에 대한 가열능력 비율
	q_d	q_h	h	v	v
주택 · 아파트 · 호텔 등	75~150	1/7	4	1/5	1/7
사무실	7.5~11.5	1/5	2	1/5	1/6
공장	20	1/3	1	2/5	1/8
레스토랑	-	-	-	1/10	1/10
레스토랑(3식/1일)	-	1/10	8	1/5	1/10
레스토랑(1식/1일)	-	1/5	2	2/5	1/6

주) ① 호텔에서는 1일의 탕 필요량과 특성이 호텔의 형식에 따라 달라진다. 고급 호텔에서는 피크 로드는 낮지만 1일 사용량이 비교적 많고, 상업 호텔에서는 피크 로드는 높지만 1일의 사용량이 적다.

② 주택이나 아파트에서 접시세정기나 세탁기가 있을 때는 접시세정기 1대당 60 l, 세탁기 1대당 150 l를 추가한다.

③ 온도60℃의 경우

(2) 기구수에 의한 방법

① 사용 횟수를 추정할 수 있을 경우

$$Q_h = F \times P \times a \tag{3-4}$$

② 사용 횟수를 추정할 수 없을 경우

$$Q_h = F_h \times O \times a \tag{3-5}$$

F : 기구 1개의 1회당 급탕량 [l]
P : 기구의 사용 횟수 [회/h]
a : 동시 사용율 [%]
F_h : 기구의 급탕량 [l/h]
O : 위생 기구수 [개]

<표 3-3> 위생기구별 급탕량 [l/h]

위생기구 \ 건물 종류	아파트	클 럽	체육관	병 원	호 텔	공 장	사무소	주 택	학 교	YMCA
개인 세면기	7.5	7.5	7.5	7.5	7.5	7.5	7.5	7.5	7.5	7.5
일반 세면기	15	22	30	22	30	45	22	-	57	30
양 식 욕 조	75	75	100	75	75	-	-	75	-	110
샤 워	110	570	850	280	280	850	110	110	850	850
부 엌 싱 크	38	75	-	75	110	75	75	38	75	75
배 선 싱 크	19	38	-	38	38	-	38	19	38	38
세 탁 싱 크	75	106	-	106	106	-	-	75	-	106
소 제 싱 크	75	75	-	75	110	75	75	57	75	75
접시 세정기	57	190~570	-	190~570	190~750	75~375	-	57	75~375	75~373
동시 사용율	0.30	0.30	0.40	0.25	0.25	0.40	0.30	0.30	0.40	0.40
저탕용량계수	1.25	0.9	1.0	0.6	0.8	1.0	2.0	0.7	1.0	1.0

주) ① 최종 온도를 60℃로 산정한 것임
② 저탕용량 계수란 1시간당 최대 급탕량에 대한 저탕용량의 비율임

4-4 저탕조의 용량계산

저탕조의 용량은 일반적으로 호텔이나 체육관의 샤워시설과 같이 일시에 다량의 온

수가 필요한 경우에는 저탕량이 큰 시설을 하고 주방이나 영업용 욕탕과 같이 일정시간, 비교적 장시간에 걸쳐 급탕을 사용하는 경우는 열원용량이 큰 시설을 하는 것이 좋다.

(1) 직접 가열식

저탕조의 용량 V는 다음과 같다.

$$V=(1\text{시간당 최대 사용 급탕량}-\text{온수보일러의 탕량})\times 1.25 \quad (3\text{-}6)$$

(2) 간접 가열식

$$V=1\text{시간당 최대 사용 급탕량}\times(0.9\sim 0.6) \quad (3\text{-}7)$$

5. 급향배관 시공상의 유의사항

5-1 급탕관의 관경결정

급탕배관의 주관은 최소 20 A 이상, 분기관은 15 A 이상, 환탕관은 15 A 정도로 한다. 급수관경보다 한 사이즈 큰 치수의 것을 사용하며, 환탕관(최소 20 A 이상)은 급탕관보다 작은 치수의 것을 사용한다.

<표 3-4> 급탕관 및 환탕관의 관경

급탕관경 [mm]	25	32	40	50	65	75	100
환탕관경 [mm]	20	20	25	32	40	40	50

5-2 배관과 구배

배관의 구배는 온수의 순환을 원활하게 하기 위하여 가능한 급구배가 좋다. 배관구배는 중력순환식은 1/150, 강제순환방식은 1/200 정도로 하는 것이 좋다.

5-3 공기빼기

물이 가열되면 물 속에 있는 용존산소가 분리된다. 이 공기는 배관계통 중 "ㄷ"자형 배관부 등에 고여 탕물의 순환을 저해하므로 가능한 "ㄷ"자형 배관은 피하고, 부득이 굴곡배관을 할 경우 공기빼기 밸브를 설치한다.

5-4 배관의 신축

(1) 관의 신축과 팽창계수

관내를 뜨거운 온수가 흐르면 그에 따라 관경과 길이가 신축한다. 관경 신축량은 근소하지만 길이의 신축량은 커서 직선배관이 길 경우 관이음쇠, 밸브류 및 기타 서포터 등에 큰 응력이 생겨 이음쇠 등이 파손되기도 한다. 신축량은 관길이와 온도변화에 비례하여 다음과 같이 계산하다.

$$L = 1000 \cdot l \cdot c \cdot \Delta t \qquad (3\text{-}8)$$

L : 신축량 [mm]

l : 온도변화전의 관 길이 [m]

c : 관의 선팽창 계수

Δt : 온도변화 [℃]

<표 3-5> 관의 선팽창 계수

관 종 류	선팽창 계수	관 종 류	선팽창 계수
연 철 관	0.000012348	동 관	0.00001710
강 관	0.00001098	황 동 관	0.00001872
주 철 관	0.00001062	연 관	0.00002862

(2) 배관의 신축이음

배관의 신축·팽창량을 흡수하기 위해서는 신축이음쇠가 사용되며, 일반적으로 강관은 보통 30m, 동관은 20m마다 신축이음을 1개씩 설치하는 것이 좋다. 신축이음쇠의 종류와 용도는 아래와 같다.

<표 3-6> 각종 관의 선팽창량 [mm/100m]

관 종 류		강 관	동 관	황동관
선 팽 창 계 수		0.1098×10^{-4}	0.1710×10^{-4}	0.1872×10^{-4}
온도	0℃	0	0	0
	20℃	22.0	68.4	37.4
	40℃	43.9	84.2	74.9
	60℃	65.9	102.6	112.3
	80℃	87.8	136.8	149.3
	100℃	109.8	171.0	187.2

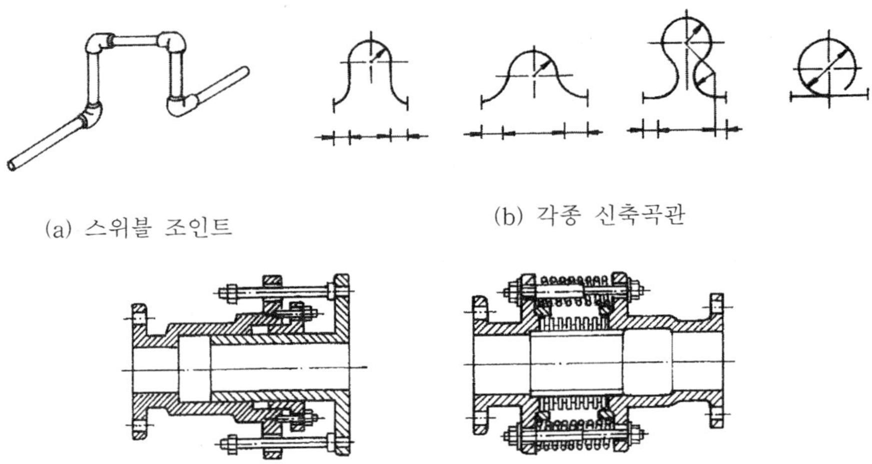

(a) 스위블 조인트 (b) 각종 신축곡관

(c) 슬리브형 신축이음쇠 (d) 벨로스형 신축이음쇠

<그림 3-10> 각종 신축이음쇠

1) 스위블 조인트(swivel joint)

2개 이상의 엘보를 사용하여 신축을 흡수하는 것으로 신축과 팽창의 반복으로 인해 누수의 원인이 되는 것이 결점이다. 주로 방열기 주위부근의 배관에 사용된다.

2) 신축곡관(expansion loop)

고압배관에 사용할 수 있는 장점이 있으나 1개의 신축길이가 큰 것이 결점이며, 고압배관의 옥외배관에 적합하다.

3) 슬리브형(sleeve type), 벨로스형(bellows type)

콘크리트 벽이나 바닥을 관통하는 곳에 설치하여 배관의 고장이나 건물의 손상을 방지한다.

5-5 보온피복

저탕조 및 배관계통은 완벽하게 피복을 하여 열손실을 최소한도로 막아야 한다. 보온재로 적합한 것은 우모, 펠트, 라크올, 아스베스토스, 마그네시아, 규조토 등을 들 수 있다. 피복두께는 3~5cm정도가 적당하다.

5-6 팽창관과 팽창탱크

온수 순환 배관도중에 이상 압력이 생겼을 때 그 압력을 흡수하기 위한 도피구이다. 급탕 수직관을 연장하여 팽창관으로 하고 이를 팽창탱크에 자유 개방한다. 팽창관의 도중에는 밸브를 달아서는 안되며, 팽창탱크의 설치높이는 탱크의 저면이 급수전보다 적어도 5m이상 높은 곳에 위치해야 하고 급수는 볼탭에 의해 자동 급수한다.

5-7 배관기기의 시험과 검사

배관기기의 시험과 검사는 급수장치의 경우와 같은 방법으로 하되 수압시험은 피복하기 전 적어도 실제 사용하는 최고 압력의 2배 이상 압력으로 10분 이상 유지될 수 있어야 한다.

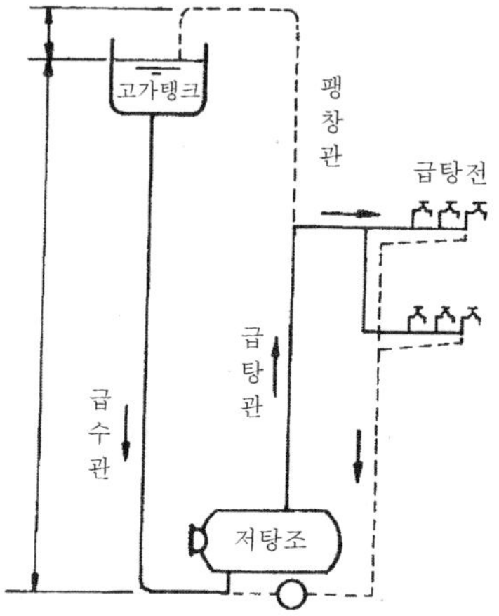

<그림 3-11> 팽창관과 팽창탱크

연습문제

예제 1. 60℃의 온수 150 l와 10℃의 물이 70 l를 혼합하면 몇 도의 온수를 얻을 수 있는가?

【풀이】 $T_m = \dfrac{(150 \times 60) + (70 \times 10)}{(150 + 70)} \fallingdotseq 44$℃

예제 2. 종업원 120명의 공장이 있다. 이 공장에 필요한 급탕량은 1시간에 얼마인가?

【풀이】 $Q_d = N \cdot d$ 에서 $Q_d = 20l \times 120 = 2,400 l/day$

· 1일의 소비시간을 3시간으로 하면, $2,400 \times 1/3 = 800 l/h$

예제 3. 사무소 빌딩에서 대상인원 1,500명, 세면기 120개, 청소싱크 10개, 배선싱크 10개가 설치되어 있는 경우, 중앙식 급탕방식으로 열원을 증기로 한 급탕량을 계산하시오.

【풀이】 ① 인원에 의한 방법

대상인원 [N] : 1500명, 1일 1일 급탕량 : 10 l/day로 하면

1일 사용탕량의 합계는

$Q_d = N \cdot q = 1,500 \times 10 = 15,000 l/day$

1일의 사용량에 대한 비율은 1/5이므로

시간 최대 급탕량 $Q_h = 1/5 \times 15,000 = 3,000 l/h$

② 기구수에 의한 방법
- 세면기 120개 : 120×22 ℓ /h=2,640 ℓ /h
- 청소싱크 10개 : 10×75 ℓ /h= 750 ℓ /h
- 배선싱크 10개 : 10×38 ℓ /h= 380 ℓ /h

합계는 3,770 ℓ 이다.

$$Q_h = 3{,}770 \times \frac{1}{5} = 754\ \ell/h$$

따라서, 시간당 예상 최대 급탕량은 두 방법 중에서 값이 큰 3,000 ℓ /h로 한다.

예제 4. 10세대가 있는 아파트의 급탕설비에 있어서 가열기 능력, 저탕용량을 구하시오. (단, 1세대 평균 5인 가족으로 한다. 수온은 15℃로 한다.)

【풀이】 $N=5\times10=50$ 인, 표에 의해서 $q=150l/d/c$ 이므로

$Q_d=50\times150=7,500l/d$

$Q_h=7,500\times1/7=1,072=1,080l/h$

저탕용량 $V=7,500\times1/5=1,500l$

가열기 능력 $H=7,500\times1/7(60-15)\fallingdotseq48,214\text{kcal}/\text{h}$

예제 5. 직접 가열식 급탕설비에서 시간 최대 급탕량 3,000 ℓ /h이고 보일러 저탕량이 1,000 ℓ 일 때 저탕조의 크기는?

【풀이】 V = (최대 급탕량 - 보일러 저탕량)×1.25

= (3,000 − 1,000)×1.25

= 2,500 ℓ

제 4 장 배수 및 통기설비

1. 배수설비

건물이나 부지 내의 오수, 잡배수, 우수, 폐수 등이나 버리는 물 등 모두를 총칭하여 배수(排水)라고 한다. 배수설비란 인간이 생활하는 가운데 생긴 오수를 건물 내에 체류시키지 않고 신속히 옥외의 하수시설에 유도하는 설비를 말한다.

1-1 배수의 종류

(1) 오수(汚水)

주로 인체로부터의 배설물을 지칭하며, 대변기, 소변기 등에서 나오는 배수를 말한다. 공공하수처리나 하수도가 완비되어 있는 지역에서는 오수를 그대로 방류해도 되지만 그 밖의 지역에서는 오수정화조에서 정화처리한 후 하수로 배출해야 한다.

(2) 잡배수(雜排水)

세면기, 욕실, 주방 등에서 나오는 일반 구정물의 배수로 하수로를 거쳐 직접 하천에 방류되는데 하수도처리지역 이외의 지역에서는 합병처리 정화조에서 오수와 함께 처리한다.

(3) 우수(雨水)

우수, 용수(湧水) 등 거의 오염되지 않은 배수를 말하며, 직접 하천으로 방류된다.

(4) 특수배수

공장, 병원, 연구소 등의 배수와 같이 다량의 유독, 유해물을 함유한 물로서 직접 배수 계통이나 하수도에 방류할 수 없다.

1-2 배수방식

배수방법은 처리 방법에 따라 분류배수 방식과 합류배수 방식으로 대별할 수가 있다.

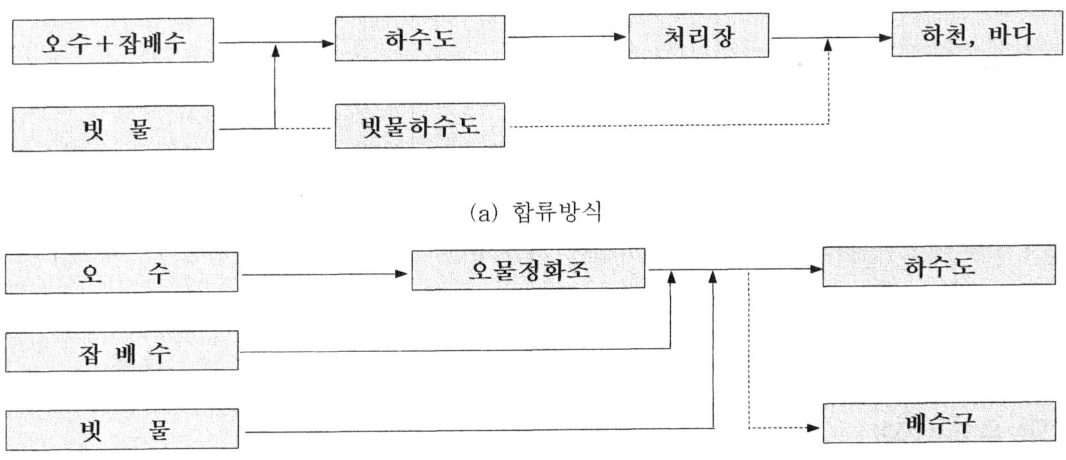

(a) 합류방식

(b) 분류방식

<그림 4-1> 배수처리 방식

(1) 합류 배수방식

오수 · 잡배수의 구별 없이 양자를 모아서 배수하는 방식으로서, 이 방식은 합류배수관이 설치되어 있는 지역 또는 오수 · 잡배수의 합류처리시설을 설치한 건물에서만 가능하다.

(2) 분류 배수방식

오수와 잡배수 그리고 빗물로 나누어 각각 배출하는 방식이다. 우리 나라 대부분의 지역의 잡배수, 우수는 그대로 하천 등에 방류하고 오수는 사설의 분뇨정화조를 설치하여 잡배수와 우수를 배제하고 처리하고 있다.

2. 옥내 배수설비

옥내의 물을 배수하는 데는 중력식과 기계식의 2종류가 있다. 중력작용에 의하여 높은데서 낮은 곳으로 자연히 흘러내리게 하여 배수하는 데 이를 **중력 배수식(*gravity drainage system*)**이라고 하며, 지하실 등 공공 하수관보다 낮은 곳의 배수는 최하층 바닥에 설치된 배수 피트에 모아 오수펌프를 이용하여 공공하수관으로 배출하는데 이를 **기계 배수식(*mechanical drainage system*)**이라고 한다.

2-1 배수관내의 유수상태

일반적으로 배수관에 흘러 들어온 물은 기구에 급수할 때보다 더 빠른 속도로 관내를 흐른다. 기울기가 동일한 경우, 관경이 필요 이상으로 크면 유수깊이가 얕아서 자정유속(自淨流速) 이하가 되어 관벽에 오물이 부착된다. 또한 관경이 과소하면 물이 관내에 가득차게 되어 충분한 유속을 갖지 못하며, 오물이 관내에 퇴적하여 흐름을 방해한다.

수평관은 관경과 기울기에 상호 관련성이 있어서 기울기가 완만하면 유속이 느리고 유량도 적어지므로 관경을 굵게 해야 한다. 반면 기울기를 급하게 하면 유속, 유량이 커져서 관경은 가늘어진다. 따라서 수평관의 유수심은 관내경의 50~70%를 목표로 하며, 유속은 평균 1.2m/s로서 최대 2.4m/s, 최소 0.6m/s 이상 되도록 한다(표 4-1 참조).

<표 4-1> 배수수평관 구배(기울기)

관 경 [mm]	구 배
65 이하	최소 1/50
75, 100	최소 1/100
125	최소 1/150
150이상	최소 1/200

(1) 기구 배수관

위생기구의 배수관 접속구에서 배수 수평지관 접속까지의 배수관 부분을 말하며, 일반적으로 기구배수 트랩의 접속구에 접속시켜 관경은 접속구경 이상으로 한다. 수직관 길이가 너무 길면 자기사이편 작용을 일으키기 쉽다.

(2) 배수 수평지관

기구 배수관과 배수 수직관을 접속하는 수평관 부분을 말한다. 배수량이 순간적으로 많을 경우, 배수관 내의 유수면에 파동을 일으켜서 파동의 꼭대기 부분이 관 내면의 상단부에 부딪쳐서 어떤 길이의 만류개소를 만드는 일종의 맥동수(脈動水)가 된다. 이것이 물의 피스톤을 형성하여 상류측은 부압(−), 하류측은 정압(+)이 된다. 그래서 상류측에는 외부로부터 공기를 도입하고 하류측에는 공기를 토출하여 관내를 신속하게 대기압 상태로 만들 필요가 있다.

(3) 배수 수직관

각층의 배수 수평지관을 접속하는 수직배수관을 말한다. 물이 중력에 의하여 낙하할 때 중력과 마찰력과의 균형으로 인하여 일정해진 유속을 **종국유속**이라고 하며, 수직관에 유입하여 종국속도에 이르기까지의 유하길이를 **종국장** 또는 **종국길이**라고 한다. 일반적으로 종국길이는 관경 50~75A의 수직관에서는 약 3~4m, 100A 이상의 수직관에서는 4.5~7.5m이다. 또한 수직관에서 수평주관을 향하여 하류측에서 물반지의 상단이 수평방향의 힘을 잃고 중력에 의하여 낙하하므로 갑자기 유수심을 증가시켜 후속되는 물이 평형을 잃고 **도수현상**(跳水現象)을 일으켜서 수평주관의 어떤 길이만큼을 충만하여 흐르게 된다.

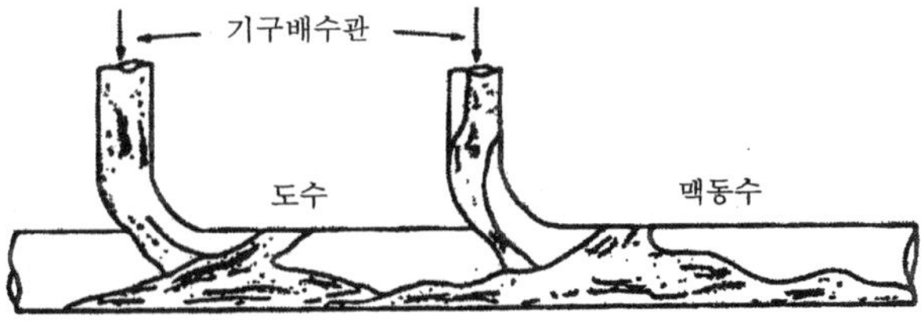

<그림 4-2> 배수 수평관내의 흐름

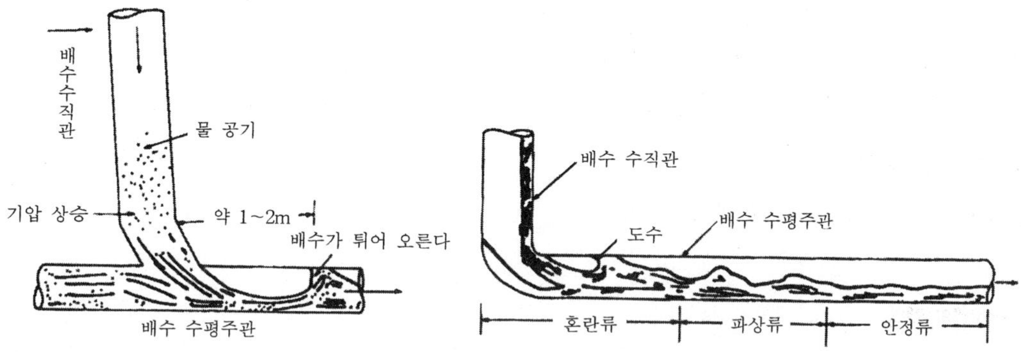

<그림 4-3> 배수 수평주관내의 흐름

2-2 트랩(trap)

배수관의 내부는 물과 함께 흐르는 오물이나 유기물이 관내에서 부패하여 악취를 발산한다. **배수관내의 악취 및 유해가스를 차단하고 벌레 등이 실내로 침투하는 것을 방지하기 위하여 설치하는 기구**를 트랩이라고 한다. 트랩은 배수계통 요소 중 일부분에 물을 저수함으로써 물은 자유로이 유통시키지만 공기나 가스는 유통시키지 못하는 기구로서 이 물을 **봉수**(封水, seal water)라고 한다. 트랩의 **봉수깊이**는 **표준 50~100㎜**정도이다.

(1) S트랩

사이펀 작용이나 모세관 현상을 일으키기 쉽고, 벽 붙임 기구에서의 배수를 바로 입하시켜 바닥 밑의 배수 횡주관에 접속하는 경우와 벽 매입부가 없는 장소에 편리하다. 대변기 트랩이나 세면기 트랩에 사용한다.

(2) P트랩

주로 세면기에 사용되는 트랩으로 통기관을 설치하면 가장 이상적인 트랩이다. 가장 일반적으로 이용되는 경우는 벽 붙임 기구에서의 배수를 벽 안쪽의 입관에 접속하고, 배관을 은폐시키면 디자인 면에서도 좋다.

(3) U트랩

각 기구마다 트랩을 설치하지 않고 여러 기구의 공통트랩으로서 횡주관의 도중에 설치하는 경우에 사용된다. 옥내에는 설치하지 않고, 주로 주택과 하수도와의 사이에 설치하기 때문에 일명 **가옥트랩**이라고 한다.

(4) 드럼트랩

주방싱크의 배수용 트랩에 사용한다.

(5) 벨트랩

바닥 배수용 트랩에 사용한다.

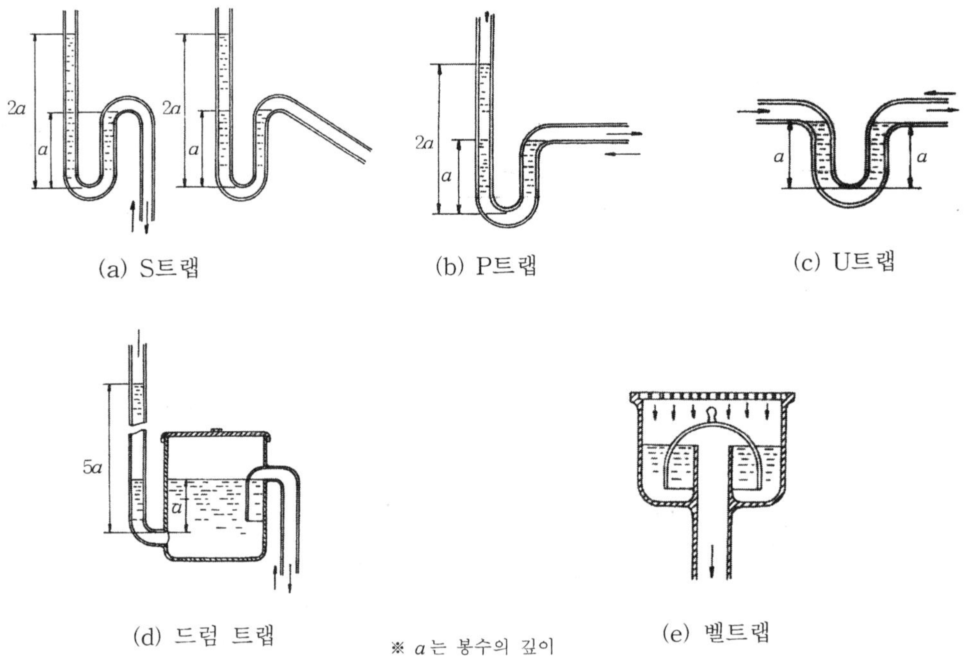

<그림 4-4> 트랩의 기본형태

2-3 조집기(阻集器 또는 捕集器)

배수 중에 혼입한 여러 가지 유해물질이나 기타 불순물 등을 분리 수집함과 동시에 트랩의 기능을 발휘하는 기구를 조집기라고 한다.

(1) **그리스 조집기**(grease intercepter)

주방으로부터의 배수중에는 다량의 지방분이 함유되어 있기 때문에 배수관 내에서 냉각되면 관벽에 응고·부착하여 관경이 좁아져 배수의 흐름을 방해한다. 이를 방지하기 위하여 트랩 속에서 지방분을 응결시켜 배제하고 하수가스를 저지하기 위해 설치하는 것이다.

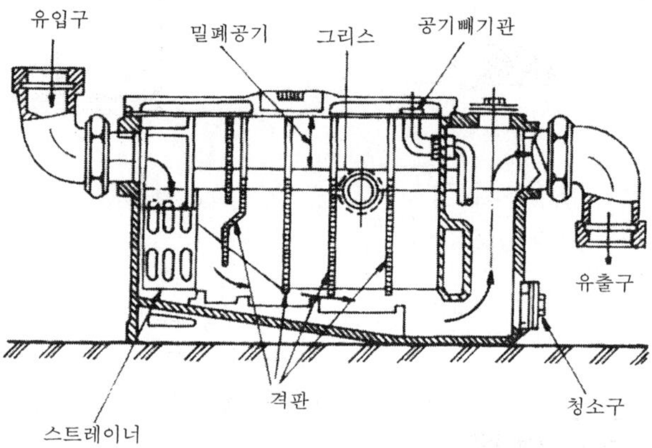

<그림 4-5> 그리스 조집기

(2) **샌드 조집기**(sand intercepter)

배수 중의 진흙이나 모래의 유출을 방지하고 회수하기 위하여 설치하는 것

(3) **모발 조집기**(hair intercepter)

모발은 배관의 도중에 걸리기 쉽고 장시간 부패하지 않기 때문에 배수관을 막히게 하는 주요 원인이 된다. 이것을 저지하기 위하여 금망상(金網狀)의 것으로 모발을 걸리게 하여 제거한다.

(4) **플라스터 조집기**(plaster intercepter)

치과의 기공실이나 정형외과의 기브스실에서의 석고유출 방지와 금·은 재료의 부스러기 회수용으로 설치한다.

(5) **가솔린 조집기** (gasoline intercepter)

주차장이나 자동차 정비공장 등에서 바닥으로 흘린 가솔린이 실내나 하수관 내에서 증발하여 폭발하는 것을 방지하기 위하여 설치하는 것이다.

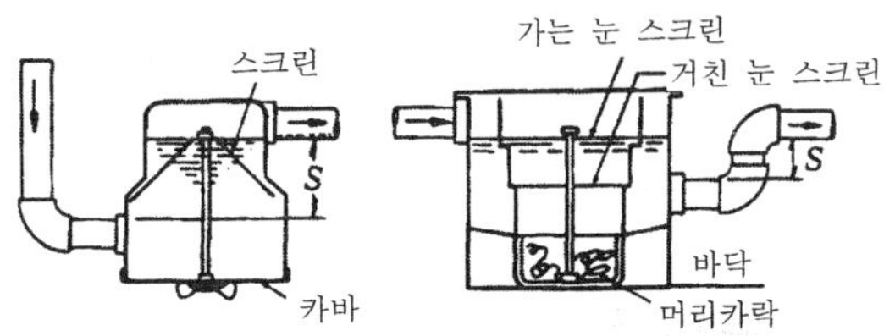

<그림 4-6> 헤어 조집기

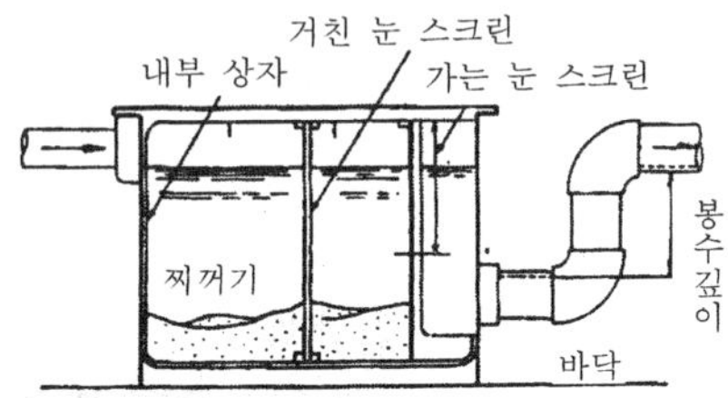

<그림 4-7> 플라스터 조집기

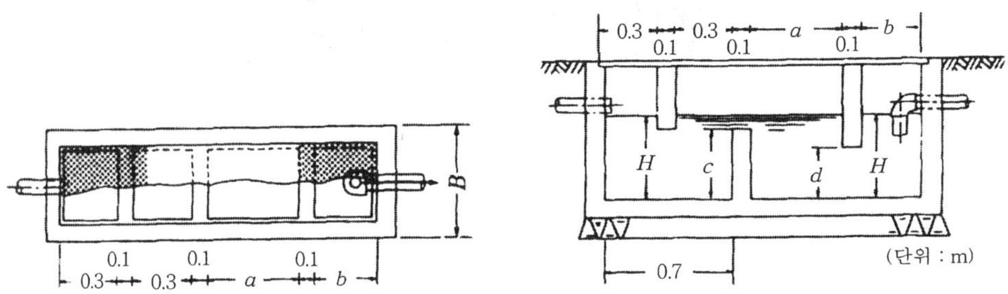

(a) 평면도

(b) 단면도

<그림 4-8> 가솔린 조집기

2-4 트랩의 봉수파괴 원인

(1) 자기 사이펀 작용

배수시에 트랩 및 배수관은 사이펀관을 형성하여 기구에 만수된 물이 일시에 흐르게 되면 트랩내의 물이 자기 사이펀 작용에 의해 모두 배수관 쪽으로 흡인되어 배출하게 된다.

(2) 흡출작용

수직관 가까이에 기구가 설치되어 있을 때 수직관 위로부터 일시에 다량의 물이 낙하하면 그 수직관과 수평관의 일부분에 순간적으로 진공이 생기고 그 결과 트랩의 봉수가 흡입 배출된다.

(3) 분출작용

트랩에 이어진 기구배수관이 배수 수평지관을 경유 또는 직접 배수 수직관에 연결되어 있을 때, 이 수평지관 또는 수직관 내를 일시에 다량의 배수가 흘러내리는 경우 그 물덩어리가 일종의 피스톤 작용을 일으켜 하류 또는 하층 기구의 트랩 속 봉수를 공기의 압력에 의해 역으로 실내 쪽으로 역류하게 된다.

(4) 모세관 작용

트랩의 출구에 솜이나 천 조각, 머리카락 등이 걸렸을 경우 모세관 현상에 의해 봉수가 파괴된다.

(5) 증발

위생기구의 사용빈도가 적을 때 봉수가 자연히 증발한다.

(6) 자기운동량에 의한 관성

위생기구의 물을 갑자기 배수하는 경우, 또는 강풍, 기타의 원인으로 배관 중에 급격한 변화가 일어난 경우에 봉수면에 상하 동요를 일으켜 사이펀 작용이 일어나거나 봉수가 분출된다.

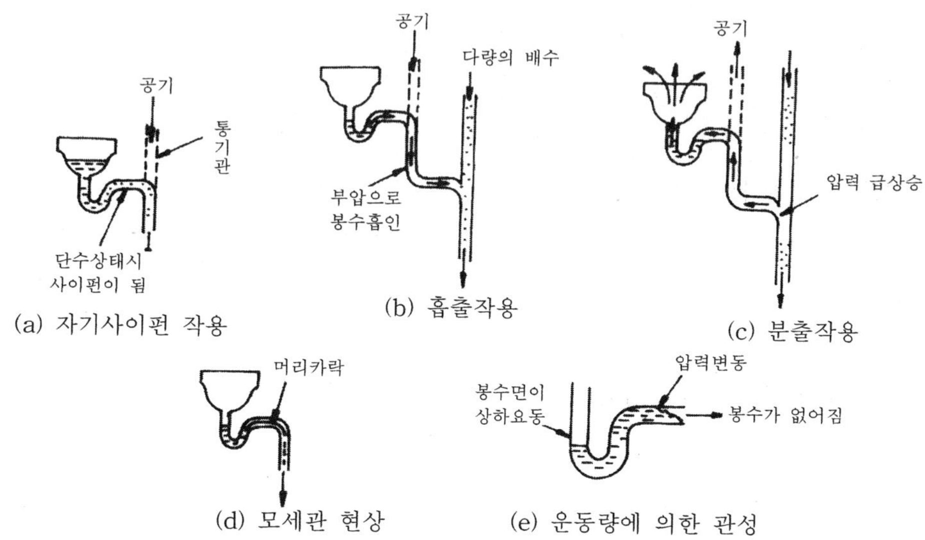

<그림 4-9> 트랩의 봉수파괴 원인

3. 통기설비

통기관의 설치목적은 첫째 사이펀 작용 및 배압으로부터 **트랩의 봉수를 보호**하고, 둘째 배수관 내의 **배수흐름**을 **원활**하게 하며, 셋째 배수관 내에 신선한 공기를 유통시켜 배수관 내의 환기를 도모하여 **관내를 청결하게 유지**하는 것이다.

3-1 통기관의 종류

(1) **각개 통기관**(individual vent pipe)

위생 기구마다 통기관이 하나씩 설치되는 것으로 통기방식 중에서 가장 이상적이다.

(2) **루프 통기관**(loop vent pipe)

2개 이상의 트랩을 보호하기 위하여, 최상류에 있는 위생기구 배수관을 그 배수 수평지관과 연결하는 바로 하류의 수평지관에서 접속시켜 통기 수직관 또는 신정 통기관으로 연결하는 통기관이다. 최고 감당 기구수는 8개까지이며, 통기 수직관과 최상류 기구까지의 통기관의 연장은 7.5m 이내이어야 한다.

(3) **도피 통기관**(relief vent pipe)

환상 통기배관에서 통기능률을 향상시키기 위해서 설치한 통기관으로, 배수 수평지관의 하류에서 배수 수직관과 가장 가까운 기구배수관의 접속점 사이에 설치한다.

(4) **신정**(伸頂)**통기관**(stack vent pipe)

배수 수직관의 상단을 축소하지 않고 그대로 연장하여 대기중에 개방한 통기관을 말한다.

(5) **습윤 통기관**(wet vent pipe)

통기와 배수를 겸한 통기관을 말한다.

(6) **결합 통기관**(yoke vent pipe)

고층 건물의 경우, 배수수직주관과 통기수직주관을 접속하는 관. 5개 층마다 설치해서 배수수직주관의 통기를 촉진한다.

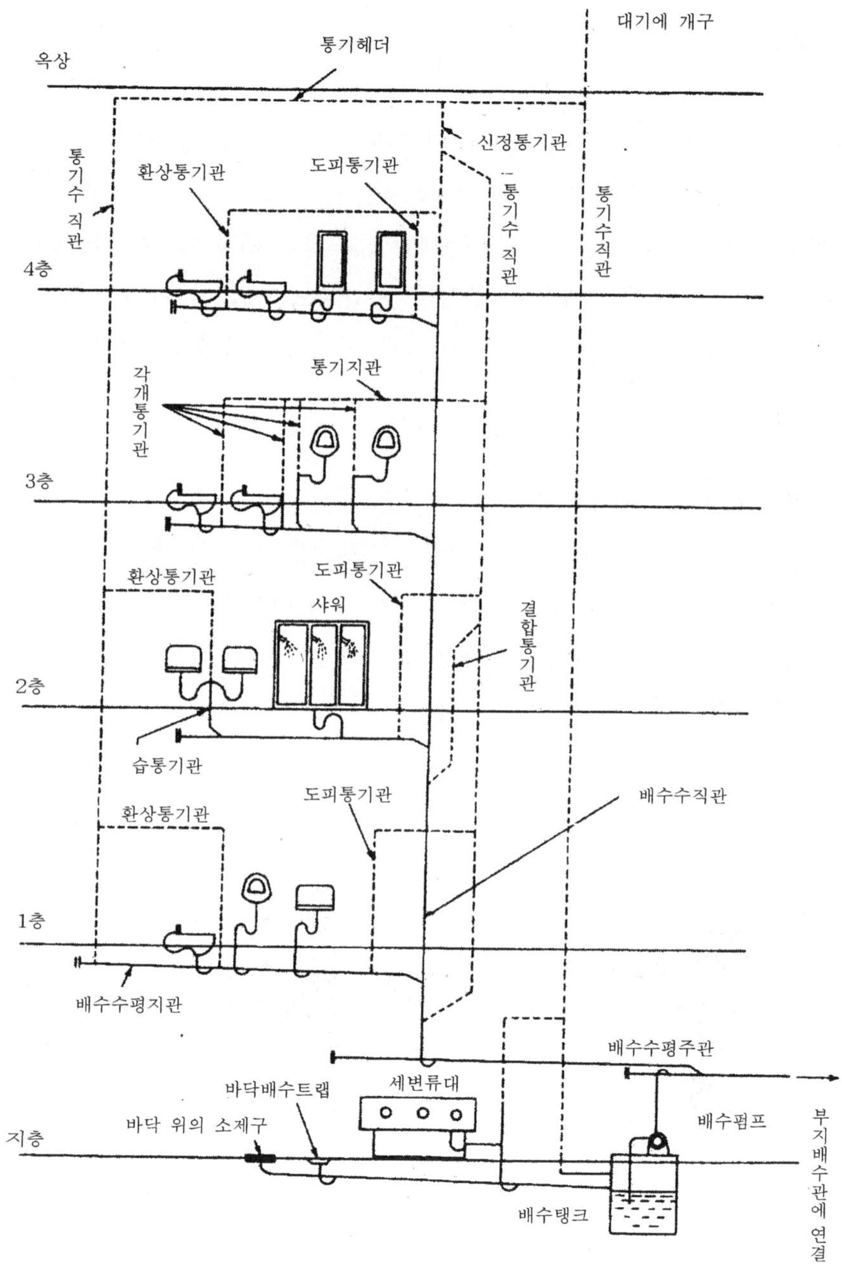

<그림 4-10> 배수 및 통기계통도

3-2 특수 통기방식

(1) 소벤트 방식(sovent system)

1961년 Fritz Sommer(스위스인)라는 사람이 고안해 낸 것을 발전시켜 개발한 것으로 통기관을 따로 설치하지 않고 수직관 하나만으로 배수와 통기를 겸하는 시스템이다. 배수 수직관과 각층 배수 수평지관을 접속하는 부분에 공기혼합이음(aerator fitting)을 설치하고 배수 수직관이 수평주관과 접속되는 부분에 공기분리이음(de-aerator fitting)을 설치하여, 유입배수와 공기를 혼합하여 비중이 가벼운 수포를 만들어 유하수의 유속을 감속시켜 수직 관상부로부터의 공기흡입 현상을 방지하며 봉수의 보호에도 효과가 있다.

(2) 섹스티아 방식(sextia system)

1967년 프랑스의 Roger Legg 등이 개발한 것으로서 sextia 이음쇠와 배수 수평지관 및 수직관 아래부분에 설치하는 sextia 벤트관으로 이루어져 있다. sextia 이음쇠는 수평지관에서의 유수(流水)에 선회력을 줌으로써 관내 벽층을 박층상태로 하고 관 중심부에는 공기코어를 유지하도록 하는 것이다.

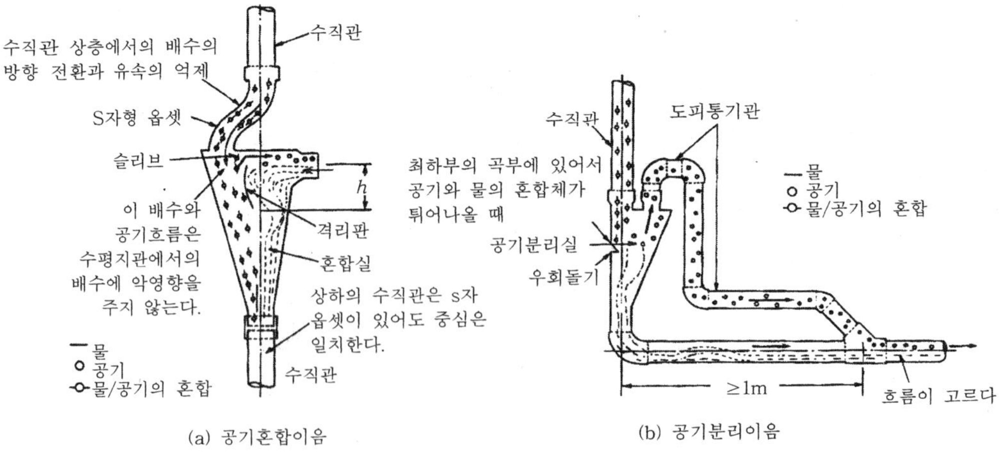

<그림 4-11> 소벤트 방식의 배관이음

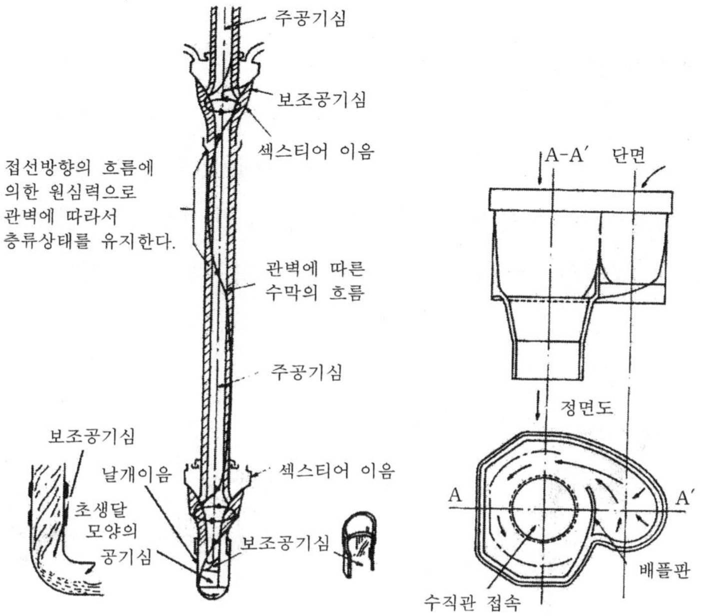

(a) 유수상태　　(b) 섹스티아이음본체

<그림 4-12> 섹스티아 방식의 배관이음

3-3 통기 배관방식

(1) 각개 통기관

통기관을 가능한 트랩에 근접하게 하고 기구의 일수면(溢水面)보다 약 15cm 높은 곳에서 통기수평지관에 접속한다.

(2) 루프 통기관

이 통기방식에서는 배수수평지관이 간혹 통기관의 역할도 수행하기 때문에 기구배수관을 배수수평지관의 정면에 연결하지 말고 수평지관 측면에 Y자로 접속해야 한다.

(3) 결합 통기관

결합 통기관은 통기수직주관과 동일한 관경으로 하지만 50mm 이하이면 통기작용이

효과적이지 못하다.

(4) 각개 통기관과 동선 구배선

각개 통기관의 배수관에서의 접속점은 기구의 최고 수면과 배수 수평지관이 수직관에 접속되는 점을 연결한 동수 구배선보다 상위에 있도록 배관하는 것이 바람직하다. 각개 통기관의 접속점이 동수 구배선보다 아래에 있으면 오수가 배수지관을 타고 통기관 속으로 흘러 들어와 통기관을 막는 원인이 된다.

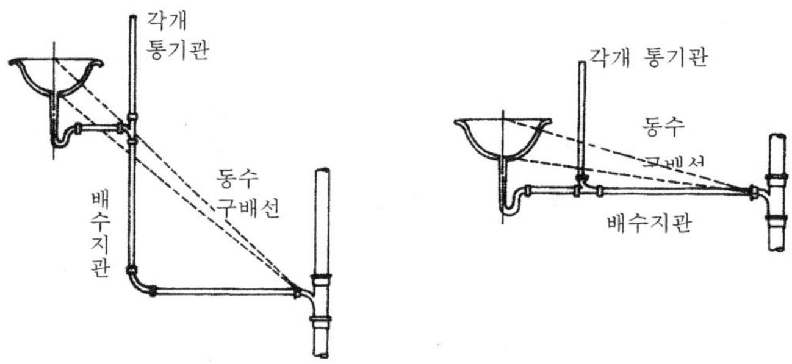

<그림 4-13> 각개 통기관과 동수구배선

(5) 금지해야 할 통기배관

① 바닥 아래의 통기배관은 금지한다. 만일 바닥 아래로 통기관을 빼내는 경우, 배수계통 중 특정부위가 막히게 되면 배수중 일부가 통기관 속으로 침입하므로 제구실을 못하게 된다.

② 오물정화조의 개구부는 단독으로 개구해야 하며, 일반 통기관과 같이 연결해서는 안된다.

③ 통기 수직관과 빗물 수직관은 겸용을 금한다.

④ 오수 피트나 잡배수 피트는 각각 통기관을 설치한다.

⑤ 통기관과 실내 환기용 덕트와 연결해서는 안 된다.

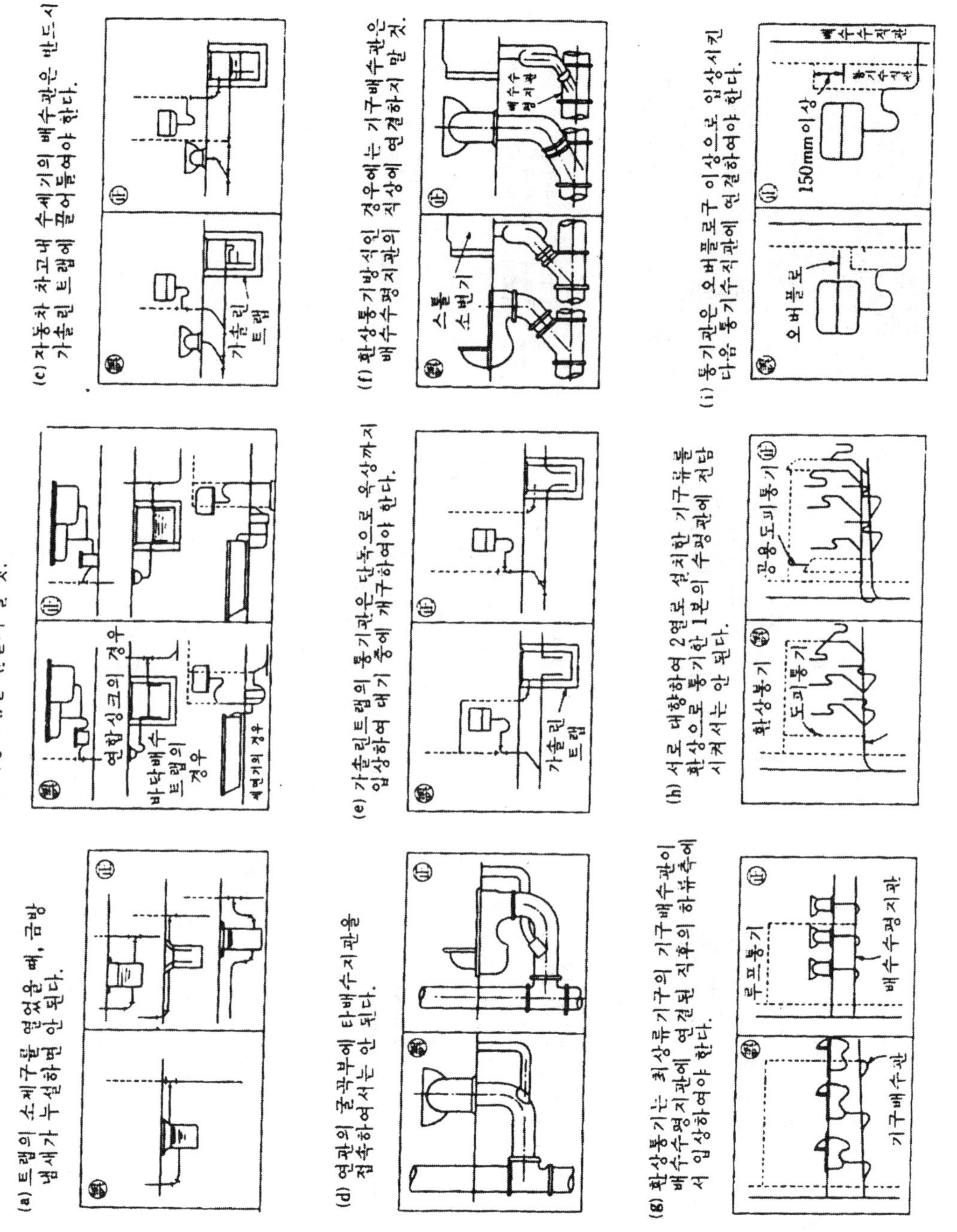

<그림 4-14 (a)> 틀리기 쉬운 배수·통기배관

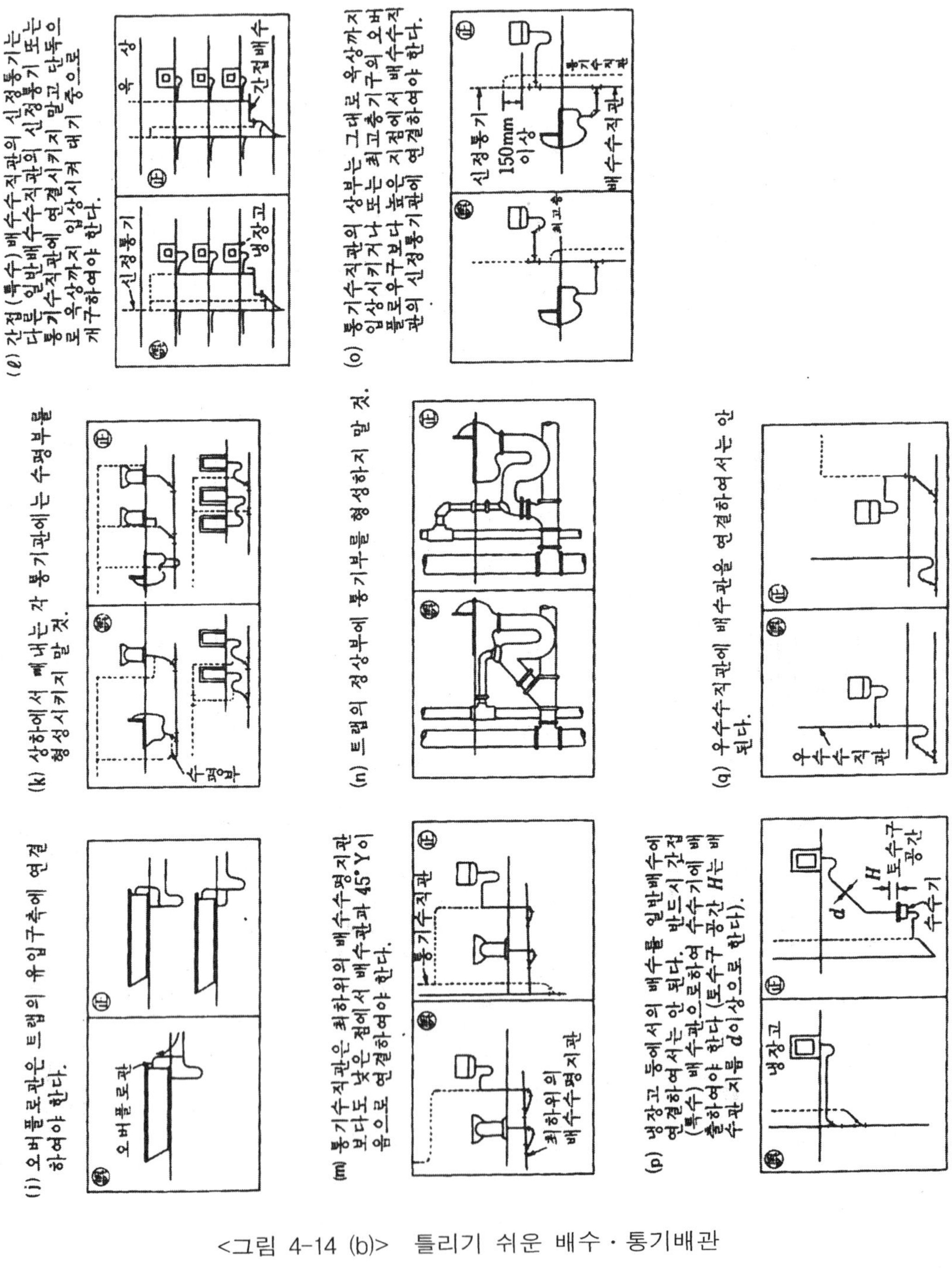

<그림 4-14 (b)> 틀리기 쉬운 배수 · 통기배관

4. 배수관경 결정법

① 배수관의 관경은 급수관과 다르게 하류로 갈수록 굵어진다. 기구에 부속되는 기구배수관의 관경은 기구 트랩의 구경과 같게 하고 거기에서 배수 수평지관, 배수 수직관, 배수 수평지관 등으로 차츰 크게 하고 도중에 관경을 축소해서는 안된다.

② 배수관경 결정법으로는 미국의 National Plumbing Code 등에서 적용하고 있는 기구배수 부하단위법(Fixture unit method)이 가장 유명하며, 우리 나라에서도 이 방법이 널리 보급되어 적용되고 있다.

③ 기구배수 부하단위 : 관경을 결정할 때에는 배수관에 흐르는 배수의 최대 유량을 구하고 이에 알맞은 관경을 구해야 한다. 그러나 배수관이 부담하는 기구의 종류, 개수, 사용 빈도, 동시 사용률 등에 대하여 일일이 계산하기란 대단히 번거롭다. 그래서 기구급수단위(fu)와 같이 세면기를 기준으로 하여 배수관경을 30mm, 단위시간당 평균배수량 28.5 l/min을 1유량 단위로 정하고 타 기구의 배수량을 그 배수로 표시한다. 이것을 각 기구의 배수단위로 해서 기구단위에 따라 배수관의 관경을 결정한다. <표 4-2>는 각종 기구의 배수부하단위를 나타내며, <표 4-3>은 기구배수관의 최소 관경을 나타내고 있다.

<표 4-2> 각종 기구의 배수 부하단위

기 구	부호	부속 트랩의 구경 [mm]	기구배수 부하단위 [fu]	기 구	부호	부속 트랩의 구경 [mm]	기구배수 부하단위 [fu]
대변기	WC	75	8	청소수채	SS	65	3
소변기	U	40	4	세탁수채	LT	40	2
비데	B	40	2.5	연합수채	CS	40	4
세면기	Lav	30	1	오물수채		75	4
소형수세기	WB	25	0.5	요리수채 (주택용)	KS	40	2
음수기	F	30	0.5	요리수채 (영업용)	KS	40~50	2~4
욕조 (주택용)	BT	40~50	2~3	배선수채	PS	40	2
욕조 (공중용)	BT	50~75	4~6	배선수채	PS	50	4
샤워 (주택용)	S	40	2	화학실험수채	LS	30	0.5
샤워 (아파트)	S	50	3	접시세척기			1.5
욕실 조합 기구	BC		8	바닥배수	FD	50~75	1~2

<표 4-3> 트랩 및 기구 배수관의 최소 관경

기 구	관경 [mm]	기 구	관경 [mm]	기 구	관경 [mm]
음 수 기	32	오 물 수 채	75	요리수채(영업용)	50
세면기 · 수세기	32	욕 조	40	조 합 수 채	40
대 변 기	75	양 식 욕 조	50	세 탁 수 채	40
소변기 (벽걸이)	40	샤 워	50	청 소 용 수 채	50
소변기 (스 톨)	50	공 동 목 욕 탕	75	양 식 욕 조	40~50
비 데	40	요리수채(주택용)	40	바 닥 배 수	75

5. 배수 및 통기배관 시공상 주의사항

5-1 발포 존

발포(發泡) 존에서는 기구배수관이나 배수 수평지관을 접속하는 것은 피해야 한다. 아파트와 같은 공동주택 등에서 세탁기, 주방싱크 등에서 세제를 포함한 배수가 위에서 배수되면 아래층의 기구트랩의 봉수가 파괴되어 세제거품이 올라오는 경우가 있다.

5-2 배수관의 구배

배수가 배수관을 타고 흘러갈 때 자정작용이 있어야 한다. 0.6m/s 이상의 유속을 유지케 하여 배수중에 있는 각종 고형물을 흘려보낼 수 있는 구배가 되어야 한다.

5-3 수직주관

배수 · 통기 수직주관은 파이프 샤프트 내에 배관하고 변기는 되도록 수직관 가까이에 설치한다.

5-4 청소구

배수배관중 특정부위가 막혔을 때 이것을 점검 · 수리하기 위해 배관 굴곡부나 분기점에 반드시 설치해야 한다. 청소구를 필요로 하는 경우에는 다음과 같다.

① 가옥 배수관과 부지하수관이 접속되는 곳
② 배수 수직관의 최하단부
③ 수평지관의 최상단부
④ 가옥배수 수평주관의 기점
⑤ 배관이 45° 이상의 각도로 구부러진 곳
⑥ 수평관의 관경이 100mm 이하인 경우 직진거리 15m 이내마다, 100mm 이상인 경우에는 직진거리 30m 이내마다 설치한다.
⑦ 각종 트랩 및 기타 배관상 특히 필요한 곳

5-5 배관의 이음쇠

① 반드시 배수용 이음쇠를 사용해야 한다.
② 지관과 주관의 접속에는 반드시 Y관, 90° Y관을 사용해야 한다.
③ 상향 수직관에는 90° 곡관을 사용한다.
④ 수평관을 구부릴 때는 45° Y관과 45° 곡관을 조합하여 곡률반경을 크게 하여 유수의 저항을 감소시킨다.
⑤ 수평지관과 배수 수직관을 접속하는 경우에는 TY관을 사용하고 수평관에 경사를 둔다.

5-6 시공상 주의점

① 통기관은 기구 넘침선까지 올려 세운 다음 배수 수직관에 접속해야 한다.
② 개라지 트랩의 통기관은 단독으로 옥상까지 올려 대기중에 개구하며, 다른 통기관에 접속해서는 안된다.
③ 2중 트랩이 되지 않도록 배관해야 한다.
④ 기구 배수관의 곡관부는 다른 배수지관을 접속해서는 안 된다.
⑤ 드럼 트랩 등 트랩의 청소구를 열었을 때 하수가스가 누출되지 않게 배관해야 한다.
⑥ 욕조의 일수관(溢水管)은 트랩의 상류에 접속되도록 배관해야 한다.

5-7 배관의 피복

(1) 방로

배수관내를 흐르는 배수의 온도가 주변 공기의 노점온도보다 낮으면 관표면에 결로현상이 일어나므로 피복을 해야 한다.

(2) 방음

많은 양의 배수가 배수관내를 흐르면 물 흐르는 소리가 난다. 특히 배수관이 노출되어 있는 경우나 호텔이나 아파트의 파이프 샤프트 내에서는 그 소리가 상당히 심하므로 방로 못지 않게 방음을 위한 피복을 해야 한다.

(3) 피복재료 및 두께

배수관용 피복재료로는 불연재료가 많이 사용되고 있다. 특히 고층 건물인 경우에는 불연재료로 시공하는 것이 바람직하다. 피복두께는 10mm 정도가 표준이며, 피복재 위에는 테이프를 감고 페인트칠을 하여 마무리 하도록 한다.

5-8 배수 및 통기관의 시험

공사완료 후 트랩과 각 접속부분의 수밀 및 기밀여부를 파악하기 위하여 다음과 같은 시험을 행한다.

(1) 수압시험

배관계의 최고 위치의 개구부를 제외하고는 다른 모든 개구부를 폐쇄용 치구로 밀폐하고 최고 개구부까지 물을 충만시킨 다음 3m 이상의 수두에 상당하는 수압을 가하여 30분 이상 견디어야 한다.

(2) 기압시험

다른 개구부는 모두 밀폐시키고 공기압축기로 한 개구부를 통해 공기를 압입하여 $0.35kg/cm^2$게이지압이 될 때까지 압력을 상승시켰을 때 15분 이상 그 압력이 유지되어야 한다.

(3) 기밀시험

기밀시험은 최종시험이며, 연기시험과 박하시험 등이 있다.

① 연기시험 : 이 시험은 만수시험으로 확인이 안 된 배수관의 기구 접속부나 통기관의 누설, 트랩의 봉수 성능을 최종적으로 확인하는 것이다. 배수·통기 공사가 끝난 후 전 트랩을 봉수하고 가연물을 태워 전 계통에 자극성 연기를 송풍기로 불어넣고 개구부를 막은 다음 수두 25mmAq에 해당하는 압력을 가하여 15분 이상 유지되는지를 확인한다.

② 박하시험 : 전 개구부를 밀폐한 다음, 각 트랩을 수봉하고 배수주관에 약 57g의 박하유를 주입한 다음 약 3.8ℓ의 온수를 부어 그 독특한 냄새에 의해 누설하는 것을 확인하는 방식이다.

5-9 배수 및 통기배관 재료

배수나 통기용 배관에 가장 많이 쓰이는 것은 배수용 주철관, 아연도금 강관, 연관 등이다.

① 주철관 : 가격도 비교적 저렴하고, 내구성·내식성이 풍부하여 많이 사용되며, 최소 구경이 50mm 이하이므로 소구경 지관에는 사용할 수 없다.

② 아연도금 강관 : 외관이 좋아 노출 배관에 좋다. 또한 연관은 가소성이 좋아 도기와 배관할 경우 시공이 용이하다.

③ 동관·황동관 : 재질은 매우 우수하나 가격이 비싸 특수한 경우를 제외하고는 사용하지 않는다.

연습문제

예제 1. 사무소 건물에 다음과 같이 위생기구를 배치하였을 경우의 배수 수평지관의 관경은 어느 것이 적당한가?

기구종류	대변기	소변기	세면기	바닥배수
기구수	10개	3개	4개	2개
배수단위(F.U)	8	4	1	2

【풀이】 (10개×8)+(3개×4)+(4개×1)+(2개×2)=100mm

수평관의 유수높이는 관경의 50~70%를 목표로 한다.

∴ 배수량이 100이므로 적합한 관경은 142~200mm 정도로 해야 한다.

예제 2. 사무소 건축물에서 그림과 같이 5층에 위생기구가 설치되어 있을 때 표를 참조하여 A, B, C의 배수관경 [mm]을 구하시오.

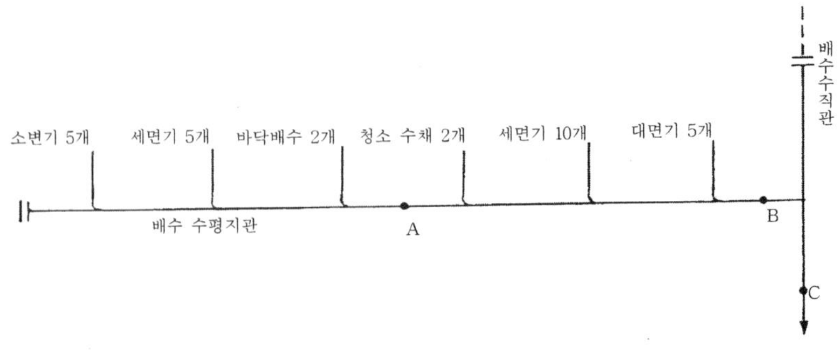

<표 4-1> 위생기구의 배수부하단위

기 구	배수부하단위 [f.u]	기 구	배수부하단위 [f.u]
대변기	8	바닥배수	2
소변기	4	청소수채	3
세면기	1		

<표 4-2> 배수횡지관 입관의구경

관경		A	B	C	D
		담당할 수 있는 허용최대기구 배수부하단위			
		배수 수평지관[1]	3층 건물 또는 지관간격 3까지를 가지는 1수직관	4층 이상의 건물: 1수직관에 대한 합 계	4층 이상의 건물: 1층분 또는 1지관 간격의 합계
A	B				
30	1¼	1	2	2	1
40	1½	3	4	8	2
50	2	6	10	24	6
65	2½	12	20	42	9
75	3	20[2]	30[3]	60	16
100	4	160	240	500	90
125	5	360	540	1,100	200
150	6	620	960	1,900	350
200	8	1,400	2,200	3,600	6,00
250	10	2,500	3,800	5,600	1,000
300	12	3,900	6,000	8,400	1,500
380	15	7,000	-	-	-

주) 1) 배수수평주관의 지관은 포함하지 않는다.
2) 대변기는 2개까지
3) 대변기는 6개까지

【풀이】 우선 총배수 부하단위수를 구하면

$A=(4\times5)+5+(2\times2)=29$

$B=29+(3\times2)+10+(8\times5)=85$

$C=85$

A, B는 <표 4-2>의 A항에서 f.u 29는 20을 초과하므로 160으로 관경 100 A가 선택되며, f.u 85 역시 같다. C지점은 입관이므로 D항에서 찾는다(1개 층에 해당하는 입관이므로 D항에서 찾는다). 역시 100 A이다.

$\therefore$ A, B, C 모두 100 A이다.

제5장 오물정화설비

1. 개요

건물에서 배출되는 모든 배수는 오수 및 분뇨처리에 관한 법에 의하여 처리하도록 규정되어 있다. **오수(汚水)**라 함은「액체성 또는 고체성의 더러운 물질이 섞이어 그 상태로는 사람의 생활이나 사업활동에 사용할 수 없는 물로서 사람의 일상생활과 관련하여 수세식변소, 목욕장, 주방 등에서 배출되는 것을 말한다.」라고 규정하고 있다.

일반 건물에서는 오수와 잡배수로 나누어서, 즉 오수만을 처리하는 조를 **분뇨정화조**라고 하고, 잡배수를 포함하여 처리하는 조를 **오수정화조**라고 하는데 여기서 말하는 오수처리시설은 이들을 총칭한다.

관련법규를 보면, 분뇨정화조는 ① 수세식 화장실을 설치하고 있거나 설치하고자 하는 건물, 공원, 광장 기타 공중 집합장소 ② 건물 연면적이 1,600m^{2}이하

오수정화시설은 ① 오물 청소법에서 규정하고 있는 특별 청소지역과 주촉법의 규정에 의한 공동주택을 건설하는 지역 ② 건물의 연면적 1,600m^{2}이상의 것과 2동 이상의 공동주택을 건설하는 경우, 각 건축연면적을 합산한 면적이 1,600m^{2}이상의 시설로 되어 있다.

또한 오수처리시설을 계획할 때에 가장 중요한 사항은 오수량을 추정하는 일이다. 일반적으로 1인 1일 분뇨 배출량은 1.0~1.3ℓ 정도이고, 수세식 변소의 오수배출량은 대략 40~60ℓ/인·일 정도이다.

1-1 오수정화의 방법

오수의 처리에는 물리적, 화학적, 생물학적의 각종 방법이 이용되고 있지만, 주로 자연계에 생존하는 미생물의 활동을 이용하여 유기물을 처리하는 생물학적 처리가 이용되며 물리적, 화학적 처리는 보조적으로 이용된다.

(1) 물리적 처리방법

① 스크린 : 비교적 굵은 부유물질을 제거하는 기구이다.

② 침전 : 오수 중의 부유성 고형물을 침전, 분리시키는 방법이며, 일차 처리의 침전은 본처리가 행해지기 전의 자연 하강에 의한 침전을 말한다.

③ 교반 : 교반은 폭기조 등에서 오수 속으로 공기를 혼입시키기 위하여 기계적으로 교반시키는 것이다. 교반에는 날개의 회전, 스크류 펌프, 젯트 펌프에 의한다.

④ 여과 : 여과는 스크린 외에 오수를 여재에 살수하여 정화하는 방법이다.

(2) 화학적 처리방법

① 중화 : 오수 중의 수질이 산성 또는 알칼리성이 특히 강할 때 산성제나 또는 알칼리제를 혼입하여 중화하는 방법이다.

② 소독 : 처리수의 방류전의 차아염소산 소다나 차아염소산 칼슘 및 액체 염소 등을 처리수에 주입하여 소독처리를 하는 방법이다.

(3) 생물학적 처리

미생물은 오수 중의 오염 원인, 어떤 유기화합물을 영양원으로 섭취하고, 외부에서 섭취한 산소로 물, 가스 등 여러 가지 무기물까지도 산화 분해한다. 증식 때문에 산소를 필요로 하는 미생물을 **호기성 미생물**(好氣性 微生物)이라 하는데, 공기가 충분하지 않은 장소에서는 생존하지 않는다. 산소의 유무에 관계없는 미생물을 **통성혐기성 미생물**(通性嫌氣性 微生物)이라 하며, 공기가 적은 장소나 많은 장소에 구분 없이 생존한다. 또 산소가 없는 상태에서도 증식하는 것을 **혐기성 미생물**(嫌氣性 微生物)이라 하고, 공기가 없는 상태는 생존하지 않는다.

<표 5-1> 주택의 오수량과 수질

종 류	오 수 량 [m³/인·일]	BOD농도 [g/m³]	BOD부하량 [g/인·일]	비 고
수세식 변소 오수	0.05	260	13	260×0.05/0.2=65
주방배수	0.03	600	18	600×0.03/02=90
목욕탕·세탁배수	0.12	75	9	75×0.12/0.2=45
계	0.20	200(평균)	40	계 200

<표 5-2> 오수정화시설 및 정화조의 방류수 수질기준

시설 구분	시설용량 [m³]	성 능	
		방류수의 BOD [mg/ℓ]	BOD 제거율 [%]
오수정화시설	100 미만	100 이하(30 이하)	-
	100 이상~200 미만	80 이하(30 이하)	-
	200 이상	60 이하(30 이하)	-
정 화 조	-	- (100 이하)	50 이상(65 이상)

토양침투법에 의한 정화조의 방류수 수질기준은 1차처리 장치에 의한 부유물질이 55% 이상 제거되고 1차 처리장치를 거쳐 토양을 침투시킬 때의 방류수의 부유물질량이 250mg/ℓ 이하로 한다.
골프장의 오수정화시설의 방류수 수질기준은 BOD 10mg/ℓ로 한다.

주) ① ( )의 숫자는 특정 지역에서의 기준으로 특정 지역은 수도법 제2조의 규정에 의한 상수보호구역, 환경정책 기본법 제22조의 규정에 의한 특별 대책지역 및 수질환경 보전법 제33조의 규정에 의한 특정 호소수질관리구역으로 한다.
② 주택건설촉진법에 의한 국민주택 규모 600세대 이하를 처리 대상으로 하여 설치되는 오물정화시설은 BOD 제거율 50% 이상, 방류수의 BOD 100ppm(mg/ℓ) 이하이다.

1-2 수질에 대한 용어

(1) BOD(Biochemical Oxygen Demand)

생물화학적 산소요구량의 약자로 오수 중의 오염물질이 되는 유기물이 오수 중에서 이것과 공존하는 미생물에 의해 분해하여 안정화하는 과정에서 소비되는 수중에 녹아있는 산소의 감소를 20℃, 5일간 시료를 방치해서 측정한 값이며, 수중물질의 지표치이다. 이것은 호기성 미생물에 의한 산화분해 초기의 산소소비량을 나타내는 것으로 오수의 오염도가 높은 만큼 용존산소를 많이 소비하기 때문에 수치가 크다.

(2) BOD 제거율

BOD의 제거율이란 오물정화조의 유입수와 유출수 사이의 BOD의 차를 유입수의 BOD로 나눈 값이다.

$$\text{BOD 제거율} = \frac{\text{유입수 BOD} - \text{유출수 BOD}}{\text{유입수 BOD}} \times 100 \ [\%]$$

(3) COD(Chemical Oxygen Demand)

화학적 산소요구량으로, 물 속의 오탁물질을 산화제를 사용하여, 화학적으로 산화할 때에 소비된 산소량을 말한다.

2. 오수정화조의 종류

2-1 단독 처리와 합병 처리

오수정화조는 화장실에서 배출되는 오수를 공공하수도 이외로 방류하고자 할 때 설치해야 할 오수처리 시설이다. 오수 · 분뇨 및 축산폐수의 처리에 관한 법률(1991. 3. 8)에 그 성능과 구조가 정해져 있다.

단독 처리라 함은 수세식 화장실에서 배수되는 분뇨 오수만을 처리하는 것으로 이와 같은 정화조를 단독 처리 정화조라고 한다. 또 처리대상 100인 이하의 경우에는 소형 정화조가 사용된다. **합병 처리**라 함은 분뇨 · 오수 외에 주방배수, 세탁배수, 욕실배수 등의 소위 잡배수도 포함하여 처리하는 것으로 이와 같은 정화조를 합병처리 정화조라고 한다.

2-2 생물막법과 활성오니법

오수정화처리방식에는 대별하여 생물막법과 활성오니 2종류가 이용되고 있다.

(1) **생물막법**(biological film process)

부착생물법 또는 고착생물법이라고 불리우는 생물에 의한 오수처리법이다. 이 방법의 원리는 생물담체(擔体)에 오수를 접촉시켜 담체의 표면에 발생하는 미생물의 대사작용에 의해서 오수 속의 유기성 오탁물질을 제거하는 것으로, 처리방식으로는 회전판 접촉방식, 접촉폭기방식, 살수여상방식의 3종류가 있다. 쇄석이나 코크스 등을 여재로 하여 쌓아 올려 이것에 하수를 살포시킴으로써 차츰 여수가 깨끗해짐과 동시에 여재가 점점 더러워진다. 그래서 여재를 꺼내서 물로 씻어 흘려 보내고 나면, 여재의 표면에 회색의 엷은 막이 있으므로 여수가 깨끗해지고, 여재를 통과한 유출수의 BOD나 SS(부유물질)가 저하된다. 또 이 막을 검사하여 보면 여러 가지 생물이 발견된다. 이와 같이 하수를 처리하는 방법을 살수여상방식이라고 한다.

(2) **활성오니법**(activated sluge process)

부유생물법이라고도 불리는 생물처리법이다. 하수에 공기를 장시간 불어 넣으면, 하수는 차츰 갈색을 띠며 하수 특유의 악취는 없어지고, 또 그때 폭기를 멈춰 정지하면, 하수중의 오니는 응집하여 침전되고 상징액이 깨끗하게 된다. 이 침전된 오니를 새로운 하수에 대하여 체적비로 25%정도 가해, 다시 여러 시간 폭기하여 침전하므로 상징수가 깨끗해진다. 이 오니는 최초 침전지의 오니와 같이 악취는 없고, 하수를 정화하는 능력을 갖추고 있다. 이것을 **활성오니**라고 한다.

조내 액 중에 부유되어 있는 **미생물 플록**(floc, 활성오니)과 오수를 접촉시켜서 오수 중의 유기물을 흡착·산화하여, 그 후 활성오니를 침전 분리시킨 상징수(上澄水)를 처리하여 방류하는 것. 장기간 폭기방식과 표준 활성오니방식의 2종류가 있다.

3. 오수정화조의 구조와 기능

단독처리방식의 오물정화방식 중 다실형 부패탱크식(1차 처리)과 살수여상(2차 처리)을 조합한 정화조는 <그림 5-1>과 같다. 이 방식의 오물정화순서와 원리는 다음과 같다.

오수유입	→	부패조(1차 처리)	→	산화조(2차 처리)	→	소독실	→	방 류
		혐기성균을 생육시켜 오물을 부패분해 소화시킨다.		호기성균을 생육시켜 산화 처리한다.				

3-1 정화조의 구조

(1) 부패조

① 2개 이상의 부패조와 예비 여과조로 구성한다.

② 제1, 제2 부패조와 여과조의 용적비는 4 : 2 : 1 또는 4 : 2 : 2이다.

③ 공기를 차단하여 혐기성균(10~15℃에서 가장 활발)으로 하여금 오물을 소화시킨다.

④ 오수 저유깊이는 1.2m 이상 4m 이내로 한다.

⑤ 부패조의 유효용량은 유입 오수량의 2일분(48시간) 이상을 기준으로 한다.

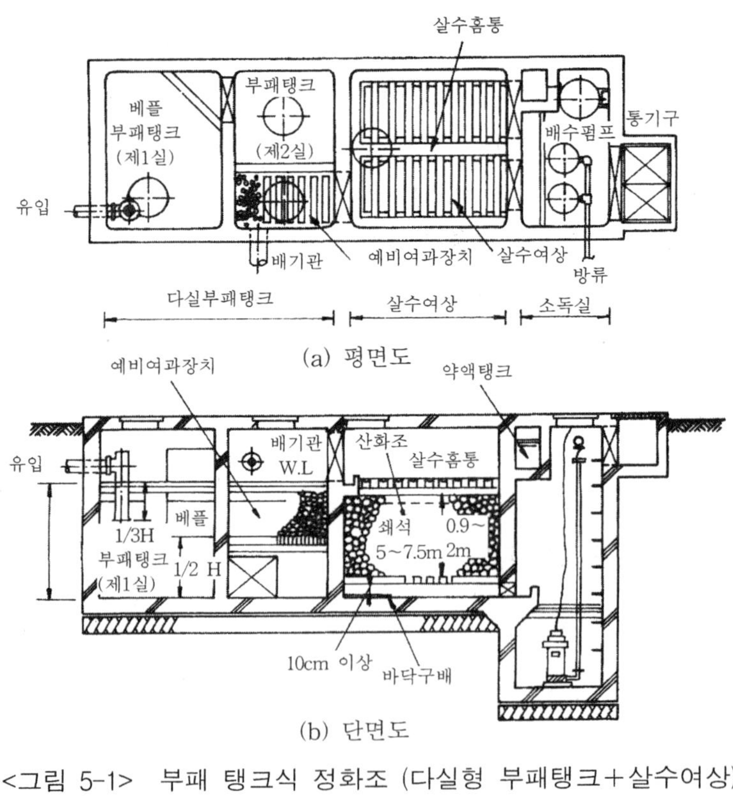

(a) 평면도

(b) 단면도

<그림 5-1> 부패 탱크식 정화조 (다실형 부패탱크+살수여상)

(2) 산화조

① 산소의 공급으로 호기성균에 의하여 산화 처리시킨다.

② 배기관의 높이는 지상 3m 이상으로 한다.

③ 산화조의 밑면은 소독조를 향하여 1/100정도의 내림구배로 한다.

(3) 소독조

① 산화조에서 나오는 오수를 멸균시킨다.

② 소독액은 차아염소산 나트륨, 표백분

③ 약액조의 용량 : 25l 이상 (10일분 이상)

3-2 정화조의 용량산정

(1) 부패조의 용량

제1 부패조, 제2 부패조, 예비여과조의 총합을 의미하며, 용량산식은 <표 5-3>과 같다.

<표 5-3> 부패조의 용량 [m^3]

처리대상 인원	용량산식
5인 이하	$V=1.5$
5~500인 이하	$V=1.5+(n-5)\times 0.1$
500인 이상	$V=51+(n-500)\times 0.075$

(2) 산화조의 용량

산화조의 용량은 부패조 용량의 1/2에 해당한다.

$$V_1 = V\times\frac{1}{2} = [\mathrm{m}^3]$$

4. 오수정화조의 설계순서

정화조의 설계는 다음과 같은 순서로 한다.

공공하수도와의 관련사항 조사

↓

처리대상인원 산출

↓

오수정화 성능결정

↓

오수량 결정

↓

오수의 수질 결정

↓

오수의 특성에 대한 검토

↓

처리방식 결정

↓

정화조용량 산정

↓

세부 설계

연습문제

예제 1. 어느 아파트 1동(棟)에 주민 200명이 살고 있다. 이 동에 정화조(septic tank)를 설치할 경우 부패조의 크기로 적당한 것은?

【풀이】 $V=1.5+(n-5)\times 0.1$

$=1.5+(200-5)\times 0.1$

$=21m^3$

예제 2. 사무실 바닥면적 $300m^2$ 공동주택 50가구인 상가주택의 오물정화조 설계에 있어서 부패조와 산화조의 크기를 구하시오(단, 사무실 $1m^2$당 0.1인, 가구당 4인 기준).

【풀이】 거주인원 $=300\times 0.1+50\times 4=230$명

부패조 크기 $=1.5+(n-5)\times 0.1$(∵ 500인 이하이므로)

$=1.5+(230-5)\times 0.1$

$=24m^3$

∴ 부패조는 $24m^3$, 산화조는 부패조 용량의 1/2이므로 $12m^3$ 이상

예제 3. 오물정화조로 유입되는 오수의 *BOD*농도가 150ppm이고 방류수의 BOD의 농도는 60ppm일 때 이 정화조의 *BOD* 제거율은?

【풀이】 *BOD* 제거율=(유입수 *BOD*−유출수 *BOD*)/유입수 *BOD* ×100(%)

$=(150-60)/150\times 100$

$=60\%$

제 6 장 위생기구설비

1. 개요

얼마 전 영국왕실 소속의 과학위원회에서 오랜 연구결과를 토대로 작성한 보고서 「21세기 위생백서」에 의하면 **"21세기에 가장 무서운 무기는 핵무기나 에너지, 식량이 아니라 음료용 물이 될 것"**이라고 결론을 내리고 있다. 우리 나라에서는 옛날부터 물은 가장 흔하고 구하기 쉬워 값이 싼 것으로 인식되어져 왔으나 환경파괴가 진전됨에 따라 대기오염으로 인한 산성비와 수질오염으로 인한 수자원의 부족 현상이 진전되고 있는 실정이다. 물 부족 현상이 심화됨에 따라 최근 들어 정책당국에서도 **"우리 나라는 수자원이 부족한 나라**이고, 머지않아 물 부족 사태가 발생할 것임으로 물을 절약해야 한다" 는 홍보를 시작한 적이 있다.

물 사용 실태에 관한 보고서에 따르면 우리 나라의 1인당 하루 수돗물 사용은 408 *l* 로 일본 397 *l*, 영국 393 *l*, 대만 318 *l*와 비교할 때 과다하게 물을 소비하고 있다. 그래서 환경부는 '98년도부터 1인당 생활용수 소비량을 10% 줄이는 수돗물 절감대책을 마련하고 수도요금 인상을 시행할 단계에 이르렀다. 이러한 움직임에 부응하여 위생기구를 만드는 업체에서는 절수(節水) 개념을 도입한 위생기구를 개발하고 있으며 일부 제품은 이미 시판되고 있다.

2. 위생기구

위생기구(plumbing fixtures)란 물의 공급 또는 세정되어야 할 오물의 저장 및 배출을 위해 설치되어진 급수기구, 물받이용기, 배수기구 및 그 부속품을 지칭한다. 위생기구는 다음과 같이 분류한다.

<표 6-1> 위생기구의 분류

급수 기구	위생 기구	배수 기구	부속품
급수전	변기류	배수금구류	거울
세정밸브	세면기류	각종트랩	종이걸이
볼탭	싱크류	바닥배수구	
	욕조류		

2-1 위생기구의 소요개수

위생 기구수는 건물 내의 상주 인원수, 외래 방문자수, 건물의 사용기간 등을 분석하여 설치한다.

<표 6-2>는 건물의 유효면적에 대한 건물사용 인원을 나타낸 것이고, <표 6-3>, <표 6-4>는 위생기구 소요수 산출에 대한 표준적인 수치를 나타낸 것이다.

<표 6-2> 건물의 종류별 사용인원

건물 종별	사용인원 [명/m^2]	건물 종별	사용인원 [명/m^2]
사무실	0.20	공회당	1.50
백화점	1.00	극장	1.50
점포	0.16	도서관	0.40
연구실	0.06	여관	0.24
공장(앉아 일할 때)	0.30	호텔	0.17
공장(서서 일할 때)	0.10	숙박시설	0.60
공동주택	0.16	초등학교	0.25
기숙사	0.20	중학교	0.14
병원	침상 1개당 3.5	고등 · 대학교	0.10

<표 6-3> 위생기구의 소요수(기구 1개에 대한 사용 인원수)

건물 종류별 사용 상태		대변기		소변기	세면기	수세기	비 고
		남	여				
공장·작업장	100인 이하	20	20	15	20~25		
	100인 이상	30	30	20			
공장기숙사	100인 이하	15	15	15	5~10		부속 기숙사
	100인 이상	20	20	20			
	500인 이상	25	25	25			
주차장	여객 전용 (최대 동시 상주인원)	25	25	남자용 대변기 : 소변기 : 여자용 대변기 = 4 : 8 : 3			철도 기준
	직원용	25	25	남자용 대변기 : 소변기=7 : 10			
학교	초등 과정	40	15	20	20~25	50~70	
	중등 과정	50	20	25			
학교기숙사	중등 과정	10	10	10	5~10	50~70	
유치원	80인 이하	20	20	20	20~25	50~70	
	81~240인	30	30	30			
	241인 이상	40	40	40			
아동복지시설	고아원	-	20	-	5~10	50~70	아동 복지시설 최저 기준
	보육원	20	20	20			
	조산시설	-	20	-			
	양호시설	15	15	15			
도서관	성인	80	30	40	20~25	50~70	열람자 정원수
	아동	40	15	20			
수 영 장		60	40	60	60		
극 장 영화관 연예장 관람장 공회당 집회장	객석의 바닥면적 300m² 이하 30m²마다	1	1	5			
	300~600m² 40m²마다	1	1	5			
	600~900m² 60m²마다	1	1	5			
	900m² 이상 120m²마다	1	1	5			
호 텔·여 관		객실 5개당 대 1, 소 1					
공 동 주 택		주거 2~3마다 1개씩 대소변기는 같은 수로					

주) 대변기·소변기는 기준에 의한 최저 소요수임.

<표 6-4> 위생기구의 소요수 (기구 1개에 대한 건물의 유효면적 : m^2/개)

건 물	대변기	소변기	세면기	수세기	청소용 수채	싱 크
사무실	120~170 (30~60)	150~180 (25~50)	150~180 (30~60)	300~350 (50~120)	400~550 (100~150)	300~350 (55~100)
은행	80~140 (20~40)	80~120 (20~40)	80~120 (20~40)	150~250 (35~80)	300~500 (80~130)	200~250 (20~40)
병원	80~100 (17~50)	30~60 (8~25)	30~60 (8~25)	150~200 (30~90)	300~400 (50~180)	45~80 (8~25)
백화점	130~160	140~180	140~180	450~550	280~320	400~500
아파트 · 호텔	35~60	50~80	50~80	50~120	250~300	60~90

주) 대변기 1개의 남녀 사용 비율 - 일반 건물 남 : 여=2 : 1, ( )안의 숫자는 기구 1개에 대한 사용 인원수 (인/개)

2-2 위생기구의 조건

위생기구의 구비조건은 아래와 같다.

① 항상 청결하게 유지할 수 있어 위생적일 것

② 내식성, 내마모성이 있고 흡수성이 작을 것

③ 미관이 수려할 것

④ 제작 가공성이 어느 정도 용이할 것

⑤ 설치가 용이할 것

⑥ 건축 마무리의 끝맺음이 양호할 것

현재 위생기구로 사용되고 있는 재료는 도기(陶器), 청동, 황동, 동, 연, 주철, 스테인리스강, 플라스틱, 유리섬유 강화 플라스틱(FRP) 등이다. 가장 많이 사용되고 있는 도기는 다음과 같은 특징이 있다.

(1) 장점

① 경질이며 산 · 알칼리에도 침식되지 않으며 내구성이 뛰어나다.

② 표면이 깨끗하고 매끄러워 작은 오물도 눈에 잘 띄므로 위생적이다.

③ 흡수성이 없고 오수나 악취 등이 흡수되지 않으며 변질도 안 된다.

(2) 단점

① 탄력성이 없어 외부 충격에 쉽게 파손된다.

② 파손되며 보수가 불가능하다.

③ 팽창계수가 작기 때문에 금속기구나 콘크리트와의 접속에는 특수 공법이 요구된다.

3. 위생기구의 종류

3-1 대변기

대변기는 서양식 변기와 동양식 변기로 분류하고 기능적으로는 다음과 같은 것이 있으며, 최근에는 세정수를 최소화한 절수형이 개발되고 있다.

(1) 세출식(wash out type)

동양식 대변기 특유의 방식이다. 오물을 받는 수심이 얕아서 오물이 노출되므로 냄새가 많이 나고 변기에 오물이 부착하기 쉬워서 양식 변기에서는 거의 사용되지 않고 있다.

(2) 세락식(wash down type)

오물을 직접 트랩봉수 중에 낙하시켜 물의 낙차에 의하여 오물을 배출시키는 방식이다. 세출식에 비하여 냄새의 발산은 적지만, 유수면이 좁아서 변기에 붙기 쉽다.

(3) 사이펀식(siphon type)

배수의 트랩에 많은 굴곡을 주어 저항을 만들어서 세정시에 자기 사이펀 작용을 일으켜서 오물을 포함한 배수를 세정하는 방식. 유수면이 넓어서 오물이 부착하지 않으며 세정기 등은 세락식이나 세출식에 비해 우수하다.

(4) 사이펀 제트식(siphon-jet type)

사이펀식의 자기 사이펀 작용을 촉진시키기 위하여 분수구멍을 설치한 것. 자기 사이편 작용이 강력해서 세정시에는 수면이 변기 전체를 적시므로 오물이 부착하지 않기 때문에 수세식 대변기 중에는 가장 좋은 방식이다.

(5) 취출식(blow out type)

작은 구멍에서 강력한 물을 분출시켜 유수를 배수관 쪽으로 취출시키는 방식으로 세정기능은 좋지만, 소음이 크다는 단점이 있다.

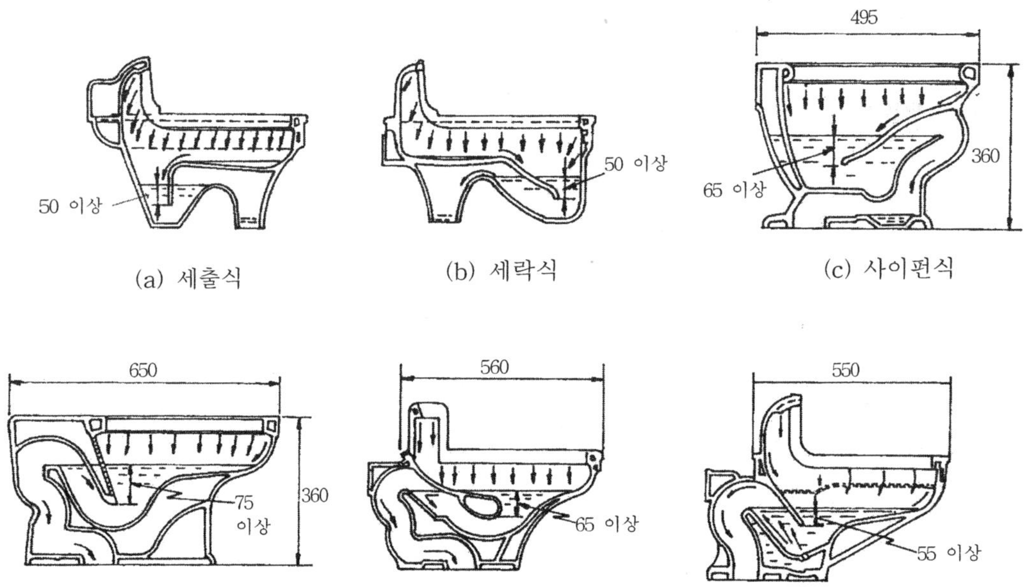

(a) 세출식 (b) 세락식 (c) 사이펀식

(d) 사이펀 제트식 (e) 취출식

<그림 6-1> 대변기의 종류

3-2 세정방식

(1) 세정 밸브(flush valve system)

세정 밸브를 이용하여 급수관에서 물을 직접 대변기에 급수하는 방식이며, 연속적으로 사용할 수 있으나 세정밸브의 구조상 급수압력이 **0.7kgf/cm^2 이상**이 필요하다. 또한 순시 유량이 많아야 하기 때문에 급수관경은 **25mm 이상**의 굵은 급수관이 필요하며, 단시간에 많은 물이 흐르기 때문에 소음이 크다. 일반주택에서는 사용이 곤란하고, 학교, 호텔, 사무실 등 적합하다.

세정 밸브식에서는 급수관과 변기를 직결하기 때문에 대변기 내의 배수의 흐름이 나빠지거나 변기가 막혀 있어서 변기 안에 오수가 차 있을 경우, 급수관내가 부압이 형성되면 오수가 급수관내를 역류할 위험이 있다. 이와 같이 오수가 급수관으로 역류하는 것을 방지하기 위하여 세정 밸브와 변기 사이에 **역류방지기**(vaccum breaker)를 설치해야 한다.

(2) 로탱크식(low tank)

우리 나라 아파트나 호텔에 주로 사용하는 것으로 탱크에 일정량의 물을 모아 두었다가 변기에 급수하는 방식이며, 사용 후 다시 탱크에 만수시키는 시간이 필요하므로 연속사용은 어렵지만 급수관의 압력은 $0.3kgf/cm^2$이상으로 낮아도 되고 세정시의 소음이 적다. 특징은 설치면적이 크며, 탱크가 낮아 세정관은 50mm 이상이 되어야 한다.

(3) 하이 탱크식(high tank)

하이 탱크에 일정량의 물을 모아 두었다가 세정시에 대변기에 급수하는 방식이며, 낙차가 크기 때문에 로탱크에 비하여 세정시의 소음이 크고 설치, 보수 등의 작업이 불편하다. 탱크 표준높이는 1.9m이며, 탱크용량은 $15l$정도이다.

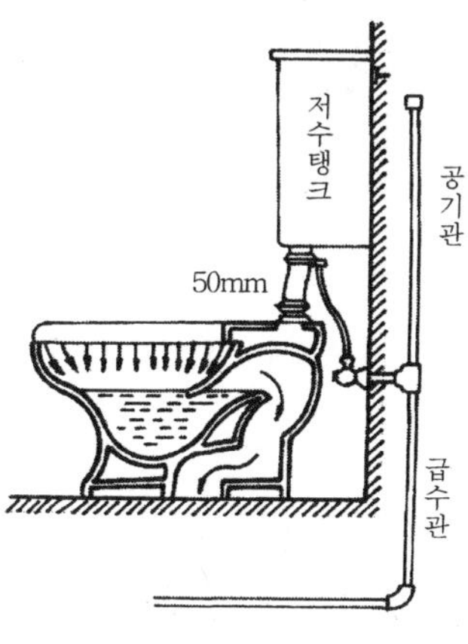

<그림 6-2> 로탱크식

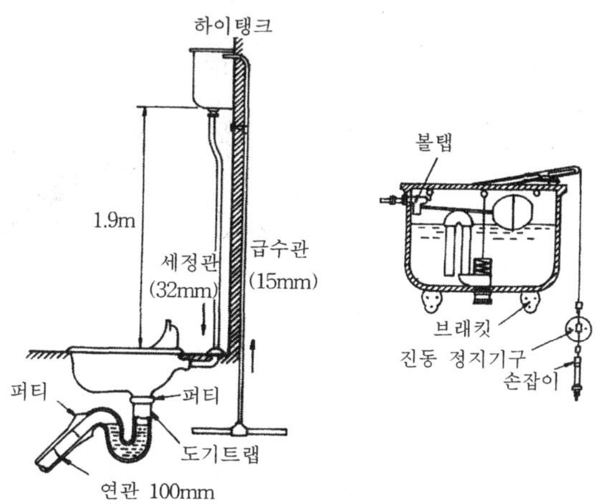

<그림 6-3> 하이탱크식

3-3 소변기

(1) 종류

소변기의 종류에는 벽걸이형(wall type)과 바닥설치형(stall type)이 있으며, 기능상으로 구분하면 트랩 일체식과 트랩별도 설치식이 있다. 바닥설치형은 일반적으로 스톨형이라 부르며 어른이나 어린이들이 함께 사용할 수 있으므로 백화점, 대합실 등의 공중용으로 사용한다.

(2) 세정방식

소변기의 세정방법에는 다음과 같이 4종류가 있다.

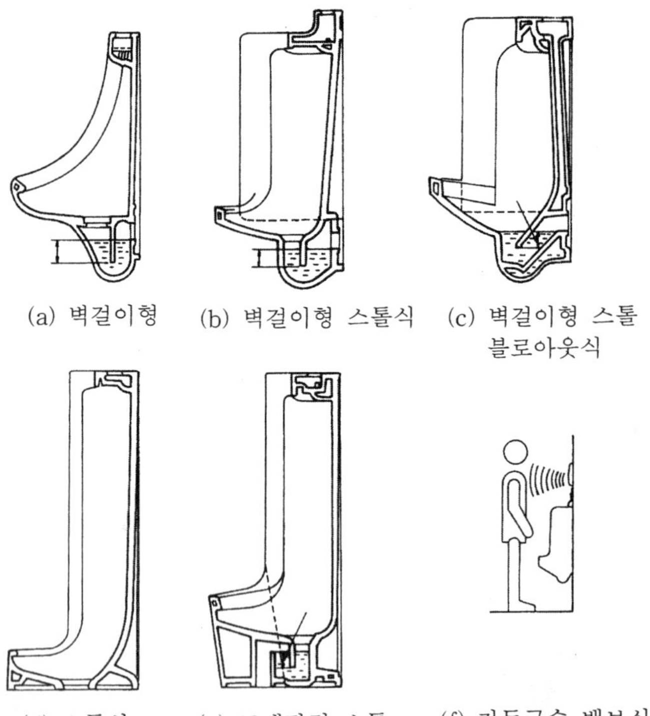

(a) 벽걸이형 (b) 벽걸이형 스톨식 (c) 벽걸이형 스톨 블로아웃식

(d) 스톨식 (e) 트랩달린 스톨 (f) 자동급수 밸브식

<그림 6-4> 소변기의 종류

① 자동 사이펀식 : 자동 사이펀 장치를 구비한 하이탱크에 급수하고 탱크 내에 급수하고 탱크 내의 수위가 규정 수위로 상승하면 사이펀 작용을 일으켜서 자동적

으로 탱크 내의 물을 방출하여 일정한 간격을 두고 변기를 자동적으로 세정하는 방식이다.

② 전동(전자) 밸브식 : 최근 자동 사이펀식이 물을 낭비하는 것을 방지하기 위하여 개발한 것으로 이 방식은 급수관의 도중에 전자밸브 또는 전동밸브를 설치하고 타이머 또는 소변기 트랩의 염분 검출기 등에 의하여 밸브를 작동시킨다.

③ 세정 밸브식 : 소변기에 소변기용 세정 밸브를 설치하고 세정 밸브의 누름단추를 누름으로써 일정시간 물을 흘려서 소변기를 세정하는 것이다. 세정 밸브는 급수 압력에 따라서 유량이 변화하므로 벽걸이형은 0.3kg/cm^{2}이상, 벽걸이 스톨형은 0.5kg/cm^{2}이상, 스톨형에는 0.8kg/cm^{2}이상의 급수압력이 필요하다.

④ 세정수전식 : 소변기에는 세정수전을 설치하고 이것을 소변기를 사용할 때마다 열어서 세정하는 것으로 세정 밸브보다 더 사용빈도가 낮아서 부득이한 경우가 아니면 사용하지 않는 것이 좋다.

3-4 수세기, 세면기

수세기와 세면기는 기구의 외형으로 구별하기는 어려우나 일반적으로 실용량 3*l*이하의 것을 수세기라 하고 그 이상의 것을 세면기라 하며, 수세기는 급수용 수전만으로 설치하지만 대체적으로 세면기는 급수, 급탕용 수전을 함께 설치한다.

3-5 절수용 기구

우리 나라의 1인당 하루 수돗물 사용량은 480 *l*로 일본 397 *l*, 영국 393 *l*, 대만의 318 *l*와 비교할 때, 과다하게 물을 소비하고 있다. 신문 1톤을 만드는데 150톤의 물이 필요하고, 승용차 1대를 만드는데는 380톤이 필요하다. 그래서 환경부는 '98년도부터 1인당 생활용수 소비량을 10%줄이는 수돗물 절감대책을 시행키로 했다.

환경부는 이를 위해서 현재 원가대비 77%에 불과한 수도요금을 90%까지 끌어올려 수돗물 사용을 억제하고, 현재 연면적 100m^2 이상 건축물과 20가구 이상의 공동주택에 한해 설치토록 되어 있는 절수설비 설치대상을 '98년 상반기부터 모든 건축물에 확대 실시하기로 했다. 또한 절수설비 설치 의무화 대상을 현재 대변기에서 2000년부터는 소변기, 샤워 헤드, 수도꼭지까지 확대해 나가기로 했다.

절수를 위해 개발된 위생기구 제품은 다음과 같은 것들이 있다.

(1) 절수식 양변기

대 · 소변 세척 구분을 두어 필요 이상의 물낭비를 방지하는 것으로, 소변 세척시에는 7 *l*의 세척수만 유출된 후 자동적으로 지수가 된다.

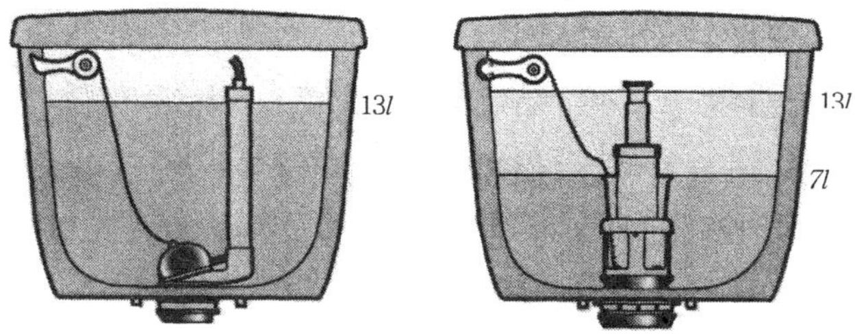

(a) 일반형 (b) 절수형

<그림 6-5> 절수식 양변기

(2) 절수형 플러시밸브

6 *l*의 세척수로 일반 양변기 13 *l*용과 동일한 세척력을 얻을 수 있는 세척밸브이다.

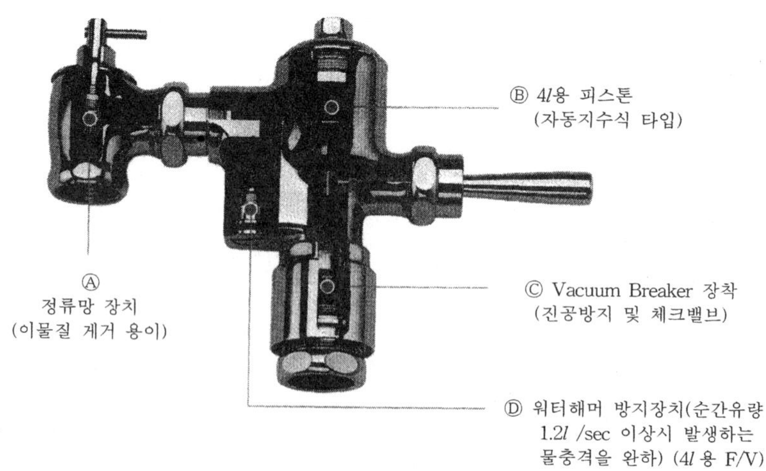

<그림 6-6> 절수형 플러시밸브

(3) 전자 감지식 소변기

적외선 센서로 인체를 감지하여 용변 후에 자동으로 소변기를 세척해 주는 제품이다. 기존 수동식 세척 밸브는 용변 중에 통상적으로 사용자가 2회 작동으로 물소비가 많았으나 이 제품은 사용자가 임의조작이 불가능하고 용변 후 1회의 최적 세척량만 토출되므로 물을 절약할 수 있다.

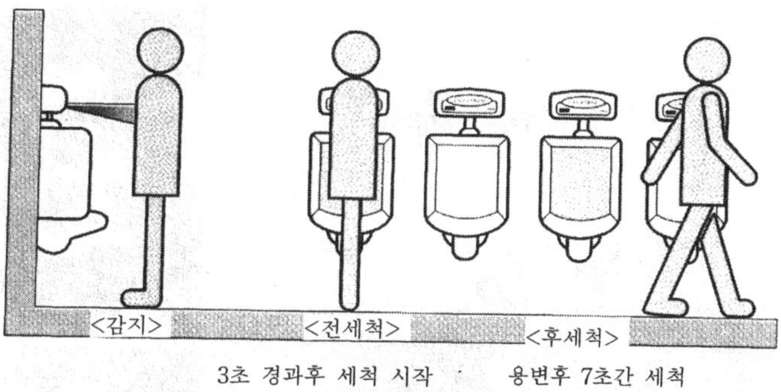

<그림 6-7> 전자 감지식 소변기

(4) 자폐식 수도꼭지

핸들을 누르면 일정시간 토출된 후 자동으로 지수되는 급수전이며, 공공건물의 세면기에 설치하여 물의 낭비를 방지할 수 있는 제품이다. 핸들을 누르면 수압에 따라 4~12초간 약 1 l의 물이 토출된 후 자동으로 지수되므로 사용자가 필요 없는 물을 틀어놓거나 사용 후 수도꼭지를 잠그는 것을 망각해서 발생되는 물의 낭비를 막아 절약할 수 있다.

<그림 6-8> 자폐식 수도꼭지

(5) 전자 감지식 수도꼭지

적외선 센서가 사용자 손을 감지하여 사용 후 자동으로 지수되는 세면기 수도꼭지이다. 기존 제품은 사용자가 비누칠 등으로 필요없는 물을 틀어 놓거나 사용 후에 물을 잠그는 것을 망각하여 발생되는 물의 낭비가 많았으나 이것은 사용중에만 물이 나오므로 그만큼 물이 절약된다.

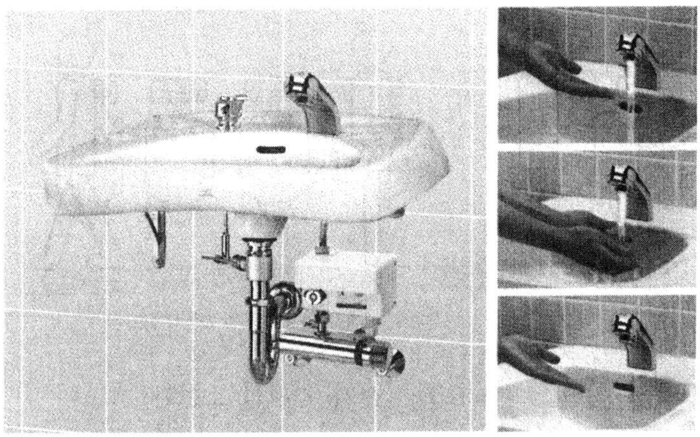

<그림 6-9> 전자 감지식 수도꼭지

(6) 절수식 샤워 헤드

샤워 헤드를 손으로 쥐면 물이 토수되고, 놓으면 물이 지수되는 제품이다. 공중 목욕탕에서 사용자가 통상 몸에 비누칠이나 때를 밀 때에도 샤워 헤드를 틀어 놓고 있어서 물 낭비가 많았으나 이것은 작동 버튼을 눌러야만 물이 나오므로 기존의 기구보다 물이 절약된다.

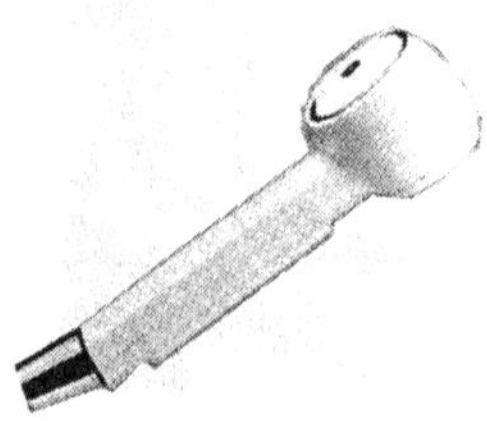

<그림 6-10> 절수식 샤워헤드

(7) 다단계 절수형 수도꼭지

수도꼭지 핸들을 단계적으로 작동시켜 물의 사용량을 제어하는 제품이다. 기존의 싱글 레버류 수도꼭지는 토수되는 물의 세기를 사용자가 보고 핸들의 각도를 임의로 조정하여 사용하였으나 이 제품은 사용자가 핸들 작동시 손의 느낌으로 단계를 느끼게 하여 용도에 맞게 수도꼭지를 사용함으로써 기존 제품보다 물 절약이 된다. 1단계는 간단한 세수, 먼지 세척, 칫솔질 등이고 2단계는 접시 및 그릇 세척, 야채 세척 등이며, 3단계는 샤워 등 많은 양의 물을 사용할 경우이다.

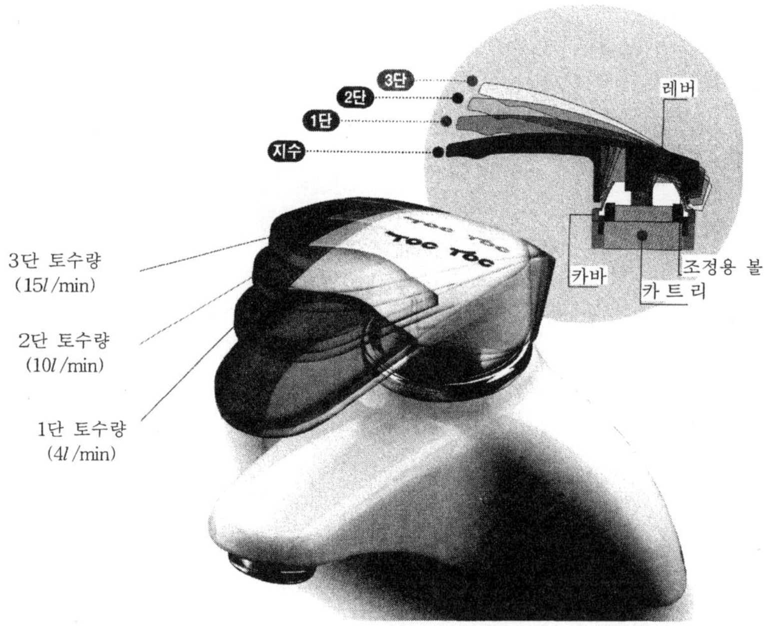

<그림 6-11> 다단계 절수형 수도꼭지

제 7 장 배관용 재료

1. 개요

배관공사의 계획에 있어서 먼저 공사의 종류에 따라 관 재료를 무엇으로 할 것이냐 하는 것이 가장 중요한 문제이며, 관 재료의 선택시 고려할 사항은 유체의 화학적 성질, 유체의 온도, 유체의 압력, 관의 외벽에 대한 조건, 관의 외압, 관의 접합, 관의 중량과 수송 조건 등이다. 그리고 관의 내압력과 재료의 허용 응력과의 관계를 나타내는 관의 스케줄 번호에 따른 관의 허용내압력도를 충분히 고려하여 관 재료를 선택하는 것이 바람직하다.

2. 관 재료의 종류

배관용으로 사용되는 관의 종류를 재질상으로 대별하면 강관(鋼管), 주철관(鑄鐵管), 비철금속관, 비금속관으로 분류할 수 있다.

2-1 주철관(cast iron pipe)

다른 관에 비해 특히 내식성, 내구성, 내압성이 뛰어나 위생설비(급수관, 배수관, 통기관)를 비롯하여 가스배관, 광산용 양수관, 공장배관, 지중매설배관 등 광범위하게 사용되고 있다. 종류로는 최대 사용 정수두에 따라 10kg/cm^2 이하에 사용되는 고압관을 비롯하여 7.5kg/cm^{2}이하의 중압관, 4.5kg/cm^{2}이하의 저압관 등 3가지 종류가 있다. 일반적으로 접합법은 4가지가 있으며, 방법은 다음과 같다.

(1) 소켓접합(socket joint)

주철관의 허브(hub) 쪽에 스피것(spigot)이 있는 쪽을 맞춘 다음, 마(yarn)를 단단히 꼬아 감고 정으로 박아 넣는 접합 방법이다.

(2) 플랜지 접합(flanged joint)

플랜지가 달린 주철관을 서로 맞추어 볼트로 죄어 접합하는 방법이다.

(3) 메케니컬 접합(mechanical joint)

주철관의 기계적 접합은 소켓 접합과 플랜지 접합의 장점을 채택한 방법으로 특히 외압에 대한 가소성과 누수가 우려되는 곳에 사용한다.

(4) 빅토릭 접합(victoric joint)

빅토리형 주철관을 고무 링과 금속제 칼라(collar)를 사용하여 잇는 접합법으로 관속의 압력이 증가함에 따라 고무링은 더욱 더 관벽에 밀착하게 되어 누수를 막는 작용을 한다.

2-2 강관(steel pipe)

강관은 가장 많이 사용하는 관으로 연관이나 주철관에 비하여 가볍고 인장강도가 크다. 또 충격에 강하고 굴곡성이 좋으며, 관의 접합도 비교적 쉽다. 그러나 주철관에 비하여 부식하기 쉽고 내용연수(耐用年數)도 비교적 짧은 것이 결점이다. 강관은 10 kg/cm^2 이하의 증기, 물, 기름, 가스, 공기 등의 배관에 주로 사용되며, 종류는 용도에 따라 여러 가지로 규격화 되어있다.

접합은 주로 나사 접합이 사용되나, 플랜지 접합(flanged joints), 용접이음도(weldings)도 가끔 채택된다. 이음류의 가공은 다음과 같다.

① 배관을 휠 때 : 엘보(elbow), 벤드(bend)

② 분기관을 뽑아 낼 때 : T(tee), 크로스(cross), Y

③ 직관의 접합 : 소켓(socket), 플랜지(flange), 유니언(union)

④ 구경이 다른 관을 접합할 때 : 이경 소켓(reducing socket), 이경 엘보(reducing elbow), 이경 티(reducing tee), 부싱(bushing)

⑤ 배관의 말단부 : 플러그(plug), 캡(cap)

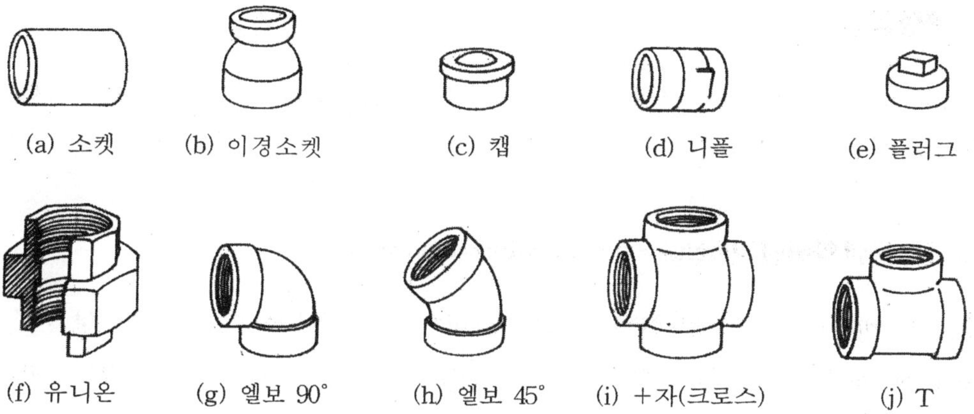

<그림 7-1> 각종 이음류

2-3 동관(copper pipes)

동 및 동합금은 대기, 염수 및 해수는 물론 염류, 산, 알칼리 등의 수용액이나 유기화합물에 대하여 상당한 내식성을 지니고 있으며, 관내 마찰손실도 다른 종류의 관에 비하여 적은 편이다. 또한 열 및 전기전도성이나 기계적 성질도 우수하고 단조성과 열전도율이 커서 저탕조 및 가열관에 적합하다.

접합법에는 납땜접합(soldered joints), 압축접합(compressed joints), 용접이음(weldings) 등이 있다.

2-4 연관(lead pipe)

납은 금, 은, 동과 함께 오래 전부터 인류가 사용해온 금속으로서 오늘날에는 대·소변기 등의 배수관, 굴곡이 많은 수도 인입관, 가스배관 등에 널리 사용되고 있다. 특히 연관은 알칼리에는 침식이 되지만 산에는 거의 영구적이며 신축성이 풍부하여 겨울철 동결에 의한 피해를 줄일 수 있다.

연관의 접합에는 플라스턴 접합(plastan joint), 과잉 용접 땜납접합(over-cast joint), 땜납접합(soder joint), 용접이음(weldings)이 있다.

2-5 황동관

동합금 관으로 내외면에 주석도금을 한 것은 병원의 증류수, 멸균수 등의 극연수 수송관으로 사용한다. 접합방법은 동관과 동일하다.

2-6 경질 염화비닐관(rigid polyvinylchloride pipe)

경질 염화비닐관은 무기질이나 금속관에 비하여 유기용제에 침식되는 성질이 있어 이 관을 사용할 때는 특히 주의하여 사용해야 한다. 이 관의 장점은 가볍고 강하며, 내식성이 뛰어나고 마찰 손실이 적으며, 배관가공이 용이하다. 반면 단점으로는 열에 약하며, 유기용제에 쉽게 침식되고, 충격에 약하다는 점이다.

경질 염화비닐관의 접합에는 접착제를 발라 접착하는 간단하고 정확한 냉간공법과 열을 이용한 열간공법이 있으며, 요즈음에는 손쉽게 이용할 수 있는 냉간공법이 많이 이용되고 있다. 특히 열간 가공시에는 온도 변화에 따른 관의 특성을 충분히 고려하여야 하며, 가공온도는 보통 110~130℃가 바람직하다.

2-7 콘크리트관(concrete pipe)

콘크리트관은 용도와 종류에 따라 원심력 철근 콘크리트관(일명 흄관), 석면 시멘트관, 철근 콘크리트관 등이 있으며, 주로 옥외 배수관 재료로 많이 사용되고 있다. 특히 흄관은 외부 압력에 견디도록 만들어진 관으로 철도부지 하수관 및 하수매설 배수관에 주로 사용된다.

접합방법에는 콘크리트 제품의 컬러를 이용한 칼라 조인트(collar joint), 심플랙스 조인트(simplex joint), 기볼트 조인트(gibault joint), 모르타르 조인트 등이 있으며, 배관의 굴곡성과 신축성이 요구되는 곳에는 기볼트 조인트가 많이 채용된다.

2-8 도관(vitrified clay pipe)

점토를 주원료로 하여 만든 관으로서 두께에 따라 보통관, 후관, 특후관 등 3종류가 있다. 보통 관은 주로 농업관, 일반 배수용에 쓰이며, 후관은 도시하수관, 특후관은 철도배수관에 쓰인다. 도관은 관의 길이가 짧고 접합부가 많으므로 오수 배수관으로는 적합하지 않으며 빗물 배수관에 많이 사용된다.

3. 밸브(valve)의 종류 및 구조

밸브는 관로에 설치하여 유체의 흐름을 막거나 방향을 바꾸고 또한 흐르는 양을 조절하는 등의 목적을 가지고 있다.

3-1 자동 밸브

밸브의 개폐 조정을 프로세스 중의 유체 에너지(압력, 온도, 부력) 등을 직접 쓰는 밸브이다.

(1) 자력식 밸브

밸브의 개폐 조절을 수동 이외의 방법을 사용하는 것으로 주로 압력, 부력, 원심력, 전력 등이 사용된다.

(2) 조절식 밸브

밸브의 조절을 공급원에게 주어지는 공기압, 유압, 전력 등의 보조 에너지를 사용하는 것으로 공기자동식 조절 밸브, 전자 밸브, 전동 밸브 등이 있다.

3-2 수동 밸브

밸브의 개폐 조절을 보조매체를 쓰지 않고 직접 수동으로 하는 것

(1) 게이트 밸브(gate valve)

일명 **슬루스 밸브(*sluice valve*)**라고도 한다. 일반적으로 전개 또는 전폐의 상태에 사용한다. 유체의 통로를 밸브체에 수직으로 차단하는 것이며, 밸브를 완전히 열면 구경과 같은 단면적을 가지며, 압력 손실이 작고, 핸들의 회전력도 글로브 밸브에 비해 가볍다. 다만 개폐에 시간이 걸린다.

(2) 글로브 밸브(glove valve)

스톱 밸브(*stop valve*)라고도 하며, 밸브가 구형(球形)이다. 밸브내의 유체가 관축에 직각방향으로 변하고 유로도 좁아 게이트 밸브에 비해서 손실 수두가 크지만 유량 조절에 주로 사용한다. 앵글 밸브(angle valve)는 글로브 밸브와 사용목적이 같지만 흐름방향을 직각으로 구부려 배관할 경우에 사용한다. 니들 밸브(niddle valve)는 밸브체가 송곳과 같이 가늘고, 끝이 뾰족하게 되어 있는 것으로 유체의 통로가 협소하여 유량을 미조정하도록 되어 있다.

(3) 콕(cock)

flug밸브라고도 말하며, 원추상의 플러그를 콕 핸들로 90° 회전만시키면 개폐되는 것으로 유로를 급속히 개폐할 필요가 있는 곳에 적합하다.

(4) 체크 밸브(check valve)

역지(逆止) 밸브라고도 한다. 유체를 일정 방향으로만 흐르고 역류하지 않도록 방지하기 밸브이며, 펌프의 토출측에 사용한다. 체크 밸브는 스윙식(swing tipe)과 리프트식(lift type)이 있다.

(5) 버터플라이 밸브

원판형의 밸브체가 90° 회전하여 개폐하는 것으로 주로 저압의 가스 배관, 공기배관 등에 사용한다.

(6) 스트레이너(strainer)

배관도중에 먼지, 흙, 모래, 쇠부스러기 등을 제거하기 위한 부속품으로 반드시 밸브류 등의 앞에 설치한다.

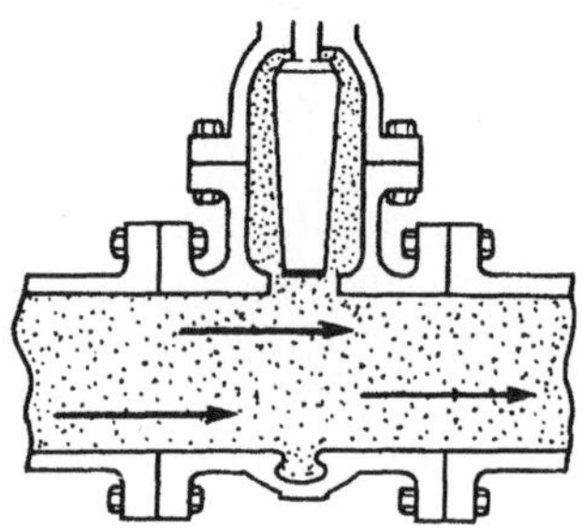

gate valve

<그림 7-2> 게이트 밸브

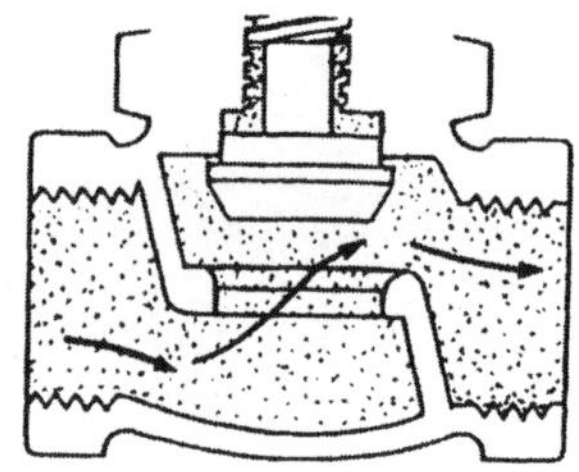

globe valve

<그림 7-3> 글로브 밸브

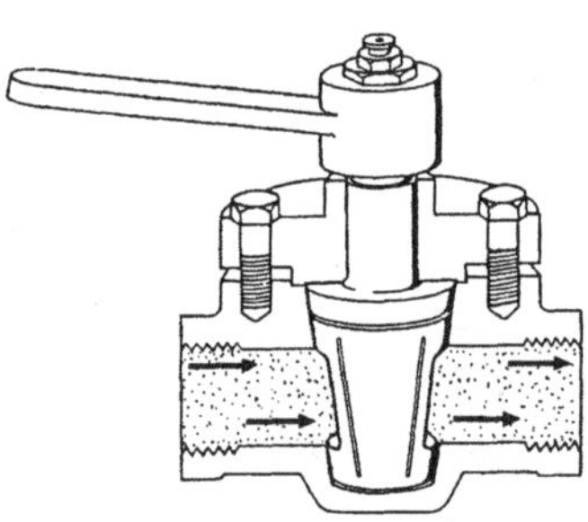

opened

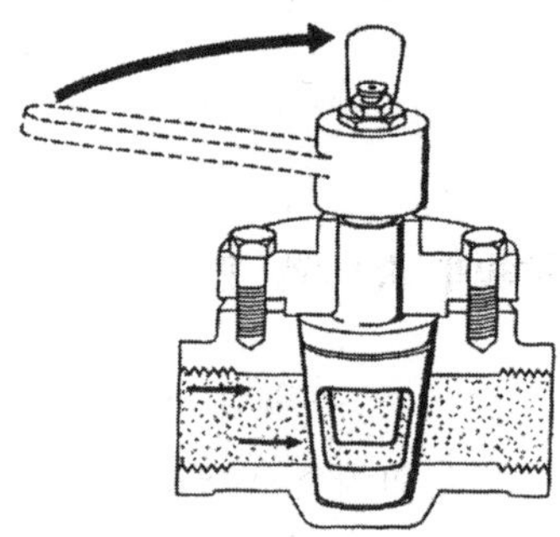

closed

<그림 7-4> 콕

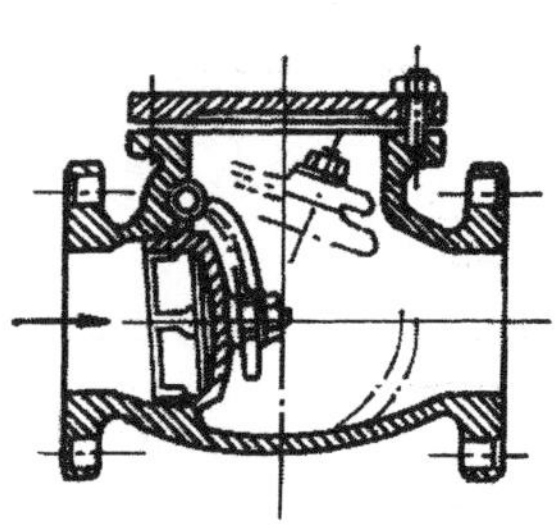

(a) 스윙식

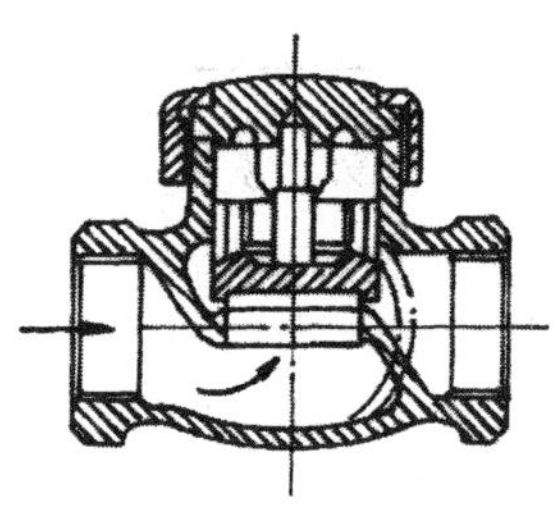

(b) 리프트식

<그림 7-5> 체크 밸브

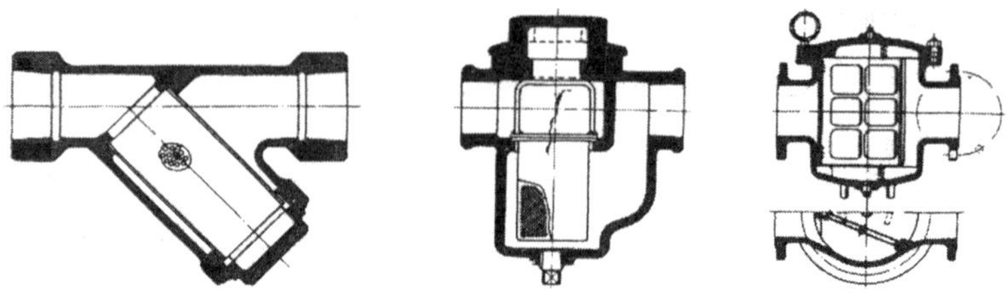

(a) Y형 (b) U형 (c) V형

<그림 7-6> 스트레이너

4. 배관의 도시기호

4-1 관

관은 실선으로 표시하며 같은 도면 속의 관을 나타낼 때는 같은 굵기의 선으로 표시함을 원칙으로 한다.

4-2 유체의 종류와 표시법

관 속을 흐르는 유체의 종류, 상태, 목적을 표시할 때는 인출선을 그어 문자 기호로 도시하는 것을 원칙으로 한다. 유체의 흐름방향을 표시하는 경우에는 화살표로 표시하며, 유체의 종류에 따른 기호 및 도시법은 <표 7-1>과 같다.

<표 7-1> 유체의 종류와 기호 및 도시법

유체의 종류	기 호	
공기	A	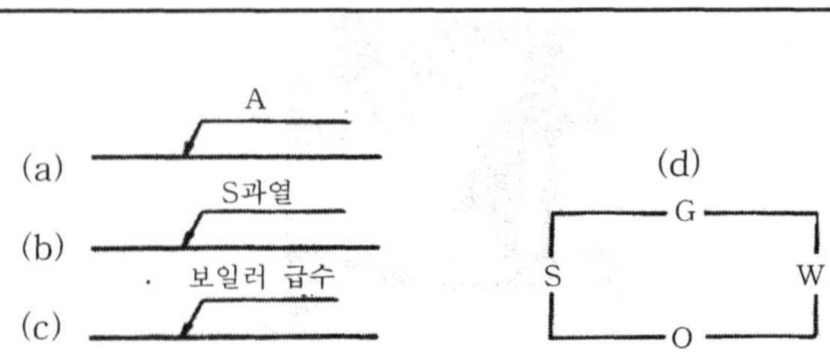
가스	G	
유류	O	
수증기	S	
물	W	

4-3 관의 굵기 및 종류

관의 굵기 또는 종류를 표시할 때는 관을 표시하는 선 위에 선을 따라서 그림의 아래 또는 오른쪽에서부터 읽을 수 있게 표시함을 원칙으로 한다. 관의 굵기와 종류를 함께 표시할 때는 관의 굵기를 나타내는 문자 다음에 관의 종류를 나타내는 문자 또는 기호를 기입한다.

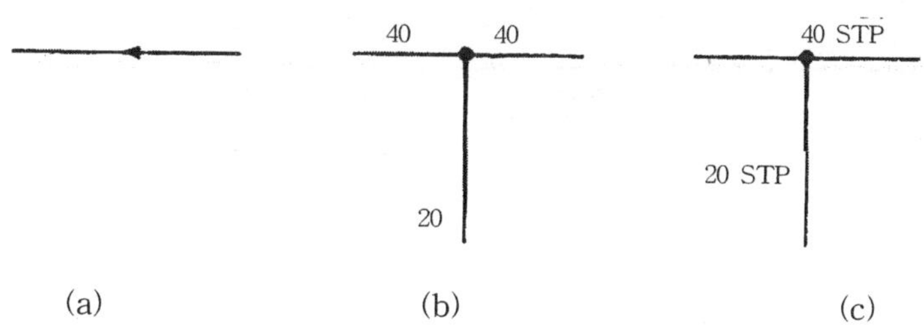

<그림 7-7> 유체의 흐름방향 및 관의 굵기와 종류

<표 7-2> 관·신축 이음·콕·밸브의 도시 기호

종 류	도시 기호	종 류	도시 기호
접속되지 않은 상태		밸브(일반)	
접속된 상태		앵글 밸브	
분기접속		체크 밸브	
관 A가 도면에 대해서 직각으로 앞으로 구부러진 상태		스프링안전밸브	
관 B가 도면에 대해서 직각으로 뒤로 구부러진 상태		추 안 전 밸 브	
관 C가 앞에서 도면에 대해 직각으로 구부러져 관 D에 접속된 상태		수 동 밸 브	
관이음 일반		일반조작밸브	
관이음 플랜지형		전동식조작밸브	
관이음 암수형		전자식조작밸브	
관이음 유니언형		일반도피밸브	
신축이음 슬리브형		공기빼기밸브	
신축이음 벨로스형		콕(cook)	
신축이음 곡판형		3 방 콕	
엘보 또는 벤드		닫힌 밸브	
티(tee)		닫힌 콕	
크로스(cross)		압력계	
막힘플랜지		온도계	

4-4 색채에 의한 배관의 식별

배관의 식별은 관속을 흐르는 물질의 종류에 따라 <표 7-3>과 같이 색깔로 표시한다. 배관에 색을 표시할 때는 원으로 표시하는 방법, 꼬리표 또는 벤드를 관에 달고 표시하는 방법 중 적당한 방법을 선택하도록 하며 표시장소는 밸브 이음관 등의 장소에 한다. 기타 유체 흐름의 방향, 온도, 유속 및 위험표시 등도 함께 표기한다.

<표 7-3> 색채에 의한 배관의 식별

종 류	색 깔	종 류	색 깔
공 기	백 색	기 름	진한 황적색
가 스	황 색	산 · 알칼리	회 자 색
증 기	적 색	전 기	엷은 황적색
물	청 색		

<표 7-4> 도시기호

종 류	도시 기호	종 류	도시 기호
1. 배관		1-2 공기조화	
1-1 난방 · 급기		① 냉매 토출관	—RD—RD—
① 고압 증기 급송관	—//—//—//—	② 냉매액관	—RL·—RL·—
② 고압 증기 반송관	-//-//-//--	③ 냉매 흡입관	— RS-- RS--
③ 중압 증기 급송관	—/—/—/—	④ 냉각수 송수관	—C—C—
④ 중압 증기 반송관	--/--/--/-	⑤ 냉각수 반수관	—CR—CR—
⑤ 저압 증기 급송관	————	⑥ 냉수 또는 냉온수 송수관	—CH—CH—
⑥ 저압 증기 반송관	— — — —	⑦ 냉수 또는 내온수 반수관	—CHR—CHR—
⑦ 공기 도피관	--------	⑧ 브라인 급송관	—B—B—
⑧ 연료 기름 급송관	--FOF---FOF-	⑨ 브라인 반송관	—BR- —BR--
⑨ 연료 기름 반송관	—FOR—FOR—	1-3 급수 · 급탕	
⑩ 기름 저장 탱크 통기관	—FOV—FOV—	① 급수관	—·—·—
⑪ 압축 공기관	—A—A—	② 급수 주철관	—C—·—C—
⑫ 온수난방 급탕관	————	③ 급수 연관	13-L
⑬ 온수난방 반탕관	— — — —	④ 급수 동관	30-Cu
		⑤ 급수 황동관	50-B
		⑥ 급수 콘크리트관	150-C

종 류	도시 기호
⑦ 급수 석면 시멘트관	100 - A
⑧ 급수 비닐관	25 - V
⑨ 상수도관	
⑩ 우물물관	
⑪ 급탕관	
⑫ 반탕관	
1-4 배수	
① 배수관	
② 통기관	
③ 배수 주철관	
④ 배수 연관	100 - L
⑤ 배수 콘크리트관	150 - C
⑥ 배수 비닐관	100 - V
⑦ 배수 도관	100 - T
1-5 소화	
① 소화수관	—X—X—
② 스프링클러 주관	—S—S—
③ 스프링클러 헤드지관	
④ 스프링클러 드레인관	
1-6 가스	
① 가스 공급관	—G—G—
2. 연결부속	
2-1 나사삽입형 이음	
① 플랜지	
② 유니언	
③ 곡관	
④ 90° 엘보	
⑤ 45° 엘보	
⑥ 티	
⑦ 막힘 플랜지	
⑧ 크로스	
⑨ 캡	
2-2 수도용 주철 이용관	
① 90° 곡관	
② 45° 곡관	
③ 2수 정자관	
④ 3수 정자관	
⑤ 소화전용 갑관	

종 류	도시 기호
⑥ 소화전용 을관	
⑦ 소화전용 병관	
⑧ 단관 갑 1호	
⑨ 단관 을 1호	
⑩ 계륜	
⑪ 창갑	
⑫ 센	
⑬ 수차 편낙관	
⑭ 차수 편낙관	
2-3 배수용 주철 이형관	
① 90° 단곡관	
② 90° 장곡관	
③ 45° 곡관	
④ Y관	
⑤ 90° Y관	
⑥ 배수 T관	
⑦ 통기 T관	
⑧ 편낙관	
⑨ U트랩	
⑩ 계륜	
2-4 나사들이 배수관 이음	
① 90° 엘보	
② 90° 대곡 엘보	
③ 45° 엘보	
④ T	
⑤ 90° Y	
⑥ 90° 양 Y	
⑦ 90° 대곡 Y	
⑧ 90° 대곡 양 Y	
⑨ 45° Y	
⑩ 45° 양 Y	
⑪ 인크리저	
⑫ 덕커	
⑬ U트랩	
2-5 신축이음	
① 슬리브형	
② 벨로스형	

종 류	도시 기호
③ 곡관형	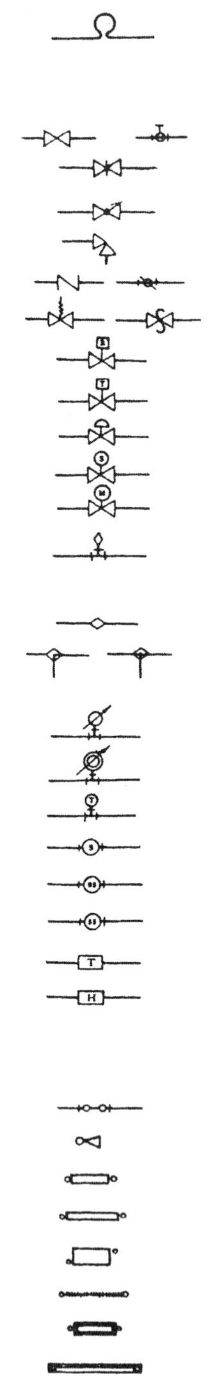
3. 밸브 · 콕 · 계기류	
3-1 밸브	
① 밸브	
② 사절 밸브	
③ 옥형 밸브	
④ 앵글 밸브	
⑤ 체크 밸브	
⑥ 안전 밸브 · 도피 밸브	
⑦ 감압 밸브	
⑧ 온도 조절 밸브	
⑨ 다이어프램	
⑩ 전자 밸브	
⑪ 전동 밸브	
⑫ 공기빼기 밸브	
3-2 콕	
① 콕	
② 3 방콕	
3-3 계기류	
① 압력계	
② 연성 압력계	
③ 온도계	
④ 스트레이너	
⑤ 기름 분리기	
⑥ 기수 분리기	
⑦ 서모스탯	
⑧ 휴미드 스탯	
4. 기기 풍도	
4-1 난방용 기기	
① 흡상 이음	
② 분기 가열기	
③ 주형 · 세주형 방열기	
[illegible]	
[illegible]	
⑥ 필릿 부착 방열기	
⑦ 캐비닛 히터	
⑧ 베이스보드 히터	

종 류	도시 기호
⑨ 주형 방열기 표시 형식	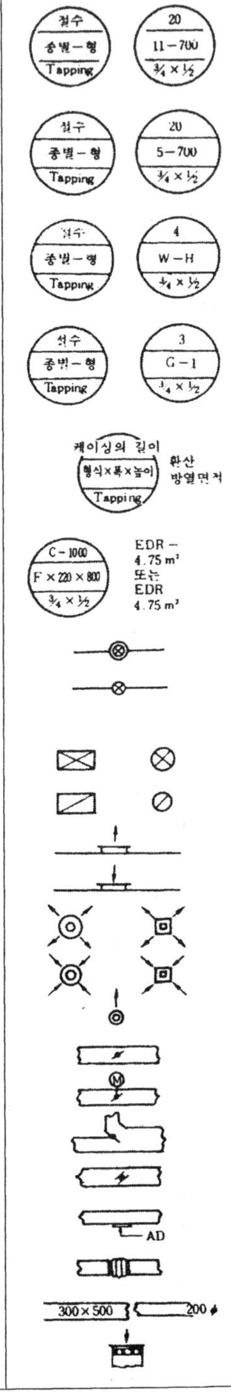
⑩ 세주형 방열기 표시 형식	
⑪ 벽걸이 방열기 표시 형식	
⑫ 필릿 부착 방열기 표시형식	
⑬ 캐비닛 히터 표시 형식	
⑭ 고압 증기 트랩	
⑮ 저압 증기 트랩	
4-2 풍도 · 부속품	
① 송기 풍도 단면	
② 배기 풍도 단면	
③ 벽부 송기구	
④ 벽부 배기구	
⑤ 천장 부착 송기구	
⑥ 천장 부착 배기구	
⑦ 노즐형 송기구	
⑧ 풍량 조절 댐퍼	
⑨ 전동 댐퍼	
⑩ 합류 및 분류 댐퍼	
⑪ 방화 댐퍼	
⑫ 점검문	
⑬ 캔버스 이음새	
⑭ 풍도	
⑮ 흡기 갤러리	

종 류	도시 기호
⑯ 배기 갤러리 ⑰ 가이드베인 **4-3 공기 조화용 기기** ① 왕복 압축기 ② 셀 코일식 수냉 응축기 ③ 셀 튜브식 수냉 응축기 ④ 건식 수냉각기 ⑤ 만액식 수냉각기 ⑥ 드라이어 ⑦ 냉매 배관용 필터 ⑧ 히팅 코일 ⑨ 쿨링 코일 ⑩ 직팽 코일 ⑪ 히팅·쿨링 코일 ⑫ 히팅 팬코일 유닛 ⑬ 쿨링 팬코일 유닛 ⑭ 직팽 팬코일 유닛 ⑮ 히팅·쿨링 팬코일 유닛 ⑯ 팩레스 밸브 ⑰ 수동 팽창 밸브 ⑱ 자동 팽창 밸브 ⑲ 고압 압력 스위치 ⑳ 저압 압력 스위치 ㉑ 고저압 압력 스위치 ㉒ 유압 보호 스위치 ㉓ 감온통 ㉔ 감온통 붙은 서모스탯 ㉕ 감온 팽창 밸브 ㉖ 자동 지수 밸브 ㉗ 플렉시블 이음쇠 ㉘ 횡형 수액기 ㉙ 입형 수액기 **4-4 급수·배수용 기구** ① 수량계 ② 바닥 위 청소구 ③ 바닥 아래 청소구	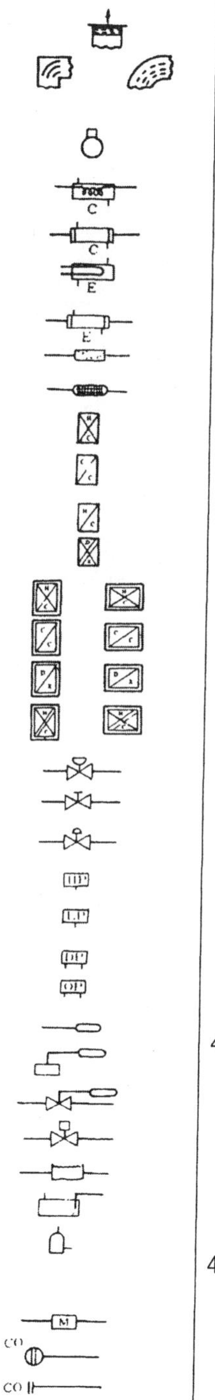
④ 그리스 트랩 ⑤ 기름 트랩 ⑥ 바닥 배수 트랩 ⑦ 루프 드레인 ⑧ 트랩통 ⑨ 사설 오수통 ⑩ 사설 우수통 ⑪ 공공통 ⑫ 수전류 **4-5 위생기구** ① 수음기 ② 화풍 욕조 ③ 양풍 욕조 ④ 세정용 로우 탱크 ⑤ 세정용 하이 탱크 ⑥ 동양식 대변기 ⑦ 동양식 양용변기 ⑧ 서양식 대변기 ⑨ 소변기 ⑩ 스톨 소변기 ⑪ 세면기 ⑫ 수세기 ⑬ 배수기 ⑭ 청소용 배수기 ⑮ 세정 밸브 ⑯ 볼 탭 ⑰ 샤 워 ⑱ 살수전 ⑲ 화세전(靴洗栓) **4-6 소화기구** ① 옥내 소화전 ② 옥외 소화전(스탠드형) ③ 옥외 소화전(매설형) ④ 송수구 ⑤ 방화전(복구) ⑥ 방화전(단구) **4-7 가스 기구** ① 가스 꼭지 ② 수취기 ③ 가스계량기	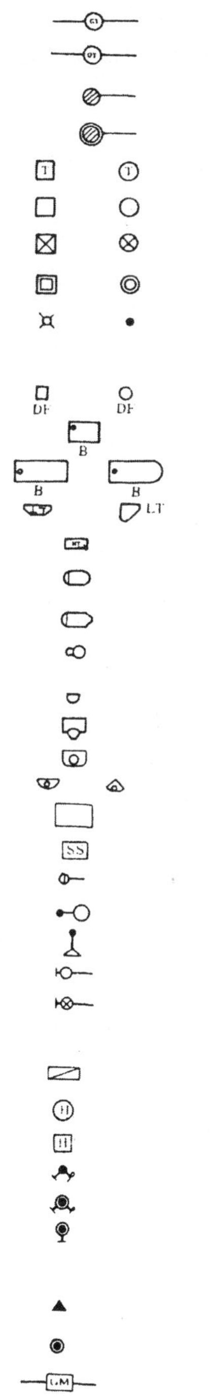

제3편

공기조화설비

제1장 공기조화의 기초

1. 개요

1-1 공기조화의 정의

공기조화(*air conditioning*)란 「**실내 또는 특정 장소의 공기를 사용 목적에 적합하도록 적당한 상태로 조정하는 것**」으로 정의된다. 우리 나라는 옛날부터 겨울철의 난방은 잘 행해졌지만 여름철 냉방대책으로는 별다른 방법이 없었다. 그러나 최근 들어 히트아일랜드(열섬 효과) 현상으로 인한 도시 기후의 악화와 냉동기 및 냉방용기기의 제작기술이 발달·보급됨에 따라서 온도, 습도뿐만 아니라 기류의 조정이나 공기의 청정도를 포함하여 종합적으로 조정할 수 있게 되었는데 이러한 조정설비를 공기조화 설비라고 한다.

1-2 공기조화의 분류

공기조화는 그 목적하는 대상에 따라 쾌적용 공기조화와 산업용 공기조화로 구분한다.

1-2-1 쾌적용 공기조화(comfort air conditioning)

쾌적용 공기조화는 **보건용 공기조화**라고도 하며, 사람을 대상으로 한다. 인간의 쾌적한 주거환경을 유지하는 것을 목적으로 하며, 적용되는 장소는 주택, 사무소 건축, 호텔, 백화점, 극장, 병원, 교통기관 등이다.

1-2-2 산업용 공기조화(industrial air conditioning)

산업용 공기조화는 산업제품의 생산과정, 보관 등을 대상으로 하며, 최적의 열환경 및 공기청정도를 유지하여, 제품의 품질을 향상 시켜줄 뿐만 아니라 불량률의 감소를 목적으로 한다. 적용대상 건물은 정밀기계공장, 온・습도의 영향을 받기 쉬운 제약・섬유・반도체공장, 전산실, 미술관, 창고 등이다.

1-3 공기조화장치의 개요

<그림 1-1>은 일반적인 공기조화설비의 기본 구성을 알기 쉽게 표현한 것이다. 이런 설비를 대별하면 다음과 같다.

(1) 열원장치

온열원으로는 보일러를 사용하며, 보일러에서 만들어진 온수와 증기를 공조기 내의 가열코일로 공급하여 온풍을 만든다. 냉열원으로는 냉동기를 사용하며, 냉동기에서 만들어진 냉수를 냉각 코일에 순환하여 냉풍을 만든다.

(2) 공기조화기(Air Handling Unit : AHU)

공기조화기는 실내로 공급되는 공기를 사용 목적에 적합하도록 만들기 위한 장치로서, 가열 코일(heating coil), 냉각 코일(cooling coil), 가습기, 에어 필터 등으로 구성된다. 열원장치에서 온수와 냉수를 공급받아 공기를 적당한 온・습도(가열・냉각, 가습・감습)로 조정한다.

(3) 열운반 장치

증기・냉온수 및 조정공기를 수송하는 송풍기(fan), 펌프 및 배관, 덕트 등으로 구성된다.

(4) 자동제어장치

목적하는 실내의 온도 및 습도를 일정하게 유지시키기 위하여 각종 기기의 운전·정지, 냉온수의 유량조정, 송풍량 조정 등을 하는 장치이다.

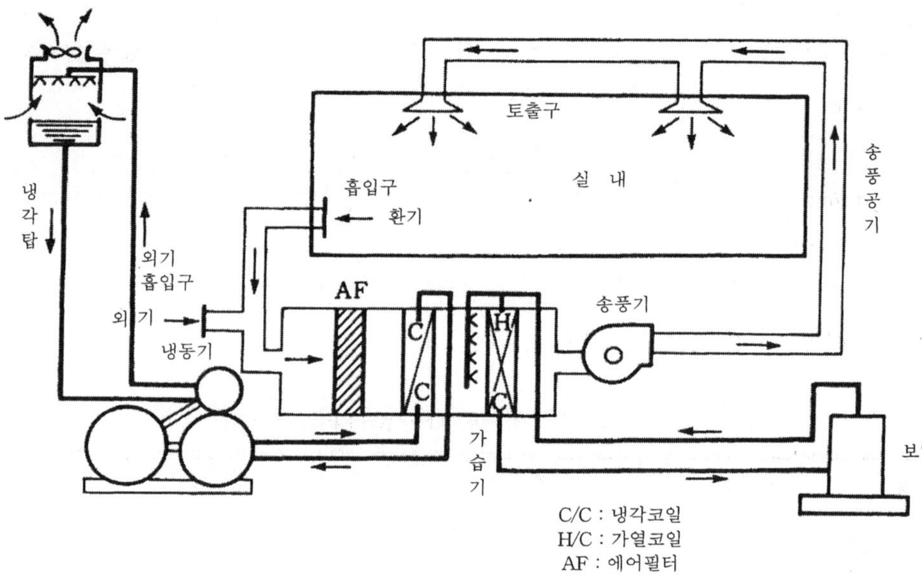

<그림 1-1> 공기조화설비의 계통도

2. 실내환경

2-1 인체의 열출입

인간은 항온성 동물의 일종으로 건강하고 정상적인 상태에서는 약 37℃의 체온을 일정하게 유지하고 있다. 그렇기 때문에 체내에는 온도조절 기능을 가지고 있으며 내외 환경 변화에 따라 이것이 작용하여 체온을 일정하게 유지하도록 되어있다. 이 평형상태에 따라 인간은 추위와 더위를 느낀다.

2-1-1 체내 발생열량

인체는 음식물과 산소를 섭취함에 따라 체내에서 대사가 이루어져 열을 발산한다. 이 열량을 **에너지 대사량**이라 하며, 생명 보존을 위해 필요한 최소한의 양을 **기초 대사량**이라 한다. 실제적으로 인간은 작업이나 운동을 하기 위하여 체내에서 더욱 많은 열을 생산하게 되며, 그 증가율은 다음 식으로 정의되는 **에너지 대사율**(RMR : Relative Metabolic Rate)로 표시할 수 있다.

$$RMR = \frac{(\text{작업시의 소비에너지}) - (\text{안정시의 소비에너지})}{\text{기초 대사량}} \quad (1\text{-}1)$$

<표 1-1>은 우리 나라 사람의 연령별 표준 기초 대사량이며, <표 1-2>는 각종 작업에 대한 에너지 대사율을 나타내고 있다.

<표 1-1> 한국인의 기초 대사량 [$kcal/m^2 \cdot h$]

연 령	남 자	여 자	연 령	남 자	여 자
1～	53.6	52.6	30～	36.5	33.2
5～	55.1	51.6	40～	35.6	32.5
10～	46.2	44.1	50～	34.8	32.0
15～	41.7	38.1	60～	33.7	31.5
20～	37.5	34.3	70～	32.3	31.0

<표 1-2> 각종 작업에 대한 에너지 대사율

작 업	*RMR*	작 업	*RMR*
도 보	1.5～2.2	공장 순시	1.5～2.0
달 리 기	5.0	화학 분석	1.0
가사 일반	1.5	방 직	2.4
사무 일반	0.5	자동차 조립	2.5～2.8
서류 정리	1.0	우편물 구분	0.8
전화 교환	1.2	간병 보조	1.5

2-1-2 체외 방출열량

인체로부터 주위로의 열방출은 주로 인체 표면과 호흡에 의한 전도, 대류, 복사열과 수분 증발의 잠열에 의해서 체외로 방출되는데 이것을 식으로 나타내면 다음과 같다.

$$M = -E \pm C \pm R = \varDelta H \qquad (1\text{-}2)$$

M : 대사에 의한 열생산량 [kcal/h]
E : 땀의 증발에 의한 방출열량 [kcal/h]
C : 대류에 의한 수수열량 [kcal/h]
R : 복사에 의한 방출열량 [kcal/h]
$\varDelta H$: 체감열량 [kcal/h]

상기 식에서 $\varDelta H > 0$일 때 더위를 느끼고, $\varDelta H < 0$일 때 추위를 느끼며, $\varDelta H = 0$일 때 쾌적감을 느낀다. 그러나 이 경우에는 E, C, R의 비율이 중요하며, 일반적인 온·습도 상태에서는 E는 전방출열량의 약 1/5, C는 약 1/3, R은 약 1/2 정도가 적당하다. 이 비율이 크게 변하면 그 합계량이 같다고 하더라도 쾌적감이 저하한다고 한다. 예를 들어 여름에 태양일사가 강하고, 기온도 높고, 바람도 불지 않을 때 더위를 느끼고 게다가 습도까지 높은 날은 대단히 덥게 느껴진다. 또한 겨울에 혹한일 때 난방을 하고 있는 실내라도 외기에 면하고 있는 창 근처에 서 있으면 냉복사에 의해서 추위를 느끼게 된다.

이와 같이 인체의 온열감각은 주위공간의 **기온, 습도, 기류속도** 및 태양일사나 벽·바닥·천정 등의 주위 표면온도에 의한 **복사**에 의해서 좌우되는데 이런 것들을 인체의 **온열감각 4요소**라고 한다.

2-2 쾌적용 공조의 실내환경

2-2-1 환경조건

실내의 공기환경은 적당한 온도, 습도, 기류 및 청정도에 의해서 결정된다. 인간은 호흡을 통하여 산소를 섭취하고 탄산가스와 수분을 발산시키며, 인간활동으로 인하여 발생되는 먼지나 외부로부터 들어오는 먼지, 세균 등으로 실내공기가 오염되고 있다. <표 1-3>은 중앙식 공조설비의 환경기준을 나타내고 있다.

<표 1-3> 중앙관리방식의 공기조화설비의 실내환경 기준

1) 부유분진량	공기 $1m^3$당 0.15mg 이하
2) 일산화탄소(CO) 함유율	10ppm 이하
3) 탄산가스의(CO_2) 함유율	1000ppm 이하
4) 온 도	17~28℃
5) 상대습도	40~70%
6) 기 류	0.15m/s 이하

2-2-2 온도

인간의 쾌적도에 크게 영향을 주는 중요한 지표로서, 공조를 계획하는 경우 외기온도가 최고 또는 최저일 때 실내온도는 어느 정도로 할 것인가 하는 목표 온도이다. 일반 사무실 건물에서 최대 난방부하 또는 난방부하 계산용 실내온도는 <표 1-4>와 같다. 또한 건물의 용도별 난방시의 실내조건은 <표 1-5>와 같다.

<표 1-4> 공조부하 계산용 표준 실내온도

구 분	일반 조건		에너지 절약 조건	
	건구온도 [℃]	상대습도 [%]	건구온도 [℃]	상대습도 [%]
냉 방	26	50	28	55
난 방	20	50	18	35

<표 1-5> 건물용도별 실내 온습도 조건

종 류	건구온도 [℃]	상대습도 [%]	유효온도	종 류	건구온도 [℃]	상대습도 [%]	유효온도
○주택, 아파트				○학 교			
-거실	22	50	19.5	-교 실	18	50	16.5
-침실, 현관홀, 복도, 계단	18	50	16.5	-강 당	16	50	15
○호 텔				-교원실	20	50	18
-거실	22	60	20.0	○공 장			
-침실	18	60	16.5	-앉은 작업	18	50	16.5
-현관홀	20	50	18	-경작업	16	50	14
-식당, 공용 부분	20	50	18	-중작업	13	50	12
○병 원				○은 행	21	50	19.0
-병실	18	50	16.5	○사무실	21	50	19.0
-의사실	22	50	19.5	○상 점	16	50	15
-진료실	24	60	22	○백화점	18	50	16.5
-대합실	20	50	18	○식당·다방	20	50	18
-수술실	21~30	55~65	19~26	○공회당	16	50	15
○극장의 객석	20	50	18	○교 회	20	50	18
○영화관	18	50	16.5	○체육관	13	50	12
-객석, 복도	18	50	16.5	○수영장	24	50	24

2-2-3 습도

실내 및 실외 조건에 있어서 온도와 더불어 습도의 영향은 크며, 동일 조건에서도 습도의 높고 낮음에 따라 인체가 느끼는 감각은 다르다. 실내를 공기조화하는 경우에 온도 및 습도의 조정은 중요하며, 냉난방의 어느 경우에나 상대습도 40~50%가 적당하다.

2-2-4 기류

인체에서 주위에 열을 방출하는 3가지 방법 중 복사를 제외한 증발과 대류는 모두 인체에 접한 공기 흐름의 상태에 따라 좌우된다. 만약 피부와 접해 있는 실내공기가 유동하지 않으면, 실내 공기온도는 체온과 근사하게 되고 증발과 대류는 정지하고 방열이 중지된다. 그러므로 실에서는 적당한 공기유동이 필요하며 난방시에는 0.13~0.18m/s, 냉방시에는 0.10~0.25m/s의 범위가 좋다.

2-2-5 유효온도(effective temperature : ET)

Yaglou가 실험적으로 구한 것으로 **온도, 습도** 및 **기류속도**의 **3요소**에 의해서 인체에 주는 감각을 특별하게 온도로 표시한 것이다. <그림 1-2>는 통상 실내에서 착의한 경우의 유효 온도를 표시한 것이다. 그러나 이것은 주위 벽면에서 복사열의 효과가 고려되지 않았기 때문에 이것을 보정하기 위하여 건구온도 t[℃] 대신에 공기온도와 동시에 주위에서의 **복사열의 효과**를 **가미**한 온도가 발표되었는데 이것을 **수정유효온도(*corrected effective temperature : CET*)**라고 한다.

또한 미국의 ASHRAE[1]에서는 최근 많은 연구의 결과 <그림 1-3>과 같은 신유효온도를 발표했다.

이 선도의 사선으로 표시한 부분은 쾌적 범위를 표시한 것으로 주위 표면온도의 평균값은 대개 공기온도와 같고 기류속도는 0.2m/s 이하, 착의상태는 0.6clo를 기준으로 하고 있다. clo는 의복의 열절연성을 나타내는 단위로 온도 21℃, 상대습도 50%, 기류속도가 0.05m/s 이하의 실내에서 인체표면에서의 방열량이 1met [$50kcal/m^2 \cdot h$]의 대사와 평형을 이루고 이는 착의상태를 기준으로 하고 있다.

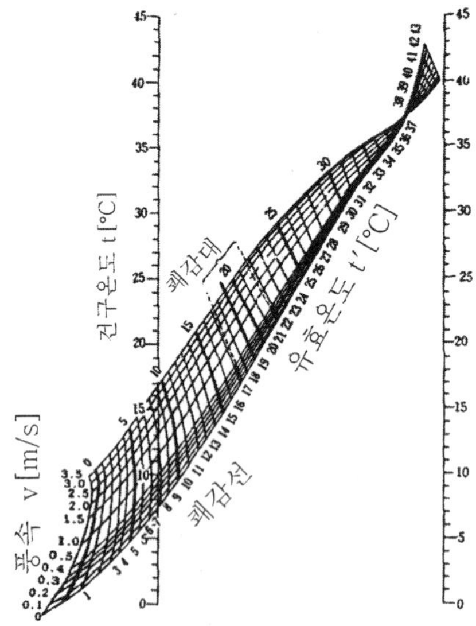

<그림 1-2> 유효온도도
(일반적인 착의상태)

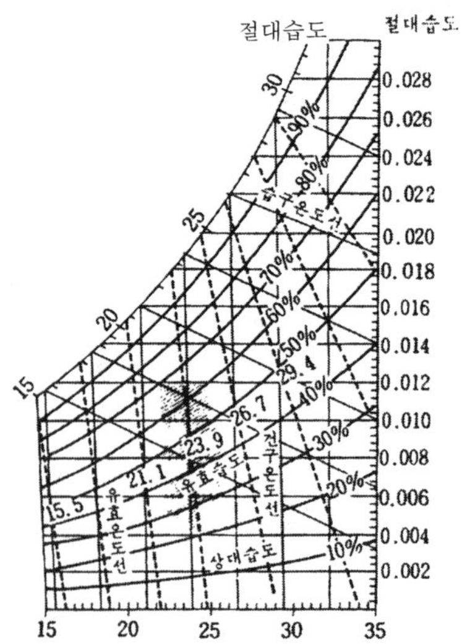

<그림 1-3> 신유효온도도(ET*)

1) American Society of Heating Refrigerating and Air-conditioning Engineers의 약어

2-2-6 청정도

공기 조성은 옛날이나 지금이나 거의 변화가 없으나 최근들어 화석연료의 대량소비로 인한 공기오염이 확산되어 산소나 탄산가스의 정상 조성에도 영향이 나타나기 시작하면서 환경오염으로서 문제가 되고 있다. 지금까지의 실내공기 오염은 환기에 의해서 정상 외기의 도입과 오염된 공기의 배출에 의한 희석과 확산으로 해결했지만, 대량오염에 대해서는 오염물질의 처리와 공기정화를 부가할 필요가 있다.

일반 거실의 실내공기 오염에는 인간의 호흡에 의한 것, 실내의 연소기구에 의한 것, 내외 공기의 부유분진이나 세균에 의한 것 또는 체취(體臭)나 끽연에 의한 것 등이 있다. 인간은 호흡함에 따라 산소를 섭취하고 탄산가스를 뱉어낸다. 이 호흡에 의한 탄산가스의 발생량은 <표 1-6>과 같이 산출된다. 이 수치를 가지고 옥외의 정상외기를 도입하여 실내공기의 탄산가스 허용농도를 유지하기 위한 필요 환기량을 나타내고 있다.

<표 1-6> 작업 정도별 탄산가스 배출량 및 필요 환기량

작업정도	에너지 대사율 [*RMR*]	CO_2 배출량 [m^3/h · 인]	필요 환기량 [m^3/h · 인]	
			CO_2 허용 한도 [0.10%]	CO_2 허용 한도 [0.15%]
안정시	0	0.013	18.6	10.8
극히 가벼운 작업	0.8	0.017	24.3	14.2
가벼운 작업	1.5	0.030	43.0	25.0
중등 작업	3.0	0.046	65.7	38.3
힘든 작업	5.5	0.074	106.0	61.7

2-2-7 소음 · 진동

소음이란 인간이 좋아하지 않은 음으로 음성, 음악 등의 전달을 방해한다든지 귀에 고통과 장애를 주는 불필요하고 장애가 되는 음을 말한다. 도시에서의 소음은 도시발전과 함께 더욱 더 심해지고 있는 실정이다. 생활환경 가운데 소음의 주범은 공장소음, 교통소음, 건설소음 등일 것이다. 또한 공기조화설비의 옥상 냉각탑이나 룸 에어콘의 옥외기 등도 근린환경의 소음으로서 문제가 되고 있다.

소음평가는 <그림 1-4>에 나타난 NC곡선(noise criteria curve)이 이용되고 있는데 이것은 소음을 옥타브 분석하여 각 옥타브 밴드 레벨을 이 선도에 기입하고 각 밴드의 최대 값을 소음의 NC값으로 환산한 것이다. 소음도 실의 사용 목적에 따라서 적당한 값 또는 허용값이 있으며, 그 값은 <표 1-7>과 같다.

<표 1-7> 실의 용도별 허용소음의 *NC*값

실 명	NC곡선	실 명	NC곡선
방송 스튜디오	15~20	주 택	25~35
음 악 홀	20	영 화 관	30
극 장	20~25	병 원	30
교 실	25	도 서 관	30
회 의 실	25	소형사무실	30~35
아파트, 호텔	25~30	대형사무실	45

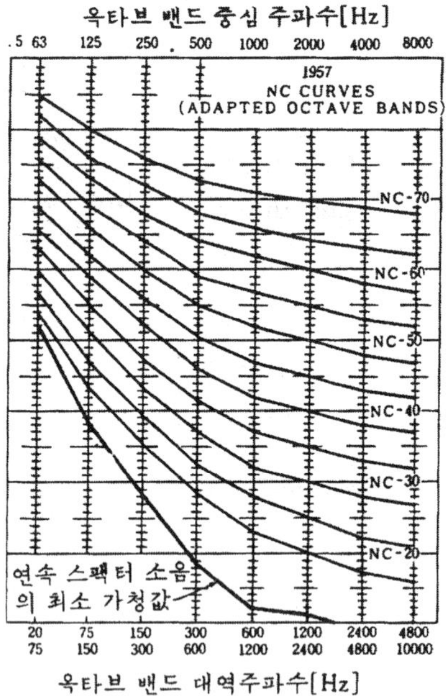

<그림 1-4> NC곡선

진동이 인체에 미치는 영향은 그 진폭과 주파수에 관계하며 수직과 수평의 진동은 느낌이 서로 다르다. 인체에 불쾌감을 느끼게 하는 진동의 크기를 나타내는 물리량으로 진동 레벨이 사용되며, 이것은 진동가속도에 인체의 진동 보각 보정을 실시하여 결

정하는 값으로 단위는 데시벨(dB)로 나타낸다.

공기조화설비에 사용되는 냉동기, 펌프, 송풍기 등과 회전기기류는 진동의 발생원이며, 여기에 접속하는 배관, 덕트는 진동을 전달하는 매체이므로 이들을 설치·시공할 때는 특히 조심하고 중요부위에는 반드시 방진장치를 설치해야 한다.

2-3 산업용 공조의 실내환경

2-3-1 산업용 공조의 적용

생산공정이나 제품관리에 필요한 온·습도 조건의 유지 및 작업환경을 쾌적하게 함으로써 작업 능률을 향상시키고 고품질의 제품을 생산할 수 있는 등 산업공조는 산업발전에 중요함 요소의 한 부분이다. <표 1-8>은 각종 공장의 실내환경에 맞는 온·습도의 조건을 나타낸다.

<표 1-8> 각종 산업공장의 온습도 조건

종 류	용 도	온 도 [℃]	상대습도 [%]
제 약	분 쇄 실	27	35
	정제정형	21~27	40
	앰플 제조	27	35
면 방	정 방	25~30	50~60
	직 포	25~30	70~85
양 모	정 방	25~30	55~60
	직 포	25~30	70~75
전 기	반도체 제조	약 23	40~45
	반도체 조립	약 23	50~60
	계기조립	약 24	50~55
	정 류 기	약 23	30~40
담 배	원료 가공	20~27	75
	저 장	20~26	65~70
	권 상	20~26	60~65
창 고	영업용 일반	30 이하	55 이하
	제 지 류	27 이하	40~50
	현 미	10~15	70~80
	차 잎	4~6	35~45
	바나나(완숙)	15~22	85~90
	파인애플(완숙)	7	85~90
	멜 론	7~10	85~90

2-3-2 작업환경

특별히 온·습도 조건을 요구하지 않는 생산공정이라도 공기조화설비에 의하여 쾌적한 작업환경을 조성하면 다음과 같은 경제적인 효과가 있다.

① 작업 능률의 향상에 의한 생산성의 증가
② 생산과정에서의 불량품 감소
③ 외부 오염공기의 침입방지
④ 태양 일사가 직접 입사하지 않아, 열부하의 안정화와 일정 조명에 의한 안정된 작업가능

공장내 작업장에서의 공기오염은 생산공정에 있어서 유해물질의 발생이나 불량제품을 생산하는 경우가 있으므로 환기시설을 갖추어 오염공기를 허용농도 이하의 상태로 유지시켜야 한다.

2-3-3 생산·저장시설

생산·저장시설의 공기조화설비를 계획할 때에는 시설의 종류, 생산공정, 저장·보관조건 등을 충분하게 조사할 필요가 있으며, 공기조화 또는 환기시설로 인한 대기오염, 수질오염 및 소음 등의 공해방지에 대해서도 고려해야 한다. 예를 들면, 금속의 가공정도에 있어서는 온도가 무엇보다도 중요한 요소가 되지만 섬유, 목재, 담배 등의 함유수분 조절에 대해서는 온도보다 상대습도가 더욱 중요한 요소가 되므로 특수한 제품의 생산공정 도중에 온·습도상태를 변화시킬 필요가 있는 경우가 있다.

2-3-4 실험시설

실험시설에는 정밀 측정이나 재료실험실과 같은 일정한 온·습도상태하에서 실험을 행하는 것과 환경실험실과 같이 어떤 범위 내에서 온·습도가 가변인 것 또는 연간 기후상태를 인위적으로 만들어 내는 소위 전천후 실험실 등 2종류가 있다.

2-3-5 크린룸(clean room)시설

최근 기술의 진보와 더불어 전자산업을 비롯하여 부유분진에 민감한 정도가 높은

작업이나 병원의 수술실, 제약공장 등에서는 크린룸 시설이 이용되고 있으며, 정밀 측정실이나 전자산업, 필름공업 등에서 응용되고 청정대상이 주로 부유분진인 경우를 **산업용 클린룸(*ICR* : *industrial clean room*)**이라 한다. 여기에 분진의 미립자뿐만 아니라 세균, 미생물의 양까지 제한시킨 병원의 수술실, 제약공장의 특별한 공정, 유전공학 등에 응용되고 있는 것을 **바이오 크린룸(*BCR* : *bio clean room*)**이라 한다.

3. 결로

3-1 결로의 정의

습공기가 차가운 벽이나 천장, 바닥 등에 닿으면 공기 중에 함유된 수분이 응축되어 그 **표면에 이슬이 맺히는 현상**을 **결로**라고 한다. 결로의 종류에는 물체의 표면에서 발생되는 **표면결로**와 벽체 내의 어떤 층의 온도가 습공기의 노점온도보다 낮으면 그 층부근에서 결로가 발생하는 **내부결로**가 있다.

결로가 발생하기 쉬운 곳은 단열성이 나쁜 곳, 외벽의 모서리나 열교부, 창, 환기가 나쁜 반침 안의 뒷벽, 가구 뒤 등이다. 결로의 피해로는 구조체에 얼룩·변색·곰팡이·부식 발생, 강도의 저하, 단열재의 단열성 저하 등이다.

3-2 결로의 원인 및 대책

실내외 온도차, 실내습기의 과다발생, 생활습관에 의한 환기 부족, 구조재의 열적 특성, 시공 불량, 시공 직후의 미건조 상태이면 결로가 발생한다. 결로가 발생하기 위한 조건은 표면결로의 경우, 노점온도보다 내측벽의 표면 온도가 낮을 때 발생하며, 내부결로는 벽체의 투습성이 높을 때나 벽체 내부가 환기가 되지 않을 때 발생한다.

표면결로를 방지하기 위해서는 실내의 수증기 발생을 억제하거나, 실내공기를 환기를 시켜 절대습도를 저하하거나, 외벽의 단열을 강화하여 실내측의 표면 온도를 상승시키면 된다. 내부결로를 방지하기 위해서는 벽체 안으로 수증기가 침입하지 않도록 하거나, 벽체 내의 방습층을 두는 방법 등이 있다.

3-3 표면결로의 방지온도

외벽을 통해 이동하는 열전달량 식 (1-3)과 통과량 식 (1-4)은 동일한 양이므로 아래 식 (1-5)와 같이 나타낼 수 있다.

$$Q_1 = \alpha_i(\theta_r - \theta_s) \qquad (1\text{-}3)$$

$$Q_2 = K(\theta_r - \theta_o) \qquad (1\text{-}4)$$

$$\alpha_i(\theta_r - \theta_s) = K(\theta_r - \theta_o) \qquad (1\text{-}5)$$

θ_s를 좌변으로 옮기고 정리하면 식 (1-6)과 같이 된다. 따라서 이 벽체(천정)의 표면온도가 노점온도보다 높으면 결로가 발생하지 않는다.

$$\theta_r'' < \theta_s = \theta_r - \frac{K}{\alpha_i}(\theta_r - \theta_o) \qquad (1\text{-}6)$$

K : 열관류율 [kcal/m^2 · h · ℃]

α_i : 내부 표면열전달률 [kcal/m^2 · h · ℃]

θ_r : 실내공기온도 [℃],

θ_s : 벽체표면온도 [℃]

θ_o : 외기온도 [℃]

θ_r'' : 노점온도 [℃]

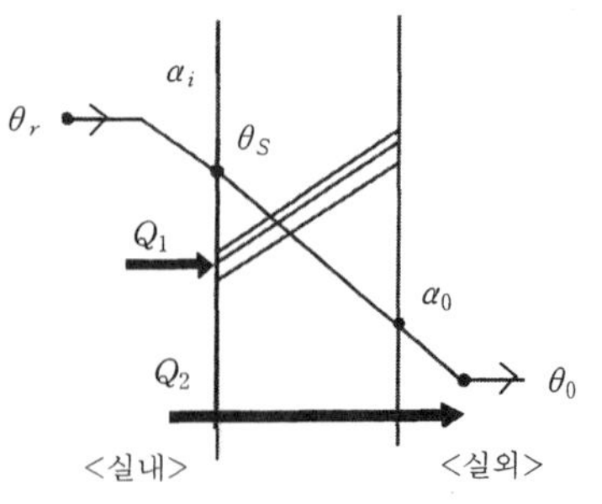

<그림 1-5> 벽체(천정)의 열전달량과 열통과량

연습문제

예제 1. 다음과 같은 구조의 벽이 열적으로 정상상태를 유지하고 있다고 할 때, 첫째, 실내측 표면에서의 결로유무를 판단하시오. 둘째, 만약 결로현상이 일어난다면 이를 방지하기 위해 단열재를 설치할 경우, 이 단열재의 두께를 얼마 이상으로 하여야 할 것인지 계산하시오.

<계산조건>

실내 공기온도는 20℃, 실내 노점온도는 18℃, 외기온도는 -12℃이다. (단, 외부열전달률(α_o)은 20 kcal/m^2·h·℃, 실내열전달률(α_i)은 10kcal/m^2·h·℃ 이고, 단열재의 열전도율은 0.03 kcal/m·h·℃ 로 한다.)

	부 재	두께 (cm)	열전도율
1	붉은 벽돌	10	1
2	시멘트벽돌	20	0.8
3	붉은 벽돌	2	1

【풀이】 첫째, 결로발생 유무를 판단하기 위하여 열관류율을 계산하여 K=1.923kcal/m^2 · h · ℃이 된다.)

$\theta_r'' < \theta_s = \theta_r - \dfrac{K}{a_i}(\theta_r - \theta_o)$에 대입하여 표면온도를 구하면,

$\theta_s = 20 - 1.923/10\{20-(-12)\} = 13.8℃$

따라서, 노점온도 18℃보다 낮으므로 결로가 발생한다.

둘째, 결로가 발생하지 않으려면 표면온도(θ_s)는 노점온도(θ_r'')와 같거나 높아야 한다. 따라서 이것을 식으로 나타내면 아래와 같이 된다.

$$\theta_s > \theta_r'' = \theta_r - \frac{K}{\alpha_i}(\theta_r - \theta_o) = 18℃ \quad \text{(a)}$$

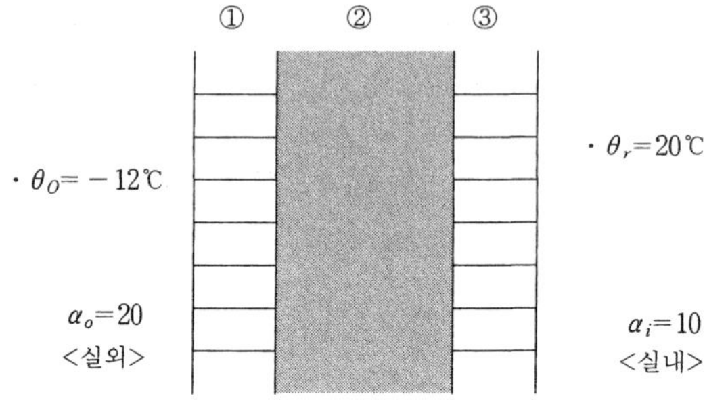

우선, 식 (a)에서 K값을 구하면

$K = 0.625\text{kcal/m}^2 \cdot \text{h} \cdot ℃$ 이다.

이 K값을 식 (b)에 대입하여 계산하면 아래 값이 나온다.

$$K = \frac{1}{\dfrac{1}{\alpha_i} + \dfrac{l_1}{\lambda_1} + \dfrac{l_2}{\lambda_2} \cdots + \dfrac{1}{\alpha_0}} \quad \text{(b)}$$

$1/K = 1.6 \rightarrow l_4/\lambda_4 = 1.6 - 0.05 - 0.1 - 0.25 - 0.02 - 0.1 = 1.08$

$l_4 = 1.08 \times 0.03 = 0.0324\text{m} = 3.24\text{cm}$

∴ 단열재 두께가 3.24cm 이상이면 결로가 발생하지 않는다.

제2장 공기선도와 상태변화

1. 공기의 상태와 표시법

1-1 습공기

공기는 질소 (N_2), 산소 (O_2), 아르곤 (Ar), 이산화탄소 (CO_2), 수증기 (H_2O)의 혼합기체로 지표부근의 대기의 조성은 아래의 <표 2-1>과 같다. 수증기를 포함한 공기를 **습공기**라고 하고, 수증기를 포함하지 않은 공기를 **건조공기**라고 한다. 통상 얘기하는 공기는 습공기이고 이것은 건조공기와 습공기의 혼합물이다. 이와 같이 수증기만을 특별하게 생각하는 것은 습도가 온열감이나 보건 등에 중요한 요소라는 점과 수증기는 응축이나 증발이 일어나 이 잠열에 의해서 열량적으로 크게 영향이 미치기 때문이다.

<표 2-1> 표준상태에서의 건조공기의 성분 조성

성 분	N_2	O_2	Ar	CO_2
용적 조성	78.09	20.95	0.93	0.03
중량 조성	75.53	23.14	1.28	0.05

주) 표준상태란 0℃, 760mmHg, g = 9.8m/s^2일 때를 말함.

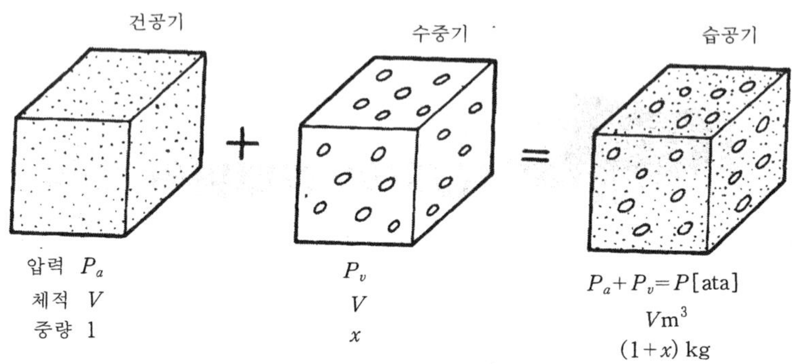

<그림 2-1> 습공기의 조성

1-2 습공기의 상태를 나타내는 요소

1-2-1 건구온도

기온을 측정할 때 온도계의 감열부가 건조한 상태에서 측정한 온도를 **건구온도(*dry bulb temperature* : *DB*)**라 하며, t [℃]로 표시한다.

1-2-2 습구온도

습구온도계는 감열부를 천으로 싸고 모세관으로 물을 빨아올려 감온부를 적신다. 습구의 감온부에서는 표면에서 물이 증발하여 열을 빼앗고 주위의 공기에서 열전달된 상태의 온도를 표시한다. 이 때의 온도를 **습구온도(*wet bulb temperature* : *WB*)**라고 하며, t′ [℃]로 표시한다.

포화공기에서는 감열부에서 증발이 일어나지 않기 때문에 습구온도와 건구온도는 같지만 불포화공기에서는 습구온도가 건구온도보다 낮고 상대습도가 낮을수록 증발량이 크기 때문에 그 차는 크게 나타난다. 습구온도를 측정하는 기기는 기류가 거의 기류가 없는 곳에서 사용하는 **오거스터 건습계**와 일정한 풍속을 강제적으로 불어넣는 **아스만 건습계**가 사용된다(그림 2-2 참조).

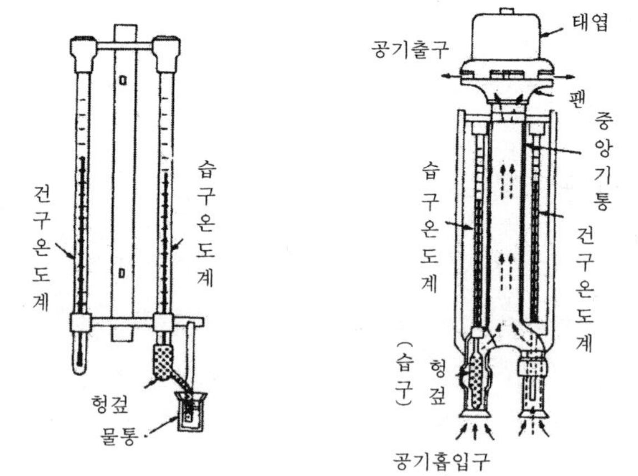

(a) 오거스트 건습계 (b) 아스만 통풍 건습계

<그림 2-2> 건습구 온도계

1-2-3 노점온도

온도가 높은 공기일수록 다량의 수증기를 포함할 수 있기 때문에 습공기를 낮추면 어떤 온도에서 포화상태가 되고, 더욱 더 냉각하면 수증기의 일부가 결로하여 물방울로 나타난다. 이 때의 온도를 **노점온도(*dew point temperature*: DP)**라 하며, t″ [℃]로 표시한다.

1-2-4 상대습도

습공기의 수증기 분압 (P_v)과 그 온도에서의 포화공기의 수증기 분압 (P_s)과의 비를 백분율로 나타낸 것이다. 주로 감각적인 습도를 표시할 때 사용하고 다음 식과 같이 나타낸다.

$$\varphi = \frac{P_v}{P_s} \times 100 \ [\%] \qquad (2\text{-}1)$$

1-2-5 절대습도

공기중에 포함되어 있는 수증기의 질량비로서 습도를 나타낸 것으로 건조한 공기

1kg을 포함한 습공기 중의 수증기량이 x[kg]일 때, 절대습도 x[kg/kg(DA)]로 표시한다.

1-2-6 수증기 분압과 포화도

습공기가 가진 압력은 그 혼합성분인 건공기와 수증기가 가진 분압의 합과 같다. 따라서 혼합기체에 있어서 어떤 하나의 성분만으로 용적을 차지하고 있다고 가정할 때 나타내는 압력을 **분압**이라고 한다. 또한 공기중에서 포함할 수 있는 수증기의 양에는 한계가 있다. 이것은 온도와 압력에 따라서 다르다. 이 한계까지 수증기를 포함한 공기를 **포화공기**라고 한다.

1-2-7 비체적

공기 1kg이 차지하는 체적 [m^3]을 비체적이라고 한다. 우리들은 공기 중에 생활하기 때문에 공기에 무게가 없다고 생각하기 쉽지만 그렇지 않다. 표준대기압(760mm Hg, 1기압)하에서 온도 20℃의 공기 1m^3의 무게를 조사하면 건공기로는 1.20kg, 포화공기로는 1.18kg이나 된다. 일반적으로 온도가 높아지면 비체적 값이 커진다.

1-2-8 엔탈피

공기가 가진 전 열량을 엔탈피(enthalpy)라 하며, 건공기 1kg의 열량에 그것과 혼합한 수증기의 열량을 합한 것으로 i [kcal/kg(DA)] 로 표시한다. 식 (2-2)에서 알 수 있듯이 엔탈피는 현열과 잠열의 합과 같다.

$$
\begin{aligned}
i &= (\text{건공기의 엔탈피}) + (\text{수증기의 엔탈피}) \\
&= C_{pa} \cdot t + \gamma \cdot x \\
&= 0.240t + (597.5 + 0.441t)x \\
&= (0.240 + 0.441x)t + 597.5x \\
&= C_p \cdot t + 597.5x = (\text{현열}) + (\text{잠열}) \qquad (2\text{-}2)
\end{aligned}
$$

C_{pa} : 건공기의 비열 [0.24kcal/kg℃]

t : 건구온도 [℃]

γ : 0℃ 물을 "0" 으로 한 수증기의 열량 [kcal/kg]

x : 절대습도 [kg/kg(DA)]

C_p : 습공기의 비열, $0.240+0.441x$ [kcal/kg(DA)℃]

<표 2-2> 습도의 표시법

종 류	기호 및 단위	정 의
절대습도	x [kg/kg(DA)	건조공기 1kg을 포함하는 공기중의 수증기량
수증기 분압	h [mmHg]	습공기중의 수증기분압
상대습도	φ [%]	수증기분압 h와 동일한 온도, 압력의 포화공기의 수증기분압 h_s와의 비 h/h_s를 백분비로 표시한 것
비교습도	ϕ [%]	절대습도 x와 동일한 온도, 압력의 포화공기의 절대습도 x_s와의 비 x/x_s를 백분비로 표시한 것
습구온도	t′[℃]	습구온도계(감열부를 물로 적시는 온도계)가 나타내는 온도
노점온도	t″[℃]	공기를 냉각했을 때 포화상태가 되는 온도

2. 습공기선도

2-1 습공기선도의 구성

습공기의 여러 성질들의 관계를 일일이 계산으로 구하는 것은 많은 시간과 노력을 요하며 불편하다. 습공기의 건구온도, 습구온도, 수증기분압, 상대습도, 절대습도, 노점온도, 비체적, 엔탈피 등을 한눈에 볼 수 있도록 관계를 선도화하여 만든 그림이 **습공기선도(*psychrometric chart*)**이다. 일반적으로 압력은 대기압(760mmHg)하에서 사용되므로 일정하다고 가정하면 습공기의 상태값은 이들 중 2가지 값으로 구해지는 상태점(state point)을 알면 다른 상태 값을 전부 알 수 있다.

습공기선도는 여러 가지가 있으나 일반적으로 이용되는 것은 $i-x$(엔탈피-절대습도)선도이다. (그림 2-3 참조)

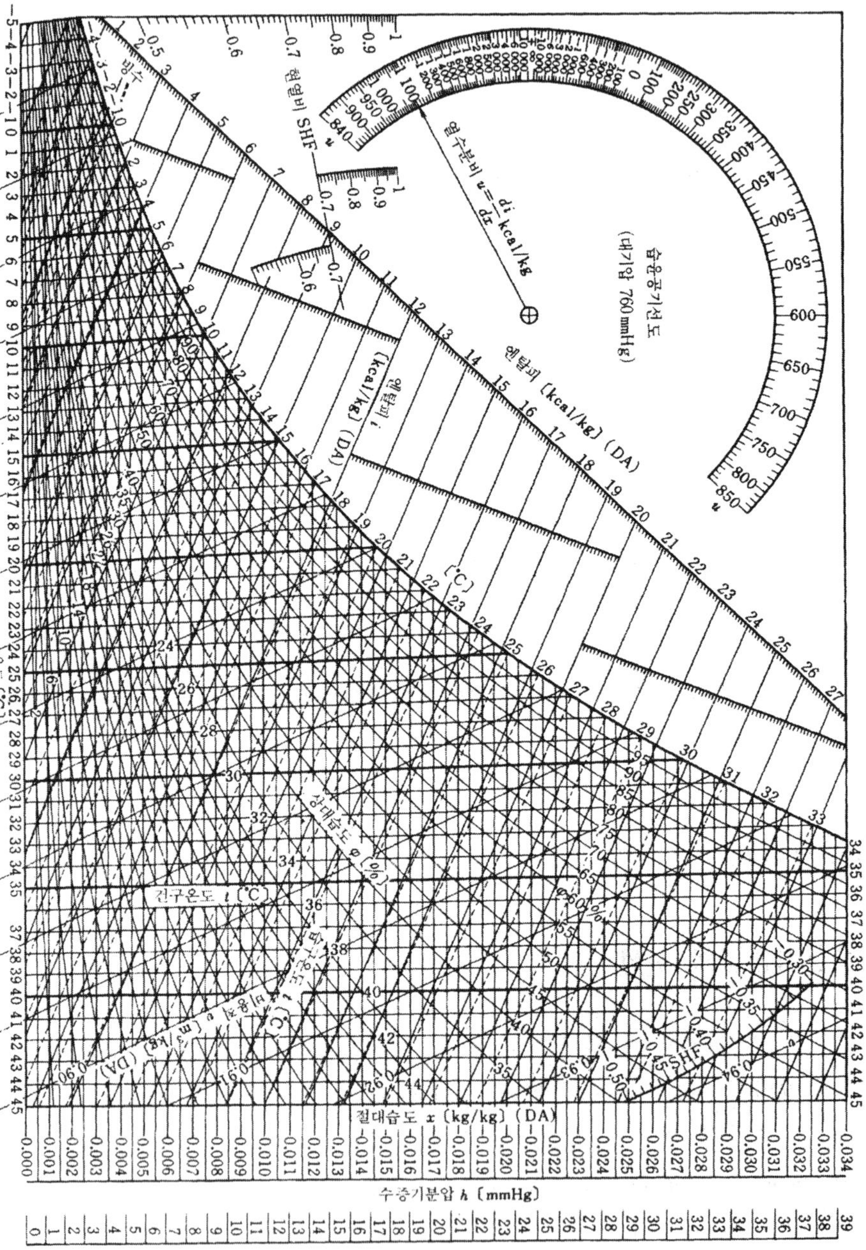

<그림 2-3> 습공기 선도 ($i-x$)

2-2 현열비

현열비(*Sensible Heat Factor* : *SHF*)는 전체 열량 변화 중에서 현열 변화가 차지하는 비율을 말하며, 식 (2-3)과 같다. 식에서 알 수 있듯이 공기에 주어지는 잠열량이 없으면 $SHF=1$이 되어 습공기선도상에 수평의 변화과정이 되며, 현열량이 없으면 $SHF=0$이 되어 습공기선도상에서 수직선상의 변화과정이 된다. 또한 공기조화에서 실의 공조부하에 대한 *SHF*를 알면 그 실에 어떠한 성질의 공기를 공급시켜야 하는가를 판단할 수 있다(그림 2-4 참조).

$$SHF=\frac{q_S}{q_S+q_L} \tag{2-3}$$

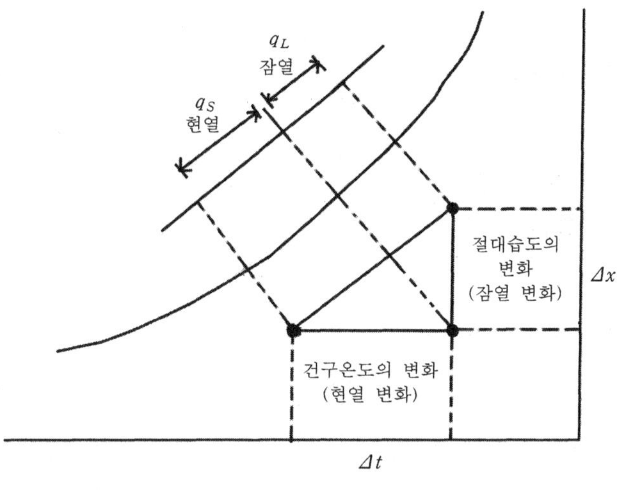

<그림 2-4> 건구온도의 변화와 절대습도의 변화

2-3 열수분비

열수분비 u는 공기상태 변화에 따른 엔탈피의 변화량과 절대습도의 변화량의 비를 나타낸다.

$$u=\frac{\Delta i}{\Delta x} \tag{2-4}$$

3. 공조 프로세스와 공기선도

3-1 공기선도상의 기초적 도시법

3-1-1 현열 가열과 현열 냉각

공기중의 수증기량은 변하지 않고 온도만 변화한다. 따라서 공기선도 상에서는 <그림 2-5 (a)>와 같이 절대습도는 일정하기 때문에 수평으로 이동한다. 가열량의 경우, 식 (2-5)와 같이 나타낼 수 있다.

$$q_{HC}=G(i_2-i_1)=0.24G(t_2-t_1)$$
$$=1.2Q(i_2-i_1)=0.29Q(t_2-t_1) \qquad (2\text{-}5)$$

q_{HC} : 가열량 [kcal/h]
G : 공기질량 [kg/h]
Q : 공기량 [m^3/h]
i : 엔탈피 [kcal/kg]
t : 온도 [℃]
공기의 비중량=1.2 [kg/m^3]

3-1-2 가습과 감습

온도 변화는 없으며 습도의 변화만 있기 때문에 공기 선도상에서는 상하로 이동한다. 0℃의 수증기의 증발잠열은 597.5kcal/kg이기 때문에 식으로 나타내면 다음과 같다(그림 2-5 (b) 참조).

$$q_C=G(i_2-i_1)=597.5G(x_2-x_1)$$
$$=1.2Q(i_2-i_1)=717Q(x_2-x_1) \qquad (2\text{-}6)$$

x : 절대습도 [kg/kg(DA)]

3-1-3 가열 · 가습과 냉각 · 감습

가열 · 가습 과정은 온도의 변화(현열의 증가) 뿐만 아니라 습도의 변화(잠열의 증가)가 동시에 일어나는 과정으로 ① → ②의 변화와 같이 사선이 된다. 또한 냉각 · 감습 과정은 통과공기가 노점온도보다 낮은 온도의 냉각 코일을 통과하면 공기중의 수증기가 응축하여 분리되므로 온도 변화와 함께 절대습도도 함께 저하하여 ② → ①과 같이 사선이 된다(그림 2-5 (c) 참조).

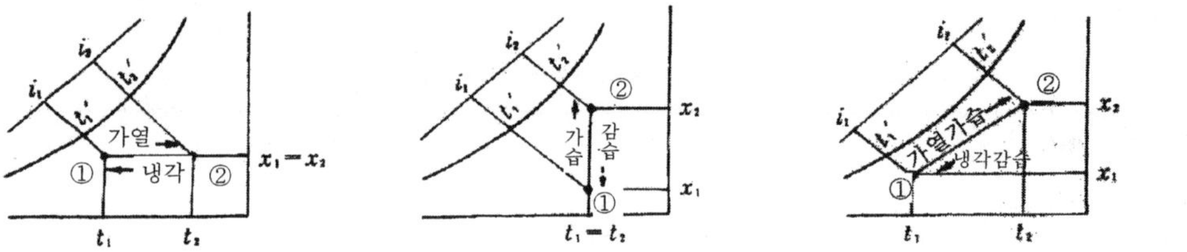

(a) 가열-냉각 (b) 가습-감습 (c) 가열 · 가습-냉각 · 감습

<그림 2-5> 습공기 선도상의 상태 변화

3-1-4 바이패스 팩터

가열기 및 냉각기를 통과하는 공기가 완전히 열교환을 하게 된다면 냉각코일을 통과하는 공기 ①은 열교환기의 표면온도의 포화공기 상태 ②가 되어야 하나 실제로는 냉각 코일을 통과하는 공기가 코일과 완전히 접촉하는 일이 거의 불가능하며, 공기의 일부는 입구공기 상태인 채로 그냥 지나쳐 ③의 상태가 된다. 이 때 그냥 지나가 버리는 공기를 **바이패스 공기**, 코일이나 분무수와 완전히 접촉한 공기를 **콘택트 공기**라 부르며, 바이패스 공기와 전 통과공기와의 풍량 비율을 **바이패스 팩터(*bypass factor* : *BF*)**라고 한다(그림 2-6 참조). 또한 바이패스 팩터값은 코일의 열수와 통과풍속에 따라 다르나 일반적으로 4열의 냉각코일은 0.1~0.2 정도이다(표 2-3, 2-4 참조).

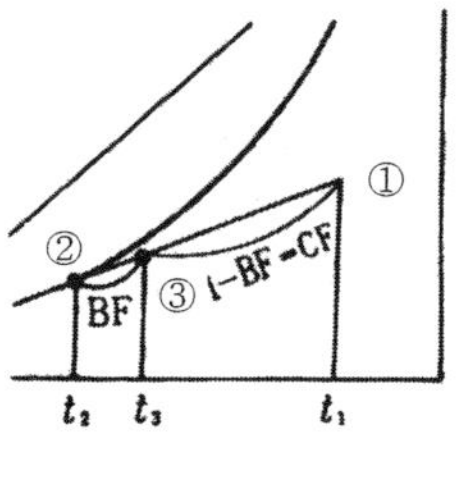

<그림 2-6> 바이패스 팩터

<표 2-3> 냉각코일의 열수와 바이패스 팩터와의 관계

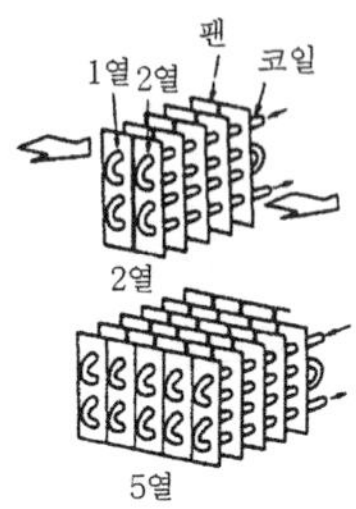

열 수	바이패스 팩터
2	0.31
3	0.18
4	0.10
5	0.06
6	0.03

<표 2-4> 공기의 속도와 바이패스 팩터의 관계

공기속도 [m/s]	1.5	2.0	2.5	3.0
바이패스 팩터	0.11	0.14	0.18	0.20

3-2 공조 프로세스상의 실제 변화

3-2-1 난방운전시

(1) 혼합→가열→가습(온수)

<그림 2-7>과 같이 외기 ①과 실내공기 ②가 혼합되어 혼합공기 ③이 된 다음, 가열기를 통과하면서 ④의 상태가 된다. 온수로 분무 가습하기 때문에 습도는 높아지나 가열된 공기가 물에 열을 빼앗겨 ⑤의 상태가 되어서 실내에 송풍된다.

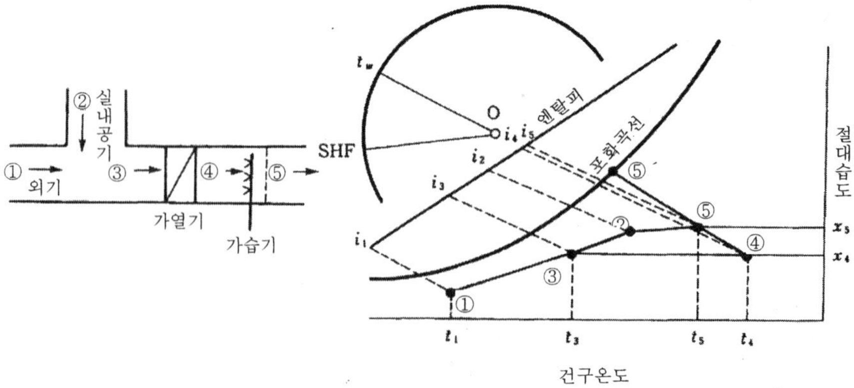

<그림 2-7> 혼합 → 가열 →가습(온수)

3-2-2 냉방운전시

(1) 혼합 → 냉각

<그림 2-8>과 같이 외기 ②와 실내공기 ①이 혼합되어 혼합공기 ③이 된 다음, 냉각 코일을 지나는 동안 냉각·감습되어 ④의 상태가 되어 실내에 송풍된다.

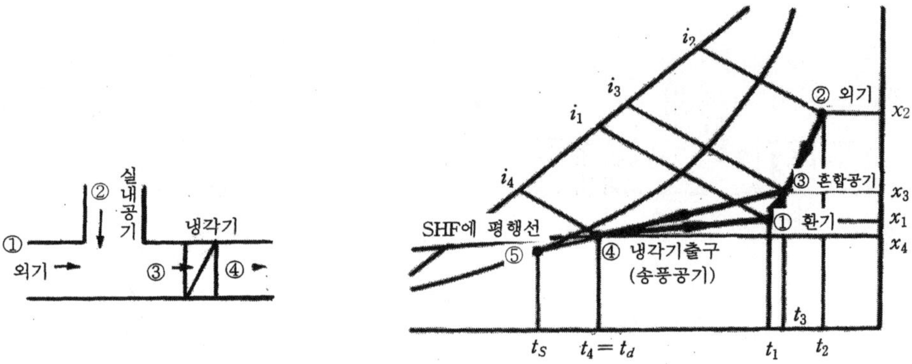

<그림 2-8> 혼합→냉각

(2) 혼합 → 냉각 → 재열

흐린 날씨, 장마철, 식당이나 사람이 많이 모인 장소 등과 같이 현열비(SHF)가 적은 경우, 냉각·감습 만을 행하는 조작에서는 토출공기의 온도가 낮아져서 실내가 과냉된다. 이런 경우에는 재열기로서 토출공기의 온도를 높여야 할 필요가 있다.

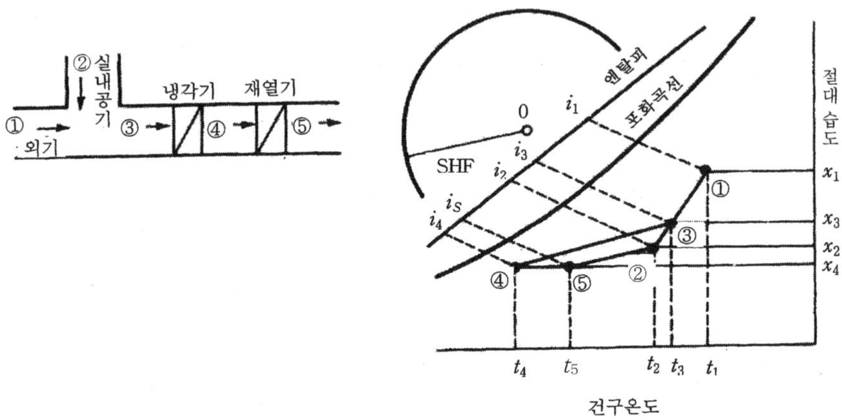

<그림 2-9> 혼합 → 냉각 → 재열

(3) 예냉 → 혼합 → 냉각

이 방식은 공조기로 받아들이는 외기량이 많고, 실내를 저온으로 유지시켜야 할 경우, 냉각기 용량을 작게 하는 것이 가능하다. <그림 2-10>과 같이 ① 상태의 외기를 예냉시켜 ③의 상태에서 실내공기인 ②의 상태와 혼합하여 혼합공기 ④의 상태가 되고 냉각기로 냉각·감습시켜 ⑤의 상태로 실내에 송풍한다.

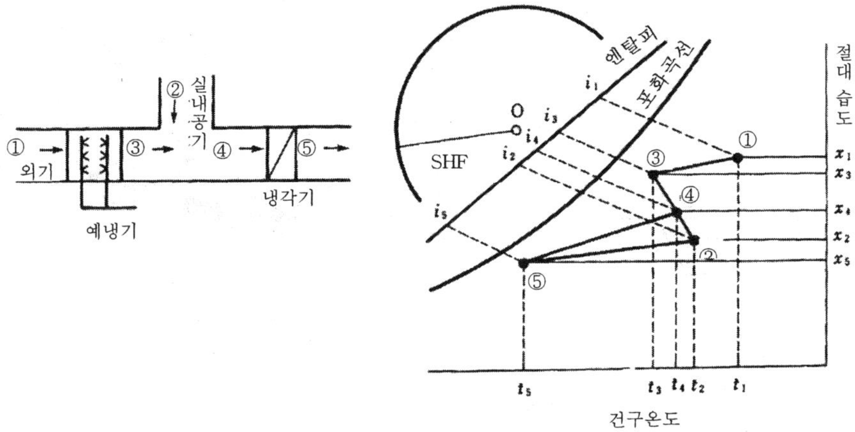

<그림 2-10> 예냉 → 혼합 → 냉각

연습문제

예제 1. 건구온도 35℃, 상대습도 45%인 습공기 5,000m³/h를 포화공기상태까지 냉각시키기 위한 냉각열량은 얼마인가?

【풀이】

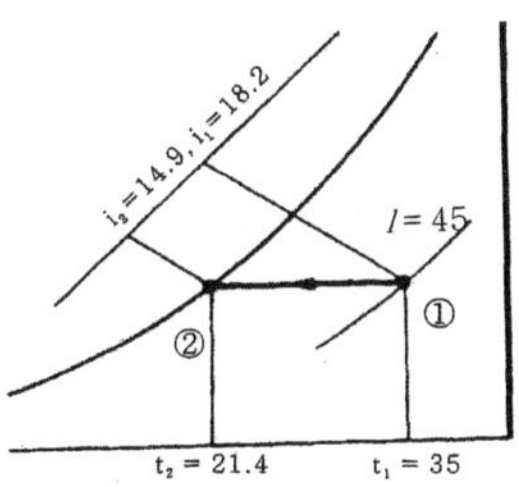

$q_s = 1.2Q(i_1 - i_2)$

$= 1.2 \times 5{,}000(18.2 - 14.9) = 19{,}800\text{kcal/h}$

또는, $q_s = 0.29\,Q(t_1 - t_2)$

$= 0.29 \times 5{,}000(35 - 21.4) = 19{,}720\text{kcal/h}$

두 가지 방법 중 결과는 큰 차가 없기 때문에 어느 쪽을 택해도 괜찮다.

예제 2. 건구온도 20℃, 상대습도 50%인 습공기 8,000kg/h를 가열·가습하여 건구온도 35℃, 상대 습도 50%인 상태로 만들려고 할 때 현열량, 잠열량, 전열량, 가습증기량, 현열비, 열수분비를 공기선도를 이용하여 각각 구하시오.

【풀이】 ① 현열량 $q_s = G(i_2 - i_1)$

$= 8{,}000(12.9 - 9.3) = 28{,}800\text{kcal/h}$

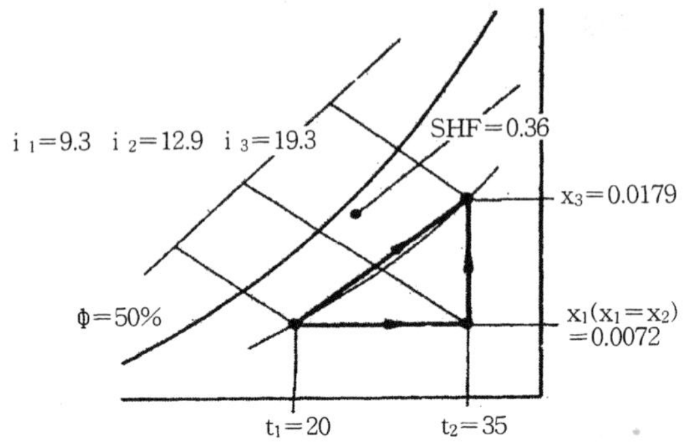

또는, $q_s = 0.24G(t_2 - t_1)$

$= 0.24 \times 8{,}000(35-20) = 28{,}800\text{kcal/h}$

② 잠열량 $q_L = G(i_3 - i_2)$

$= 8{,}000(19.3 - 12.9) = 51{,}200\text{kcal/h}$

또는, $q_L = 597.5G(x_3 - x_2)$

$= 597.5 \times 8{,}000(0.0179 - 0{,}0072) = 51{,}146\text{kcal/h}$

여기서, 51,200kcal/h와 51,146kcal/h와 같지 않은 것은 선도의 판독오차에 따른 것임.

③ 전열량 $q_T = q_S + q_L$

$= 28{,}800 + 51{,}200 = 80{,}000\text{kcal/h}$

④ 가습 증기량 $L = G(x_3 - x_2)$

$= 8{,}000(0.0179 - 0.00720) = 85.6\text{kg/h}$

⑤ 현열량 SHF는 아래 식과 같다.

$$SHF = \frac{q_S}{q_S + q_L}$$

$$= \frac{28,800}{28,000 + 51,200} = 0.36$$

⑥ 열수분비 u는 아래 식과 같다.

$$u = \frac{i_3 - i_1}{x_3 - x_1}$$

$$= \frac{19.3 - 9.3}{0.0179 - 0.0072} = 934.6\text{kcal/kg}$$

제 3장 공기조화설비의 부하계산법

1. 개요

1-1 열부하

공기조화 부하란 실내에서 목적하는 온도, 습도를 유지하기 위하여 공기의 상태에 따라 냉각, 가열, 감습, 가습 등을 하는데 필요한 열량의 총칭이다. 이 중에서 가열하여야 할 부하를 **난방부하(*heating load*)**, 냉각하여야 할 부하를 **냉방부하(*cooling load*)** 라고 한다. 또한 실내온도를 상승 또는 강하시키는 열량을 **현열부하(*sensible heat load*)** 라고 하고, 실내습도를 상승 또는 하강시키는 수분량을 열량으로 환산한 것을 **잠열부하(*latent heat load*)**라고 한다. 그 외 열부하의 종류는 다음과 같다.

(1) 열부하

실내를 희망하는 온·습도로 유지하기 위하여 제거해야 할 열량 또는 공급해야 할 열량을 말한다.

(2) 열취득 및 열손실

어떤 일정한 온·습도로 유지하고 있는 실내에 실외에서 유입하는 열량과 실내에서 발생하는 열량을 열취득(heat gain)이라 하며, 실외로 유출되는 열량을 열손실(heat loss)이라 한다.

(3) 제거열량

간헐운전과 같이 장치가 정지상태에서 실내온도가 변화하여 기동할 때 예열부하(warming up load)와 예냉부하(pull down load)같은 특별한 부하가 추가되어 열부하와 다른 열량을 제거해야 하는데 이것을 제거열량이라 한다.

(4) 냉·난방부하

실내에서 발생하는 부하 외에 도입외기를 온·습도상태로 만들기 위한 열량, 송풍기로부터의 동력열, 덕트에서의 침입열과 공기누설로 인한 손실열 등을 더한 것이 공조기에 걸리는 부하이며, 이것을 일반적으로 냉방부하, 난방부하라고 한다.

(5) 공조기부하, 장치부하

하나의 공간에 대한 냉·난방부하는 그 자체가 공조기 부하로 되지만, 다수의 공간을 하나의 공조계통으로 묶은 경우의 공조기 부하는 각 실에서의 냉·난방부하 합계와는 약간 다르다. 이것은 각실의 최대 부하가 걸리는 시각 또는 필요 송풍공기량이 다르기 때문이다. 이와같이 계통별의 공조부하를 장치부하라 하며, 별도로 계산하여 기기용량을 결정하는데 사용한다.

(6) 열원부하

건물 전체의 부하는 각 계통별 장치부하 합계와는 다른 부하로 된다. 이것은 각 계통의 최대부하 시각의 차이, 배관, 펌프에서의 열손실, 축열조의 유무 등에 따라 결정되는 열원기기의 부하를 열원부하라고 한다.

1-2 부하계산 방법

1-2-1 기간부하 계산

1년간 또는 일정기간의 기간부하의 합계를 말하며, 기간부하를 산정하는 목적은 다음과 같다. 첫째, 합리적인 공조방식의 선택 및 계획을 추진하기 위하여 구체적으로는 계약 전력의 합리적인 산출, 최대 부하와 부분부하의 비율을 산정하여 적정한 장비용량 선정 및 대수분할, 축열조의 적용판단 등이다. 둘째, LCC산출의 기초자료로 쓰기 위하여 셋째, 연료의 선정 및 연간운전비 산출 등이다.

1-2-2 최대부하 계산

공조설비에 필요한 **장치용량을 결정**하기 위한 최대 부하를 계산할 목적으로 특정한 달 또는 시각에 대하여 계산하는 것으로, 일반적으로 필요한 표나 계산양식을 이용하여 수계산(手計算) 또는 컴퓨터로서 수행한다.

1-3 외기조건

1-3-1 TAC(Technical Advisory Communitee)온도

냉난방 설계용 외기조건을 최고, 최저 온도로 설정할 경우 연중 극히 적은 시간을 위해 장비용량이 과대해 지는 문제가 발생한다. 예를 들면 TAC 5% 난방설계용 외기온도는 난방기간 2,904시간 중 95%인 2,759시간은 외기온도(설계 외기온도)보다 높으므로 정해진 난방장치로 충분하지만 나머지 5%인 145시간은 설계 외기온도보다 낮아질 가능성이 있다는 뜻이다. 우리 나라는 에너지의 합리적인 이용기준에 의하면 위험률 2.5%를 기준으로 한다.

TAC온도를 설계조건으로 하는 이유는 최고, 최저 온도로 설정할 경우보다 열원기기의 용량이 적어져서 초기 투자비가 삭감되며, 연중 대다수의 시간은 부분부하 운전이므로 부분 부하시의 기기효율을 향상시킴으로써 에너지 절약에 기여할 수 있다. 또한 열원기기의 용량이 적어지므로 반송기기인 펌프, 송풍기의 용량이 적어지고, 공조기의 코일 등 용량이 작아져 초기 투자비, 계약전력, 에너지 소모량 등이 적어진다.

1-3-2 상당 외기온도(Sol－Air Temperature : SAT)

건물은 외기온도의 영향도 크게 받지만 실내환경은 그러한 외기온도만에 의해 좌우되는 것이 아니라 일사나 대기복사의 영향도 받고 있다. 특히 여름은 일사에 의한 수열(受熱)의 영향이 크다.

$$Q = a \cdot I + \alpha_o(\theta_o - \theta_s)$$
$$= \alpha_o\left\{\left(\frac{a}{\alpha_0} \cdot I + \theta_o\right) - \theta_s\right\}$$
$$= \alpha_o(\theta_e - \theta_s) \qquad (3\text{-}1)$$

여기서, θ_e는

$$\text{상당 외기온도} = \frac{a}{\alpha_o} \cdot I + \theta_o \qquad (3\text{-}2)$$

a : 일사 흡수율

I : 일사량 [kcal/m^{2}h]

α_o : 외부 열전달률 [kcal/m^2 · h · ℃]

θ_o : 외기온도 [℃]

θ_s : 벽체 표면온도 [℃]

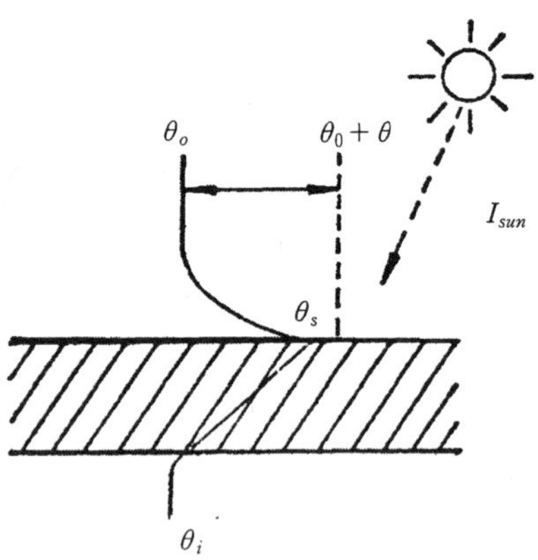

<그림 3-1> 상당 외기온도

1-3-3 상당 외기온도차(실효온도차 : ETD)

상당 외기온도와 실내 온도와의 차를 상당 외기온도차 또는 실효 온도차(ETD :

Equivalent Temperature Difference)라고 한다. 상당 외기온도차를 이용하면 냉방부하 계산시에 외벽이나 지붕을 통하여 실내로 들어오는 열량을 식 (3-3)과 같이 구할 수 있다. <표 3-1>은 실내온도를 26℃로 가정했을 때의 상당 외기온도차를 나타낸 것이다. 이것은 일사의 영향을 고려하기 때문에 방위에 따라서나 벽체의 사양에 따라 값이 각각 다르다.

$$Q = K \cdot A \cdot ETD \qquad (3\text{-}3)$$

<표 3-1> 콘크리트벽의 상당온도차 (t_i = 26℃, 북위 35° 41′ 7월 23일)

콘크리트 두 께	시각	Δt_e								
		수평	북	북동	동	남동	남	남서	서	북서
5cm	8	14.2	6.6	21.4	24.4	15.5	2.6	2.8	3.0	2.5
	10	32.8	5.9	18.7	27.7	24.6	10.1	6.2	6.3	5.8
	12	43.5	8.2	8.6	17.1	20.4	16.6	9.4	8.5	8.0
	14	44.4	8.7	8.8	9.0	10.5	17.4	20.2	16.4	8.5
	16	36.2	8.1	8.2	8.4	8.4	12.8	26.5	29.1	19.8
10cm	8	5.4	1.3	6.5	7.5	4.9	1.8	2.5	2.8	2.0
	10	20.1	4.8	19.8	24.6	18.8	4.5	4.6	4.8	4.2
	12	33.5	6.6	14.6	21.2	20.8	11.4	7.4	7.6	7.1
	14	40.7	7.8	8.2	11.3	15.8	15.6	11.2	8.6	8.2
	16	38.7	8.1	8.5	8.9	9.1	14.6	19.8	13.3	10.4
15cm	8	6.5	1.7	3.1	4.7	3.8	2.5	3.7	4.2	2.9
	10	10.5	5.3	11.6	12.4	8.7	3.4	4.5	5.0	3.8
	12	23.7	4.7	15.5	19.9	17.6	6.6	6.3	6.4	5.6
	14	32.3	6.7	10.5	15.3	16.5	11.7	8.3	8.0	7.5
	16	35.6	7.3	8.0	8.9	11.6	13.6	13.2	9.1	8.1
20cm	8	8.6	2.3	4.1	5.7	4.9	3.4	4.7	5.4	4.9
	10	8.6	2.3	4.0	5.7	4.8	3.3	4.7	5.3	4.8
	12	15.5	5.7	13.5	15.1	11.4	4.4	5.7	6.3	5.9
	14	25.3	5.3	12.3	16.4	15.4	8.0	7.2	7.7	7.5
	16	30.9	6.5	7.7	12.1	13.6	11.5	8.8	8.6	8.6

2. 열전달

2-1 건물과 열류(熱流)의 관계

건물의 지붕이나 외벽은 외기의 기상 조건에 따라 실내를 지키는 셸터로서 역할이 있다. 열적인 환경을 생각한다면 겨울의 추위, 여름의 더위를 막고 가능한 건물 내의 온열환경에 좋도록 하는 것이 외벽의 역할이다. 우리 나라는 사계절이 뚜렷하여 겨울은 실내가 고온이고 외기가 저온이 되어 열이 실내에서 실외로 흘러간다. 반대로 여름의 경우에는 실외가 고온이 되고 특히 태양의 뜨거운 열이 실내로 흘러 들어와 냉방을 하지 않으면 생활하기 힘들다.

2-2 열류와 시간의 관계

콘크리트와 같이 중량(重量)인 벽체를 열이 통과할 때, 우선 콘크리트의 온도를 높이는데 다량의 열이 소비되고, 반대측의 표면온도나 공기온도가 변동할 때까지는 상당한 시간이 걸린다. 또한 건물주위의 온열환경은 내외가 일정하지 않고 항상 변하고 있다. 따라서 콘크리트 벽체와 같이 열을 저장하는 열용량이 큰 물체는 외기온이나 일사가 변해도 그 변동은 열용량으로 조정되어 버려서 실내측에는 영향을 주지 않는다. 이와 같이 벽을 사이에 두고 양쪽의 온도차에 비례하여 열류식이 성립되는 것을 **정상(定常)열전도**라고 한다. 이것은 주로 벽의 열용량이 매우 적어 주위의 온도 변동에 벽의 온도가 바로 순응할 때나 (예를 들어 유리창), 두꺼운 벽일지라도 온도가 장시간 일정하여 벽 속의 온도가 변화하지 않게 되고, 따라서 열류도 변화하지 않게 될 때이다.

이에 반해 벽체에 열적 작용을 미치는 기온이나 일사 등이 일정값이 아니고 시간과 더불어 변동하거나 벽체의 열용량으로 시간과 더불어 열류의 변화가 있는 경우를 **비정상(非定常)열전도**라고 한다.

2-3 전열이론

물체 간의 온도차가 발생하면 고온 측에서 저온 측으로 열이 이동된다. 열이 이동되는 형식에는 전도(conduction), 대류(convection), 복사(radiation)의 3가지 현상으로 구분되어지나 실제로 이 세 가지가 복합된 형식으로 열이 이동한다(그림 3-2 참조).

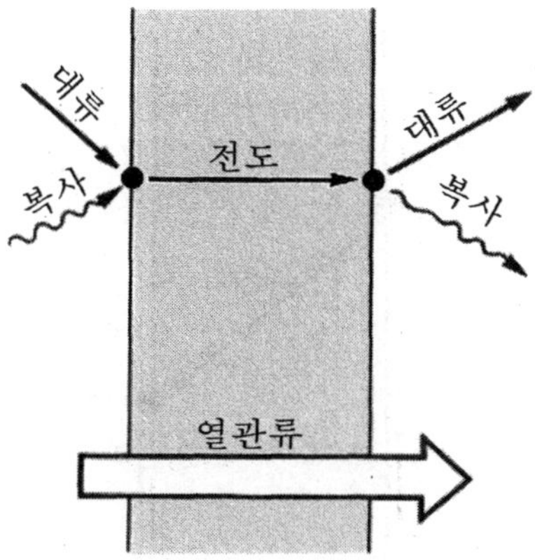

<그림 3-2> 열이동 메카니즘

2-3-1 전도

열전도란 물체(고체)에 온도차가 있을 때 온도가 높은 곳에서 온도가 낮은 곳으로 열이 그 물체를 통하여 이동되는 현상을 말한다. 온도차 1℃, 열의 이동거리 1m를 1시간 동안에 이동되는 열량을 그 물질의 **열전도율(*thermal conductivity*)**이라 하며 **λ [kcal/m·h·℃]** 로 표시한다(표 3-2 참조). 전도에 의한 이동열량은 각 개체의 양측 온도를 θ_1, θ_2라 하고 $\theta_1 > \theta_2$ 라면 다음 식과 같다.

$$Q=\lambda \cdot \frac{\theta_1-\theta_2}{l} A \cdot t \qquad (3\text{-}4)$$

λ : 열전도율 [kcal/m·h·℃]

l : 재료의 두께 [m]

A : 전열면적 [m^2]

t : 시간 [h]

2-3-2 대류

유체의 흐름에 의해서 열이 이동되는 것을 총칭한다. 유체와 유체간의 열이동 또는

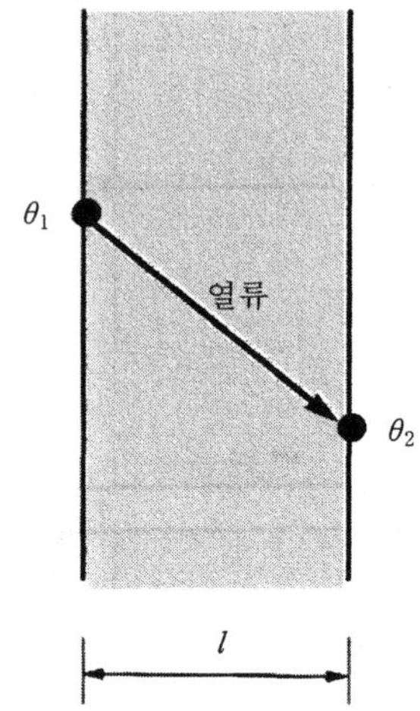

<그림 3-3> 전도에 의한 열이동 모식도

고체와 유체간의 열이동을 말하며 **강제대류**와 **자연대류**가 있다. 열전달에 의한 전달되는 열량은 다음 식과 같다. 식에서 **열전달률 α는 유체의 종류, 속도, 유로의 형상 등에 따라 값이 다르다. 단위는 [kcal/m^2 ·h · ℃]이다.**

$$Q = \alpha(\theta_s - \theta_f)A \cdot t \qquad (3\text{-}5)$$

α : 열전달률 [kcal/m^2 · h · ℃]
θ_s : 벽면의 표면온도 [℃]
θ_f : 공기온도 [℃]
A : 전열면적 [m^2]
t : 시간 [h]

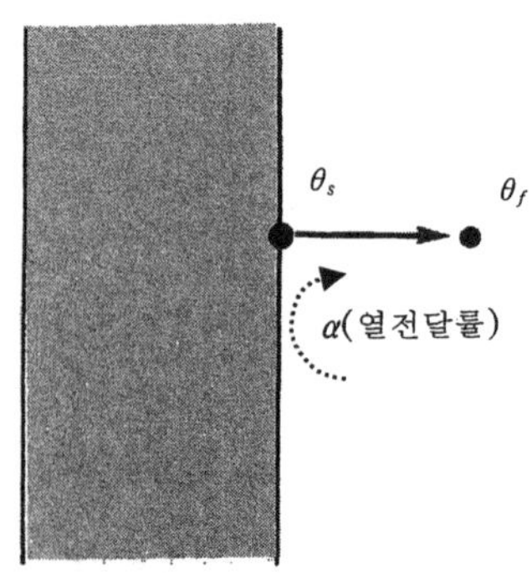

<그림 3-4> 대류에 의한 열이동 모식도

<표 3-2> 건축재료의 열전도율

재 료 명		열전도율(λ) [kcal /m·h·℃]	재 료 명		열전도율(λ) [kcal/m·h·℃]
금 속	동	333	요 업 제 품	타 일	1.10
	알루미늄	204		보통벽돌	0.53
	황 동	83		내화벽돌	1.00
	철	41		유 리	0.67
	스테인리스	22			
비금속	대리석	1.36	아스팔트 수 지	아스팔트	0.63
	화강암	1.87		아스팔트 루핑	0.09
	흙	0.53		이스팔트 타일	0.28
	모래(건조)	0.42		리놀륨	0.16
	자 갈	0.53			
콘크리트	보 통	1.41	섬유판	연질 섬유판	0.05
	경 량	0.45		경질 섬유판	0.15
	발 포	0.30		후 지	0.18
	신 더	0.69		모직포	0.11
미장 재료	모르타르	0.93	무기질 섬 유	암 면	0.05
	회반죽	0.63		유리면	0.04
	플라스터	0.53		광재면	0.04
	흙 벽	0.77		암면 성형판	0.05
목 재	소나무	0.15	발 포 수 지	경질고무	0.03
	삼 목	0.08		페 놀	0.03
	노 송	0.09		폴리에틸렌	0.03
	나 왕	0.14		폴리스틸렌	0.05
	합 판	0.11		경질 폴리우레탄	0.02

2-3-3 복사

모든 물체는 전자파의 형태로 방사선을 발산한다. 방사선은 그 파장에 따라 자외선, 가시선, 열복사선 등으로 분류되며, 열복사선은 0.1～100μm의 범위의 파장을 가진 방사선으로서, 이것을 간단히 열복사라고도 한다. 복사에 의한 열전도는 열에너지가 전자파의 형태로 물체로부터 방출하여 이것이 다른 물체에 도달하여 열로 변하게 되는 현상이다. 어떤 표면에 입사한 열복사는 그 일부가 반사되고, 일부가 흡수되며 나머지가 투과한다. 따라서 투사되는 열복사를 1로 하고, 표면의 복사율(reflectivity)을 γ, 흡수율(absorptivity)을 ε, 투과율(transmissivity)을 τ라고 하면 표면의 열수지(熱收支)는 다음 식으로 표시된다.

$$\tau+\varepsilon+\gamma=1 \tag{3-6}$$

고체는 대개가 투과율이 작으며, 이와 같은 고체면에서는 $\tau=0$라고 하면 $\gamma+\varepsilon=1$이 된다.

(1) 흑체의 복사

표면에 입사하는 모든 열복사를 완전히 흡수하는 물체를 흑체(black body)라고 하며, 그 흡수율은 1이다. 식으로 나타내면 다음과 같다.

$$\begin{aligned} E_b &= \sigma_b T^4 \\ &= C_b\left(\frac{T}{100}\right)^4 \end{aligned} \tag{3-7}$$

위 식에서 **σ_b를 Stefan-Boitzmann의 정수**라고 하며, 4.88×10^{-8} [kcal/m$^2\cdot$h$\cdot$K^4]이다. 또한 **C_b를 흑체의 복사정수**라고 하며, 그 값은 약 4.9 [kcal/m$^2\cdot$h$\cdot$K^4]이다.

(2) 회색체의 복사

일반적인 물체는 회색체(gray body)라고 하고 다음과 같이 나타낸다.

$$\begin{aligned} E &= \varepsilon\sigma_b T^4 \\ &= \varepsilon C_b\left(\frac{T}{100}\right)^4 \end{aligned} \tag{3-8}$$

ε를 회색체의 복사율이라고 하며, 파장과는 무관하나 온도에 따라 달라진다.

(3) 물체 상호간 복사열 전달

2면간의 복사전달열류를 계산하는 경우 다음 식으로 나타낸다.

$$q_{12}=\phi_{12}\varepsilon_1\varepsilon_2 C_b\left\{\left(\frac{T_1}{100}\right)^4-\left(\frac{T_2}{100}\right)^4\right\} \tag{3-9}$$

위 식에서 ϕ_{12}는 물체 1, 2간의 **형태계수**라고 하며, ϕ_{12}는 단위면적당에서 나오는 복사열류중 면 2전체에 입사하는 열류의 비율을 나타낸다. ε_1, ε_2는 각각 물체 1과 2의 복사율을 나타낸다.

(4) 총합 표면열전달률

벽, 바닥, 천장과 접하고 있는 공기사이에는 대류열전달과 복사열전달이 동시에 이루어지고 있다. 따라서 표면의 열전달은 대류열전달과 복사열전달의 합이 된다.

$$Q=q_c+q_r=\alpha_c(\theta_s-\theta_a)+\alpha_r(\theta_s-\theta_a) \tag{3-10}$$

$$Q=(\alpha_c+\alpha_r)(\theta_s-\theta_a)=\alpha(\theta_s-\theta_a) \tag{3-11}$$

식 (3-11)의 $(\alpha_c+\alpha_r)=\alpha$를 **총합 표면 열전달률** 또는 간단하게 **표면 열전달률**이라고 한다. 표면 열전달률은 엄밀하게 따지면 매우 복잡하며, 표면의 형상, 벽면의 거친 정도, 공기의 상태, 다른 표면의 각온도 등에 따라 변화한다. 건축에서 열계산을 하는 경우에는 통상 실내 표면열 전달률은 8의 값을 사용하고, 외부 표면 열전달률은 20의 값을 사용한다.

(5) 열관류(熱貫流)

고체로 된 벽의 양쪽에 온도가 다른 유체가 있을 때 온도가 높은 쪽에서 낮은 쪽으로 열이 이동한다. 이 때 이동하는 열량 Q는 다음 식으로 나타낸다.

<표 3-3> 표면 열전달률 [kcal/m² · h · ℃]

구 조 체	표면 상태	여름 (냉방용)	겨울 (난방용)
수직구조 (벽체)	옥외면 (α_o)	19.5 1)	28.8 2)
	실내면 (α_i)	7.2	7.2
수평구조	옥외면 (α_o)	19.5 1)	28.8 2)
수평구조 (지붕, 천정)	실내면 (α_i)	하향 열류	상향 열류
		5.3	8.0

주) 1) 평균풍속 : 3.5m/s
2) 평균풍속 : 7.0m/s

$$Q = K(\theta_o - \theta_i)A \cdot t \qquad (3\text{-}12)$$

k : 열관류율 [kcal/m² · h · ℃]

θ_o : 실외 공기온도 [℃]

θ_i : 실내 공기온도 [℃]

A : 전열면적 [m²]

t : 시간 [h]

여기서 **K**는 **열관류율**이라고 하며, 단위는 [kcal/m² · h · ℃]이다. 일반 구조체의 경우, 다층이기 때문에 다음과 같이 나타낸다.

$$K = \frac{1}{\frac{1}{\alpha_o} + \sum_{i=1}^{n} \frac{l}{\lambda} + \gamma_a + \frac{1}{\alpha_i}} = \frac{1}{R^t} \qquad (3\text{-}13)$$

α_o : 외벽면 표면 열전달률 [kcal/m² · h · ℃]

α_i : 내벽면 표면 열전달률 [kcal/m² · h · ℃]

l : 재료의 두께 [m]

λ : 열전도율 [kcal/m · h · ℃]

γ_a : 공기층의 전열저항 [m · h · ℃/kcal]

3. 냉방부하

3-1 냉방부하의 종류

냉방부하의 종류는 <표 3-4>와 같다. 표에서 나타난 바와 같이 실부하, 장치부하, 열원부하로 대별되며, 보통 실부하에 장치부하(공기조화 부하)를 합한 것을 냉방부하라고 한다.

<표 3-4> 냉방부하의 종류

부하의 종류		내 용	현 열	잠 열
실부하	외피부하	– 전열부하	○	–
		– 일사에 의한 부하	○	–
		– 틈새 바람에 의한 부하	○	○
	내부부하	– 조명기구	○	–
		– 인체	○	○
		– 열원기기	○	○
장치부하		– 환기부하	○	○
		– 송풍기부하	○	–
		– 덕트의 열손실	○	–
		– 재열부하	○	–
		– 혼합 손실	○	–
열원부하		– 배관 열손실	○	–
		– 펌프에서의 열취득	○	–

3-2 냉방부하 계산의 설계조건

3-2-1 실내조건

냉방부하 계산에 있어서 실내 온습도는 매우 중요한 설계조건의 하나이다. 왜냐하면 실의 사용 목적에 따라 그 조건이 각기 다르며, 또한 사람의 경우에도 체질이나 성별, 연령 등에 따라서 쾌적 온도의 범위가 서로 다르기 때문이다. <표 3-5>는 일반적으로 사용되는 실내 온·습도의 조건을 나타낸다.

<표 3-5> 건물 용도별 실내 온·습도 조건 (여름)

적 용 건 물	이 상 적		일 반	
	℃ [DB]	% [RH]	℃ [DB]	% [RH]
주택, 사무실, 병원, 학교	23~24.5	45~50	25~26	45~50
은행, 백화점	24.5~25.5	45~50	25.5~27	45~50
극장, 교회, 식당	24.5~25.5	50~55	25.5~27	50~60
공 장	25~27	45~50	27~29.5	50~60

3-2-2 외기조건

최대 냉방부하는 가장 불리한 상태일 때의 조건으로 구한 부하로 이는 냉방장치용량을 결정하는데 도움을 주나, 부하가 최대일 때를 위한 장치용량이므로 비경제적이 되기 쉽다. 따라서 앞서 설명한 바와 같이 TAC에서 2.5~10% 범위 내에서 설계조건을 삼을 것을 추천하고 있다.

<표 3-6> 냉방설계용 외기 조건

도시명	건구온도 [℃]	습구온도 [℃]	도시명	건구온도 [℃]	습구온도 [℃]
서 울	31.1	25.8	대 구	32.9	26.4
인 천	29.7	25.9	부 산	29.7	26.0
수 원	30.0	25.9	울 산	32.2	26.8
전 주	31.9	26.6	목 포	31.1	26.3
광 주	31.9	26.3			

주) 이 표는 TAC 2.5%로 계산한 1960~1969년까지의 10년 평균치임.

3-3 냉방부하 계산의 기본공식

3-3-1 벽체(지붕)를 통한 열부하

(1) 일사 영향을 무시할 때

$$H_w = K \cdot A(\theta_o - \theta_i) \qquad (3\text{-}14)$$

(2) 일사 영향을 고려할 때

$$H_w = K \cdot A(\theta_{sol} - \theta_i) = K \cdot A \cdot \Delta\theta_e \qquad (3\text{-}15)$$

3-3-2 유리창을 통한 열부하

일사에 의한 직접 열취득과 온도차에 의한 열관류에 의해 열부하가 발생한다.

$$H_g = K_s \cdot A_g \cdot I + K_g \cdot A_g(\theta_o - \theta_i) \tag{3-16}$$

K_s : 차폐계수

K_g : 유리창의 열관류율 [kcal/m^2 · h · ℃]

A_g : 유리창 면적 [m^2]

I : 일사량 [kcal/m^2 · h]

3-3-3 틈새바람에 의한 외기부하

현열량 H_{IS}와 잠열량 H_{IL}를 구하면 다음과 같다.

$$H_{IS} = 0.24G(\theta_o - \theta_i) = 0.29Q(\theta_o - \theta_i) \tag{3-17}$$

$$H_{IL} = 597G(x_o - x_i) = 716Q(x_o - x_i) \tag{3-18}$$

G : 중량 [kg/h]

Q : 풍량 [m^3/h]

x_i : 실내의 절대습도 [kg/kg′]

x_o : 실외의 절대습도 [kg/kg′]

위 식에서 0.29kcal/m^3 · ℃는 용적 비열로 공기의 중량비열 0.24kcal/kg℃×공기의 비중량 1.2kg/m^{3}를 나타내며, 716kcal/m^{3}은 수증기의 용적 증발잠열로 수증기의 증발잠열 597kcal/kg×공기의 비중량 1.2kg/m^{3}를 나타낸다. 또 틈새바람의 풍량 Q를 구하는 방법은 아래 3가지가 있다.

(1) 창문의 틈새 길이법(crack법)

이 방법은 창둘레의 틈새길이(crack length)를 구하여 극간풍량을 구하는 것으로, 고층 건물 또는 바람이 강한 지역의 건물 및 엄밀한 계산을 필요로 하는 건물의 부하계산에 사용되며, 여기에는 다음과 같이 2가지 방법이 있다.

첫째 방법은 틈새길이 l [m]에 대한 단위시간당 극간풍량을 곱하여 구한다.

$$Q = l \cdot Q' \tag{3-19}$$

l : 창문틈새 총길이 [m]

Q' : 단위길이, 단위시간당 극간풍량 [$m^3/m \cdot h$]

둘째 방법은 틈새길이 l [m]에 통기특성을 고려하여 극간풍량을 구하는 방법이다.

$$Q = l \cdot a \cdot \Delta p^{2/3} \tag{3-20}$$

여기서, a : 통기특성

Δp : 작용 압력

(2) **면적법**

엄밀한 계산을 요하지 않는 저층 건물, 단층건물의 극간풍량은 창문새시의 기밀성에 따라 구분되는 단위면적당 통기량에 새시면적을 곱하여 구할 수 있다.

$$Q = B \cdot A \tag{3-21}$$

여기서, B : 창문으로부터의 틈새바람의 풍량 [$m^3/h \cdot m^2$]

A : 창문면적 [m^2]

(3) **환기회수법**

이 방법은 상점, 주택 등 중·소규모 건물에 사용되며, 가장 개략적인 방법이다.

$$Q = n \cdot V \tag{3-22}$$

n : 시간당 환기횟수 [회/h]

V : 실의 용적 [m^3]

3-3-4 인체로부터의 취득 열량

$$Q_{HS} = n \cdot H_S \qquad (3\text{-}23)$$

$$Q_{HL} = n \cdot H_L \qquad (3\text{-}24)$$

n : 사람수 [인]

H_s : 1인당 인체발생 현열량 [kcal/h · 인] ☞ <표 3-7> 참조

H_L : 1인당 인체발생 잠열량 [kcal/h · 인] ☞ <표 3-7> 참조

<표 3-7> 인체의 발열량

작업상태	장 소	전발열량	실온별 현열 및 잠열 [kcal/h · 인]									
			21℃		24℃		26℃		27℃		28℃	
			H_s	H_L	H_s	H_L	H_s	H_L	H_s	H_L	H_s	H_L
착석	극장	88	65	23	58	30	53	35	49	39	44	44
경작업	학교	101	69	32	61	40	53	48	49	52	45	56
사무업무, 경보행	사무소 · 호텔 · 백화점	113	72	41	62	51	54	59	50	63	45	68
앉았다 섰다 하는 일	은행	126	73	53	64	62	55	71	50	76	45	81
앉아서 하는 일	식당 객실	139	81	58	71	68	62	77	56	83	48	91
착석 작업	공장의 경작업	189	92	97	74	115	62	127	56	133	48	141
댄스	댄스홀	215	101	114	82	133	69	146	62	153	56	159
보행(4.8km/h)	공장의 중작업	252	116	136	96	156	83	169	76	176	68	184
볼링	볼링장	365	153	212	132	233	121	244	117	248	113	252

3-3-5 조명과 각종 기구의 발열량

실내조명과 실내기구의 발열량은 <표 3-8>과 같다.

(1) 백열등의 경우

$$q_E = 0.86 \times W \cdot f \qquad (3\text{-}25)$$

(2) 형광등 (안정기 실내)의 경우

$$q_E = 0.86 \times W \cdot f \times 1.2 \qquad (3\text{-}26)$$

W : 조명기구의 소비전력 [Watt]

f : 조명기구의 사용률

<표 3-8> 실내기구의 발열량 [kcal/h]

기 구	현 열 (SH)	잠 열 (LH)
– 전등 · 전열기 [kW당]	860	0
– 형광등	1,000	0
– 커피 끓이기 1.8ℓ(가스)	100	25
– 토스터 15×28×23cm(전열)	610	110
– 가정용 가스스토브	1,800	200
– 미장원 헤어드라이 [115V, 6.5V]	470	80
– 전동기		
• 94~375W	1,060	0
• 0.375~2.25kW	920	0
• 2.25~15kW	740	0
– 냉장고 · 선풍기 · 전기시계		
• 0~0.4kW	1,400	0
• 0.75~3.7kW	1,100	0
• 5.5~15kW	1,000	0

4. 난방부하

난방부하는 냉방부하 계산보다는 간단하다. 왜냐하면 일사에 의한 열취득 영향이나 인체나 기기 발열량 등을 고려하지 않아도 되기 때문이다. 오히려 이와 같은 열은 실내온도 상승 요인이 되기 때문에 안전율로 생각하는 것이 보통이다.

4-1 난방부하 계산의 설계 조건

4-1-1 실내온도 조건

<표 3-9>는 난방시 실내온도 조건을 나타낸다. 실내온도 측정위치는 보통 바닥 위 1.5m의 높이에서 외벽으로부터 1m 이상 떨어진 곳을 기준으로 삼고 있다. 특히 천장의 높이가 3m 이상이 되는 경우의 실내온도는 다음과 같이 정한다.

$$t_m = 0.05t(h-3)+t \qquad (3\text{-}27)$$

t_m : 실내평균온도 [℃]

t : 호흡선(바닥면상 1.5m)에서의 온도 [℃]

h : 천장높이 [m]

<표 3-9> 난방시 실내온도 조건

종 류	온 도 [℃]	종 류	온 도 [℃]
주택거실	16~24	병원일반	21~23
침 실	12~14	수 술 실	21~35
학교교실	21~23	신생아실	24~37
극 장	20~22	호 텔	21~24
기계공장	15~18	주물공장	10~15

4-1-2 외기온도 조건

난방부하 계산에서 가장 중요한 요소는 시시각각으로 변하는 외기온도 기준을 어떻게 삼을 것이냐 하는 것이다. 물론 가장 불리한 조건을 설계기준으로 삼는 것이 가장 안전하다고 할 수 있겠으나, 이것을 실제 설계요소로 취할 경우에는 필요 이상의 난방설비 용량의 증대를 가져오게 될 것이다.

<표 3-10>은 위험률 2.5%를 적용한 우리 나라 주요 도시의 외기 조건을 나타낸 것이다.

<표 3-10> 난방 설계용 외기 조건

지 역	서울	인천	수원	대구	전주	울산	광주	부산	목포
건구온도 [℃]	−11.9	−11.2	−12.8	−8.2	−8.6	−7.0	−7.1	−5.8	−4.9

주) 통계년 (1960~1969)

4-2 난방실의 열부하 계산

4-2-1 전열손실

난방시의 부하 계산은 일반적으로 냉방부하와는 달리 태양복사의 영향이나 외기온도의 주기적 변화 등을 계산에 넣지 않고 일정 온도차에 의한 정상 열전도의 계산만 하는 것이 보통이다. 전열 손실은 다음 식으로 나타낸다.

$$q_L = K \cdot k_1 \cdot k_2 \cdot A \cdot \Delta\theta \qquad (3\text{-}28)$$

K : 구조체의 열관류율 [kcal/m^2 · h · ℃]

k_1 : 방위계수 ☞ <표 3－11> 참조

k_2 : 천장높이에 따른 할증계수

A : 외벽 및 지붕의 면적 [m^2]

$\Delta\theta$: 실내외 온도차 [℃]

<표 3-11> 방위계수

방 위	방위계수
N, NW, W	1.1
SE, E, NE, SW	1.05
S	1.0

4-2-2 극간풍에 의한 손실열량

난방부하 계산에서 극간풍에 의한 열손실은 상당히 중요하다.

(1) 바람의 영향

$$Q = \alpha A\left(\frac{2g}{\gamma}\right)^{1/n} \cdot \Delta P^{1/n} \qquad (3\text{-}29)$$

α : 유량계수

A : 틈새의 단면적 [m^2]

g : 중력가속도=9.8 [m/s^2]

γ : 공기의 비중량 [kg/m^3]

ΔP : 압력차

(2) 굴뚝효과(chimney effect)

건물 내의 공기의 온습도의 차와 공기밀도차로 굴뚝효과가 일어나 극간풍의 원인이 된다.

$$\Delta P_s = h \times (\gamma_i - \gamma_o) \tag{3-30}$$

ΔP_s : 굴뚝효과에 의한 작용압력 [kg/m^2 또는 mmAq]

h : 창의 지상높이에서 중성대의 지상높이를 뺀 거리. 즉, 창이 중성대보다 높으면 (+), 낮으면 (−)이다.

γ_i, γ_o: 실내 및 외부공기의 비중량

4-3 외기도입에 따른 부하

실내온도를 대상으로 하는 가열부하로는 실내 열손실 외에 도입외기를 실온까지 가열하는데 필요한 외기부하를 가산해야 한다. 이 외기 도입에 따른 부하계산은 다음과 같다.

$$H_{is} = 0.24G(\theta_i - \theta_o) = 0.29Q(\theta_i - \theta_o) \tag{3-31}$$

4-4 가습부하

도입하는 외기나 창문을 통한 틈새바람 등의 건조한 공기가 실내로 들어오면 실내의 절대습도가 내려가게 된다. 이것을 방지하고 일정한 습도를 유지하기 위해서는 송풍공기에 적당량의 수증기를 공급하여야 한다. 이 송풍공기에 공급해야 할 가습량과 가습에 따른 부하는 다음 식과 같다.

① 가습량 [kg/h]＝1.2×절대습도차 [kg/kg′]
×(외기도입＋틈새바람) [m^3/h] (3-32)

② 가습부하 [kcal/h]＝가습량 [kg/h]×539[kcal/kg] (3-33)

연 습 문 제

예제 1. 여름정오 외기온 32℃, 전일사량 800kcal/m²h, 지붕일사율 0.8일 때의 상당외기온도는?

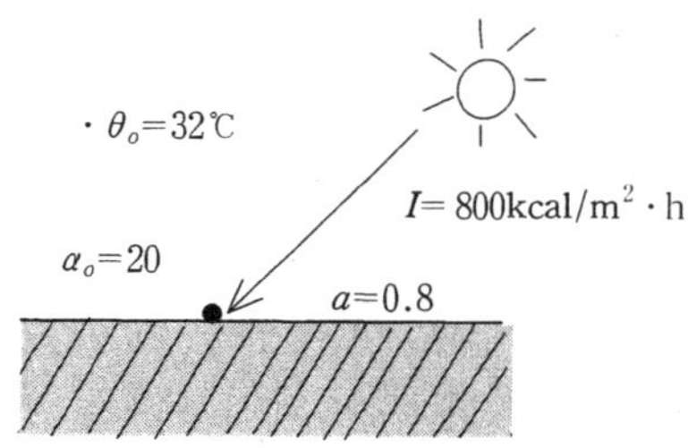

【풀이】 $\text{SAT}=\dfrac{a}{\alpha_o}\cdot I+\theta_o$

$=0.8/20\times800+32=64℃$

예제 2. 12cm 두께의 콘크리트 양쪽 표면의 온도는 각각 4℃, 15℃이고 장시간 동안 일정하다면 이 벽을 흐르는 열량은 얼마인가?

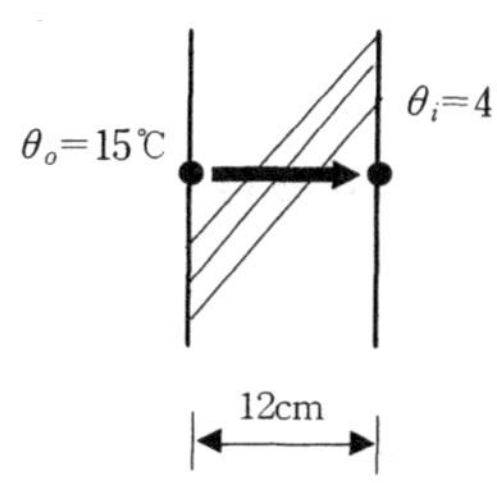

【풀이】 $Q=\lambda\cdot\dfrac{\Delta\theta}{l}A\cdot t$

$=1.41/0.12\times(15-4)\times1\times1=129.25\text{kcal/m}^2\text{h}$

예제 3. 겨울철 실내기온이 23℃이고 면적이 10m²인 유리창내측의 표면온도가 5℃일 때, 내측 표면 열전달률이 8kcal/m²·h·℃이라 하면 실내공기에서 유리표면으로 얼마만큼의 열이 이동하는가?

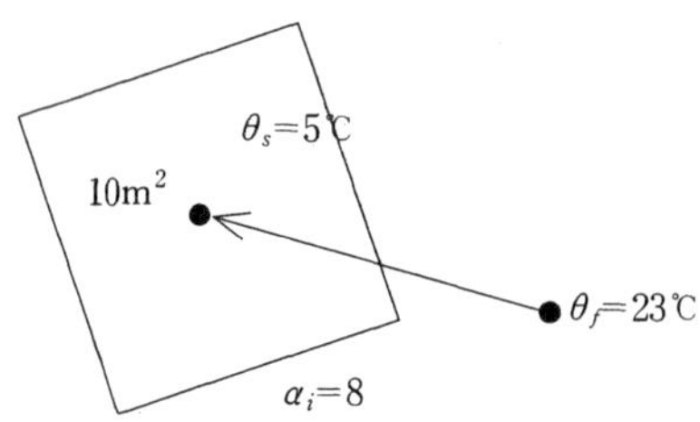

【풀이】 $Q=\alpha(\theta_f-\theta_s)A\cdot t$

$=8\times(23-5)\times10\times1=1,440\text{kcal/h}$

예제 4. 외기온이 5℃이고 실온이 20℃, 벽체 면적 : $50m^2$일 때 통과열량은? (단, 외기측 열전달률은 $20kcal/m^2\cdot h\cdot ℃$, 실내측 열전달률은 $8kcal/m^2\cdot h\cdot ℃$로 한다.)

	부 재	두 께 [cm]	열전도율
1	모르타르	2.4	1.2
2	콘크리트	14	1.4
3	모르타르	1.2	1.2

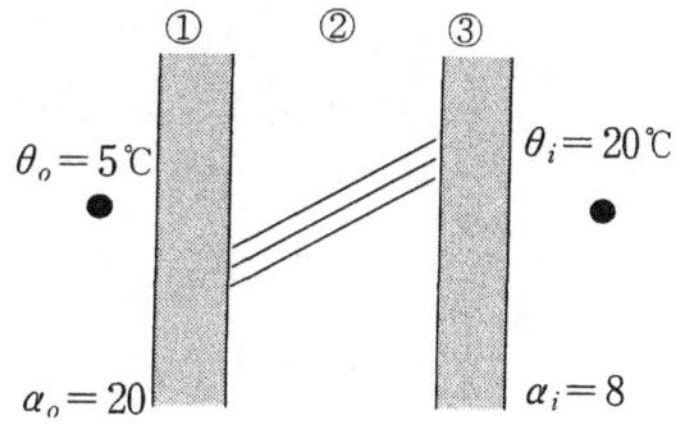

【풀이】 $K=3.28kcal/m^2\cdot h\cdot ℃$

$Q=3.28\times15\times50\times1=2,460\text{kcal/h}$

예제 5. 외기온이 33℃이고 실온이 26℃이다. 단, 외기측 열전달률은 $20kcal/m^2\cdot h\cdot ℃$ 실내측 열전달률은 $8kcal/m^2\cdot h\cdot ℃$이라고 할 때, 통과열량은 얼마인가?

	부 재	두께 [cm]	열전도율	열전도저항
1	모르타르	2.5	1.3	–
2	콘크리트	15	1.4	–
3	중 공 층	5.4	–	0.2
4	플라스터	2	0.6	–

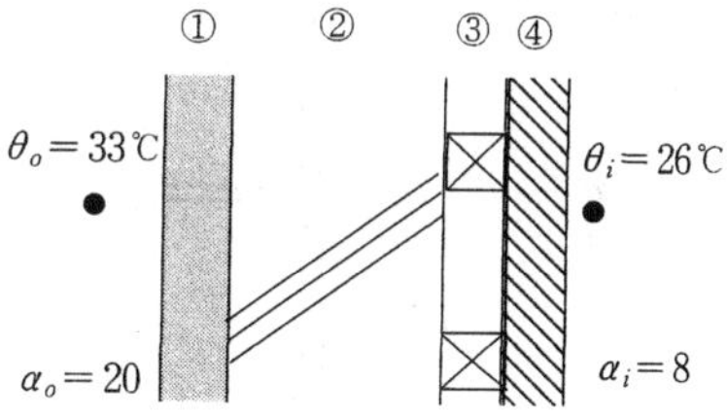

【풀이】 식 (3-13)에 의해서 열관류율

$$k=\frac{1}{\frac{1}{20}+\frac{0.025}{1.3}+\frac{0.15}{1.4}+0.2+\frac{0.02}{0.6}+\frac{1}{8}}$$

$$=\frac{1}{0.05+0.02+0.11+0.2+0.03+0.125}=1.87$$

∴ K는 $1.87kcal/m^2\cdot h\cdot ℃$이다.

따라서, $Q = 1.87 \times (33-26) \times 1 \times 1 = 13.1 \text{kcal/m}^2\text{h}$

예제 6. 아래 그림과 같은 사무실의 열량손실을 구하시오.

<계산조건>

① 온도

-상부는 옥상이고, 아래층은 난방이 되는 거실이다.

-실내온도 : 20℃, 계단실 온도 : 10℃, 인접실 온도 : 20℃, 아래층 거실온도 : 20℃

-외기온도 : -10℃, 환기횟수 : 0.5회/h이다.

② 열관류율(K) : [kcal/m²h℃]

-외벽 : 0.5, 천장 : 0.4, 내벽 : 1.0, 바닥 : 1.0, 창문 : 3.0, 출입문 : 2.5

③ 방위계수

-북쪽 : 1.2, 남쪽 : 1.0, 동・서쪽 : 1.1

④ 안전율 : 10% 적용

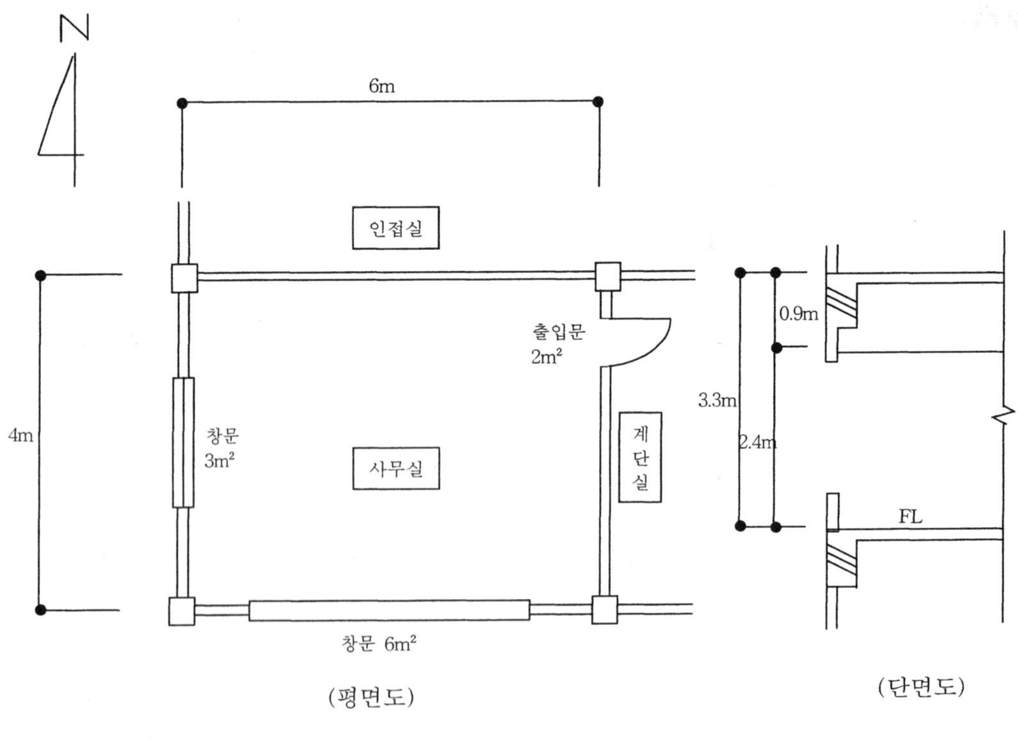

(평면도) (단면도)

【풀이】 난방부하 계산서

항목 / 열손실 부위	면 적 [m^2]	열관류율 [K]	온도차 [℃]	방위계수	손실열량 [kcal/h]
서측 유리창	3	3	30	1.1	297
서 측 외 벽	(4×3.3 - 3) = 10.2	0.5	30	1.1	168
남측 유리창	6	3	30	1.0	540
남 측 외 벽	(6×3.3 - 6) = 13.8	0.5	30	1.0	207
계단실 출입문	1×2 = 2	2.5	10	-	50
계단실 내 벽	(4×2.4 - 2) = 7.6	1.0	10	-	76
천 장 (지 붕)	4×6 = 24	0.4	30	-	288
인 접 실	*인접실의 실내온도와 거실온도가 같으므로 열손실 없음.				0
바 닥	*아래층의 실내온도와 거실온도가 같으므로 열손실 없음.				0
환 기 부 하	Q = 0.29×V×Δθ×환기횟수 = 0.29×(4×6×2.4)×30×0.5				251
소 계					1,877
안 전 율	안전율이 10%이므로 1,877×0.1 ≒ 188				188
합 계	1,877 + 188 ≒ 2,065				2,065

예제 7. 극간풍에 의한 침입 외기량이 2,000m^3/h일 때, 현열부하와 잠열부하를 각각 구하시오. (단, 실내온도 25℃, 절대습도 0.0179kg/kg′, 외기온도 32℃, 절대습도 0.0209kg/kg′)

【풀이】 ① 현열부하 $q_s = 0.24 \times G \times \Delta\theta = 0.29 \times Q \times \Delta\theta$

$$= 0.29 \times 2,000(32 - 25)$$

$$= 4,060 kcal/h$$

② 잠열부하 $q_l = 597 \times G \times \Delta x = 597 \times 1.2 \times Q \times \Delta x$

$$= 597 \times 1.2 \times 2,000 \times (0.0209 - 0.0179)$$

$$= 4,298.4 kcal/h$$

예제 8. 여름에 어떤 건물의 서측 유리창으로부터의 총 취득열량을 구하시오(단, 표준일사량은 280kcal/m^2 · h, 외기온 31℃, 실내온도 26℃, 차폐계수 0.8, 유리창의 열관류율은 3.7kcal/m^2 · h · ℃ 유리창의 면적 10m^2이다.)

【풀이】 유리창의 취득열량 = (관류열량 + 일사열량)의 합이다.

$$= q_T + q_R$$

① $q_T = K \cdot A \cdot \Delta\theta = 3.7 \times 10 \times (31 - 26) = 185$

② $q_R = I \cdot A \cdot K_S = 280 \times 10 \times 0.8 = 2,240$

∴ 총 취득열량은 185+2,240 = 2,425kcal/h

제 4 장 공조계획과 공조방식

1. 개요

1-1 공기조화 계획

공기조화 설비계획은 건축의 기본계획을 위한 기본구상이 끝난 단계에서 참가하여 실시설계에 필요한 공조방식, 열원방식, 기계실의 위치와 크기, 주요기기의 사양, 덕트나 배관의 배치방법, 제어방식, 에너지 절약 방법 등 공조설비 측은 물론 덕트나 배관의 보를 관통하는 위치, 일사 조정을 포함한 차폐방법, 기계실의 방진이나 방음, 조명기구의 열배출 방법, 창이나 벽면의 결로방지 방법 등 구조·의장부분의 상세까지 개략적인 것은 결정해야 한다.

건축시공과 더불어 설비를 완성해 나가는 과정에서 새로운 사고, 새로운 시스템, 에너지 절약 방법, 새로운 기기나 재료의 채용 등이 계획단계에서 검토될 수 있도록 하고, 건축 전체의 유기성, 합목적성 등의 판단에 의하여 취사 선택될 수 있어야 한다. 양호한 공기조화 계획을 진행시키려면 다음과 같은 사항을 고려해야 한다.

(1) 공조대상실의 구별, 용도, 사용조건

공조 운전시간, 실내기기·조명기구의 용량, 인원밀도, 건물의 규모, 장래의 용도 변경 가능성

(2) 실내 온도, 열환경 조건

실내 온습도, 공기청정도 등의 허용조건, 기류의 조건, 기류의 흐름, 건물 셀터의 연간 열부하

(3) 실내 송풍량

법규상의 유효 환기량, 허용 환기량, 필요 환기량, 기류의 분포

(4) 공조방식

정풍량방식 · 변풍량방식, 단일존 공조 · 2존 분리공조, 기간공조 · 연간공조, 열매로써의 공기, 물, 냉매 등의 채용

(5) 열원방식

중앙 열원식 또는 개별 열원원식, 단일 열원운전 또는 냉온 열원운전, 축열조의 설치 여부

(6) 경제성

초기 투자비, 경상비, 기계실 스페이스, 덕트나 배관의 평면적 · 단면적 스페이스, 기기 등의 효율 둔화와 수명, 설비 변경 등

1-2 계획순서

공조계획을 진행하는 순서는 구상→기본계획→실시계획→실시설계로 행하는 것이 보통이다. 초기 기획에서는 전체적 계획의 윤곽을 결정한다. 즉, 공조를 필요로 하는가 난방만으로도 되는가 등이다. 기본계획 및 기본설계에서는 새로운 방식의 검토와 자료수집을 통하여 실시 설계에 필요한 기초를 다지며 최종적으로 실시 설계를 한다. 구상단계에서는 공조가 필요성, 공조범위, 공조설비의 정도 선정, 채용되는 열원의 종류, 설비공사 예산 등의 계획이 있다.

기본계획에서의 검토 내용은 기본설계를 하기 위한 전단계로서 방식의 검토, 실내공기환경의 질 선정, 각종 자료수집, 실험 · 실측 등을 검토한다. 기본계획의 검토 내용은

건물에 따라서는 수 년이 걸리는 경우도 있으며 계획한 경험이 많은 일반 건물은 기본계획을 매우 짧은 기간동안 계획하는 경우도 있다. 실시 계획(기본설계)은 기본계획의 내용을 하나하나 상세하게 전개적으로 계획·검토하기 때문에 실시 계획에서 검토한 여러 공조방식은 하나로 결정된다. <표 4-1>은 계획의 순서를 나타내고 있다.

<표 4-1> 계획순서의 개요

계획의 흐름	구 상	기본계획	실시계획 (기본설계)	실시설계
성과도서	-건물의 규모, 용도, 형태 -장래계획 -공기(工期) -예산	-기본계획서 -공사비 개산서	-계획 개요서 -사양 개요서 -공사비 개산서 -각종 기술자료	-실시 설계도 -특기 사양서 -공사비개산서 -각종 계산서
검사항목	-공조, 난방 -공조의 정도 -열원 채용 계획 -장래 계획의 전망 -에너지 절약 계획	-공조방식의 검토 -실내환경의 정도 및 설정 -공사비의 개략산출 -자료수집 및 검토 -실험실측 -유사사례조사 -관계법령조사 -현지조사	-열원방식의 검토 -공조방식의 검토 -개략 열부하 계획 -장치기기의 배치 -자료수집과 검토 -유사사례의 검토 -현지조사	-설정 조건의 확인 -열부하계산 -풍량의 산출 -장치용량의 결정 -공조방식의 결정 -각 설계도 작성 -상세사양의 결정

1-3 조닝계획

공기조화설비에서 건물 내를 몇 개의 공조계통으로 구분하여 각각의 공조계통이 담당하는 구역별로 구분하여 공조방식을 결정하는 것을 **조닝(*zoning*)**이라 한다. 이것은 공조계획에서 중요한 사항이며 같은 건물 내에서도 구획된 존에 따라서 열부하, 실내환경조건, 실의 사용용도 또는 사용시간에 따라서도 각기 부하조건이나 실내조건이 다르기 때문이다.

1-3-1 부하별 조닝

건축물의 외주부(*perimeter zone* 또는 *exterior zone*)에서는 외벽을 통하여 실내외의 온도와 일사의 강약에 따라 시간마다 부하가 변동한다. 외벽에서 비교적 떨어져 있는 **건물의 내부(*interior zone*)**에서는 외기의 영향은 적고 인체발열, 조명, 전기기기에서의 방열은 연간 대체로 일정하다. 따라서 건물을 방위별, 구역별 부하에 따라 분류할 필요가 있다. 외부 존의 폭은 대개 6m정도가 보통이다.

1-3-2 용도별 조닝

사용 목적이 다른 실을 분할하여 다른 공조를 행하는 방법이다. 예를 들면 병원의 경우 진료, 병동, 수술실, 검사, 분만, 관리 등 조건이 다른 실이 많기 때문에 분리할 필요가 있다.

1-3-3 시간별 조닝

공기조화의 계통을 사용하는 시간대에 의하여 분할하는 것이 시간별 조닝이다. 사무소빌딩을 예를 들면 일반 사무실, 대회의실, 전화교환실, 전자계산실, 식당, 후생시설, 숙직실 등 각각 사용시간이 다르다.

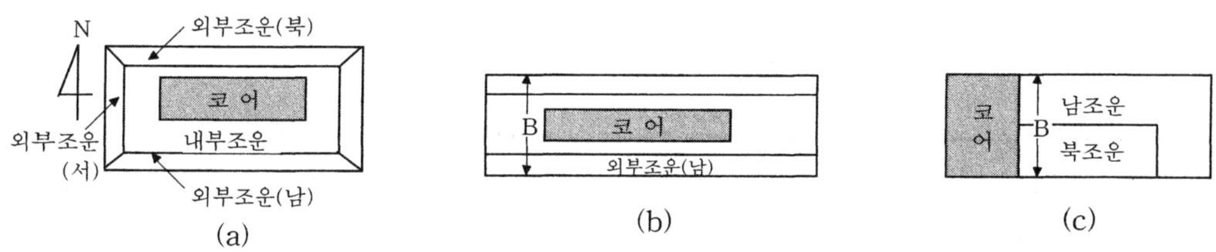

<그림 4-1> 방위별 존의 분류방법

2. 공기조화 방식의 분류

2-1 개요

공조방식은 <표 4-2>에 표시한 바와 같이 크게 중앙식과 개별식으로 분류되며, 표현방법에 따라 여러 방식으로 나누어진다. 중앙식은 열원(熱源)이 기계실에 집중 설치되어 있는 경우이며, 개별식은 열원이 분산 설치되어 있는 경우이다.

한편, 중앙식은 상업용 공기조화설비의 기본이 되는 방식이며, 일반적으로 중앙기계실에 열원설비로 냉동기 및 보일러를 설치하고 2차 측에 설치한 공기조화기에 의하여 공조를 행하는 방식이다. 개별식은 소위 패키지 유닛이라 불리는 압축기를 내장한 유닛을 필요에 따라서 분산 설치하는 방식이며, 소형 주택용으로 개발된 유닛이 고급화, 대형화하여 그것의 본래 특성인 간편성 때문에 최근 들어 채용되는 경우가 많다.

<표 4-2> 공조방식의 분류

구 분	에너지 매체에 의한 분류	시스템명	세구분
중앙식	전공기방식	단일 덕트 방식	정풍량(定風量)방식
			변풍량(變風量)방식
		2중 덕트 방식	정풍량 2중 덕트 방식 변풍량 2중 덕트 방식 멀티 존 유닛방식
		덕트 병용의 패키지 방식 각층 유닛방식	
	공기-수 병용 방식	덕트 병용 팬코일 유닛방식	
	전 수방식	팬코일 유닛방식	
개별식	냉매방식	룸 쿨러 방식 패키지 방식 멀티 유닛 방식	

2-2 전 공기 방식(all air system)

이 방식은 <그림 4-2(a)>와 같이 중앙공조기로부터 덕트를 통해 냉·온풍을 공급받는다. 전 공기방식의 특징은 실내공기의 오염이 적고, 중간기에 외기 냉방이 가능하다. 또한 실내에는 취출구나 흡입구를 설치하면 되므로 실내 유효면적을 넓힐 수 있고, 실내에 배관으로 인한 누수 걱정이 없다.

그러나 대형 덕트로 인한 덕트 스페이스가 필요하고, 열매체인 냉·온풍의 운반에 필요한 반송동력이 커지고 넓은 공조기계실의 면적이 필요하다.

이 방식이 적용되는 건물은 $10,000m^2$ 이하의 소규모 건축, 중규모 이상의 다층 건물의 내부 존, 극장의 관객석과 같이 많은 풍량이 요구되는 곳, 높은 청정도가 요구되는 병원의 수술실, 공장의 클린 룸 등에 적합하다.

2-3 공기-수 병용방식(air-water system)

공기-수방식은 공기방식과 수방식을 병용한 것이다. 이 방식은 전공기 방식과 전수방식을 갖고 있으며, 서로의 단점을 보완한 방식이다. 장점으로는 페리미터 존(perimeter zone, exterior zone)과 같은 곳을 수배관에 의한 팬코일 유닛(FCU)같은 것으로 냉난방부하를 처리함으로써 덕트 스페이스가 작아도 된다. 또한 존의 구성이 용이하며, 유닛 제어에 의한 개별 제어가 가능하고 전공기식에 비하여 반송동력이 적게 든다.

그러나, 단점으로는 실내 송풍량이 적고 유닛에 고성능 필터를 사용할 수 없어 청정도가 낮으며, 외기냉방과 배열 회수가 어렵다. 또한 실내에 수배관이 필요하며 물에 의한 누수 사고가 우려되며, 보수 · 점검 등 유지관리가 번거롭다.

따라서 공기-수방식이 적용되는 곳은 사무소 건축, 병원, 호텔 등이며, 주로 외부 존은 수방식으로, 내부 존은 공기방식으로 사용하는 경우가 많다.

2-4 전 수방식(all water system)

전 수방식은 보일러로부터 증기 또는 온수나 냉동기로부터 냉수를 각 실에 있는 유닛(FCU)으로 공급시켜 냉난방을 하는 것이다. 이 방식의 장점은 덕트 스페이스가 필요 없고, 열의 운송 능력이 공기에 비해 적게 소요되며 각실 제어가 용이하다.

그러나 단점으로는 송풍공기가 없기 때문에 실내공기의 오염이 우려되며, 실내 배관의 누수가 염려된다. 이 방식이 적용되는 곳은 여관, 주택 등과 같이 주거인원이 적고 틈새바람에 의한 외기도입이 가능한 건물이 적당하다.

2-5 냉매방식

이 방식은 냉동기 또는 히트 펌프 등의 열원을 갖춘 패키지 유닛을 사용하는 방법이다. 이 방식의 장점은 개별 제어, 개별운전이 가능하며, 반송 동력이 작고, 운전 · 취급이 간단하다. 단점으로는 습도, 청정도, 기류분포의 제어가 곤란하며, 외기냉방이 불가능하고, 소음 · 진동이 크다.

적용 건물은 주택, 호텔객실, 소점포 등 비교적 소규모 건물이나 하루종일 공조를 필요로 하는 컴퓨터실, 수위실 등에 사용되지만 최근에는 사무소나 일반 건물에도 많이 채용되고 있다.

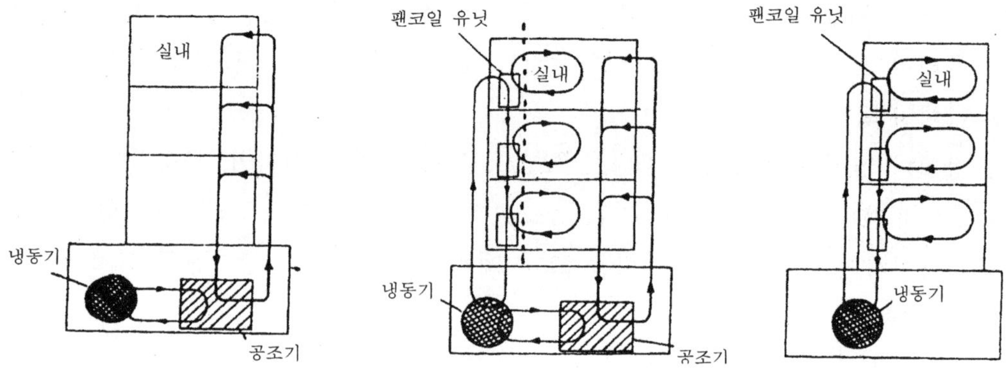

(a) 전공기방식　(b) 공기-수 병용방식　(c) 전수방식

<그림 4-2>　공조방식의 분류

3. 공기조화방식

3-1　단일 덕트방식

정풍량방식이 풍량을 일정하게 유지하면서 송풍온도를 변화시켜서 부하 변동에 대처하는데 반하여, 변풍량방식은 송풍온도를 일정하게 유지하고 부하 변동에 따라서 송풍량을 변화시켜서 실온을 제어하는 방식이다.

$$H_s = 0.29Q(t_r - t_d) \qquad (4\text{-}1)$$

H_s : 실내 현열부하 [kcal/h]

Q : 송풍량 [m^3/h]

t_r : 실내온도 [℃]

t_d : 송풍온도 [℃]

3-1-1 정풍량 방식(CAV : Constant Air Volume System)

이 방식은 가장 표준적인 공조방식으로 일정한 풍량으로 송풍하여 실내의 부하 변동에 따라서 토출공기의 온도를 변화시키는 방식이며 건물의 규모, 종별에 관계 없이 가장 많이 사용되고 있다.

이 방식의 장점은 공조기가 중앙식이므로 공기조절이 용이하며, 공조실을 별도로 설치하므로 유지관리가 확실하다. 또한 공조실과 공조 대상실을 분리할 수 있어서 방음, 방진이 용이하며, 송풍량과 환기량을 크게 계획할 수 있으며, 환기팬을 설치하면 외기 냉방이 용이하다.

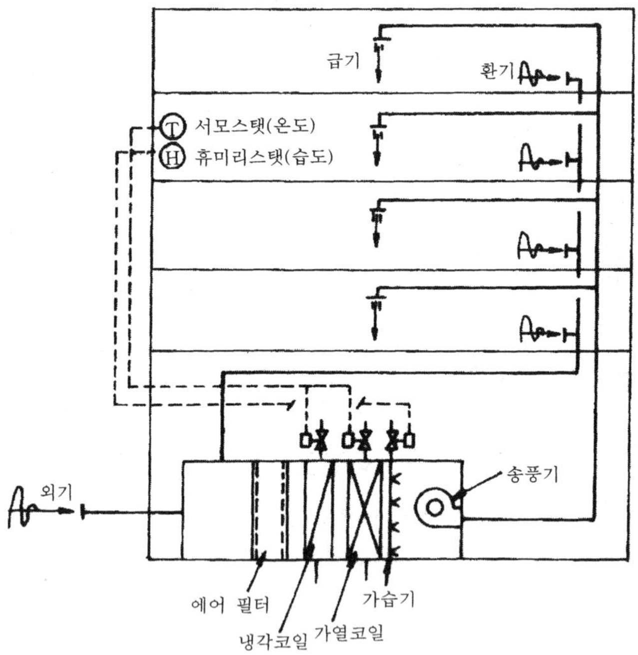

<그림 4-3> 정풍량 단일 덕트방식

한편 단점으로는 다실 공조인 경우 각실의 부하 변동에 대한 대응력이 약하며, 가변풍량 방식에 비하여 송풍기 동력이 커져서 에너지 소비가 증대한다.

적용건물은 연면적 2,000m^2 이하의 소규모 건축에 널리 사용되고 있고 대규모 건물에서는 공장이나 극장 관객석과 같은 대공간이나 연면적 $5,000m^2$ 이상의 다층 건축 내부 존의 공조에 많이 사용되고 있다.

3-1-2 변풍량 방식(VAV : Variable Air Volume System)

취출구 1개 또는 수 개마다 변풍량 유닛(VAV유닛)을 설치하여 실온에 의하여 취출 풍량을 조절한다. 이 방법은 피이크(peak) 부하 이외에는 송풍량의 감소로 전력소비의 절감으로 에너지 효과가 현저하다. 변풍량 유닛은 풍량 제어방식에 따라 바이패스형(bypass type), 슬롯형(slote type), 유인형(induction type) 등이 있으며, 그 구조는 <그림 4-5>와 같다.

장점으로는 타 방식에 비하여 현저히 에너지 절약이 되고, 각 실의 실온을 개별로 제어할 수 있다. 또한 대규모의 경우 덕트나 공조기의 용량은 동시 사용률을 고려하여 정풍량방식의 80% 전후로 적게 할 수 있다.

단점으로는 변풍량 유닛을 별도로 설치해야 하기 때문에 정풍량에 비해 설비비가 높아지고, 병원의 청정구역 등 실내공기의 청정화를 위하여 대풍량을 필요로 하는 경우는 부적당하다.

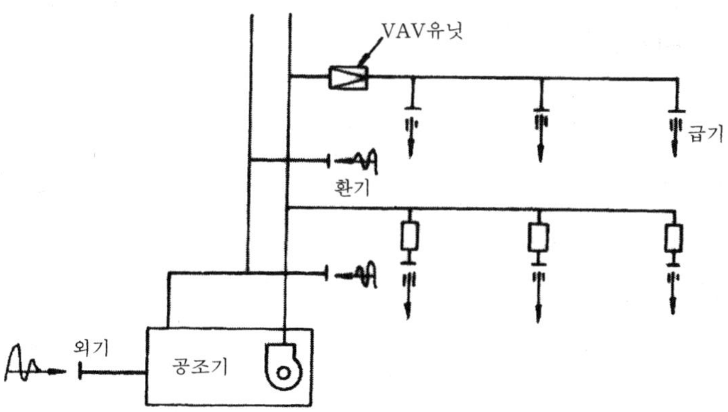

<그림 4-4> 변풍량 단일 덕트 방식

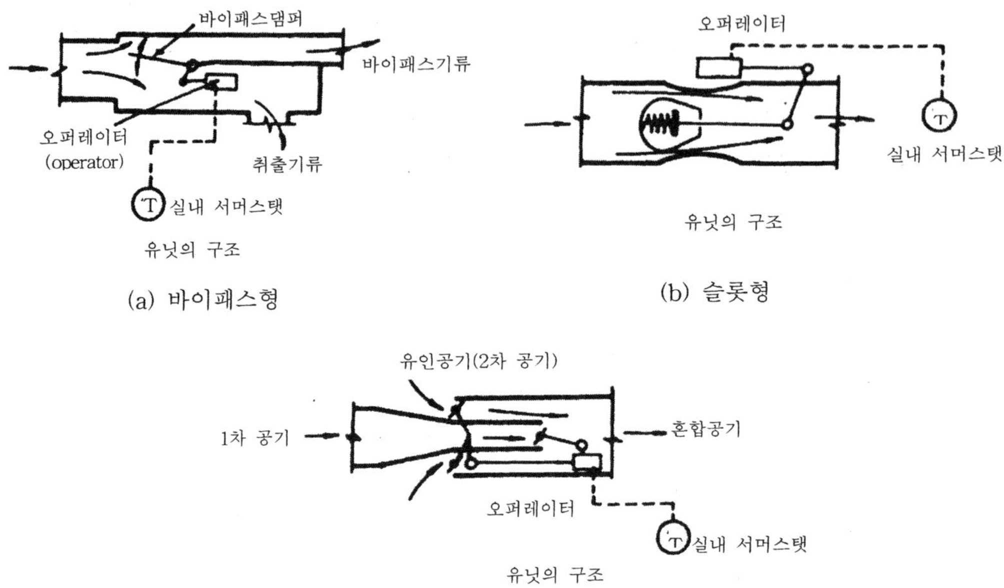

(a) 바이패스형 (b) 슬롯형

(c) 유인유닛형

<그림 4-5> 변풍량 유닛의 종류

3-2 2중 덕트 방식

2중 덕트 방식은 2계통의 덕트를 통하여 냉·온풍을 각각 공급하고 각 존 또는 실별로 혼합상자(mixing box)를 설치하여 실내 부하 변동에 따라서 냉풍과 온풍을 혼합·공급하여 실내온도를 제어하는 방식이다.

이 방식의 장점은 실내부하에 따라 개별 제어가 가능하며, 냉·온풍을 혼합하여 토출하므로 계절에 따라 냉난방을 변환시킬 필요가 없다. 또한 장래 간막이 벽의 변경 또는 용도 변경에 대해서 유연성이 있으며, 냉풍 및 온풍이 열매체이므로 실내온도 변화에 대한 응답이 빠르다.

단점으로는 냉·온풍을 혼합하는데 따른 에너지 손실 및 연간 일정한 풍량을 공급하기 위한 송풍동력으로 운전비가 상승하며, 덕트가 냉풍 및 온풍 2계통이므로 설비비가 많이 든다.

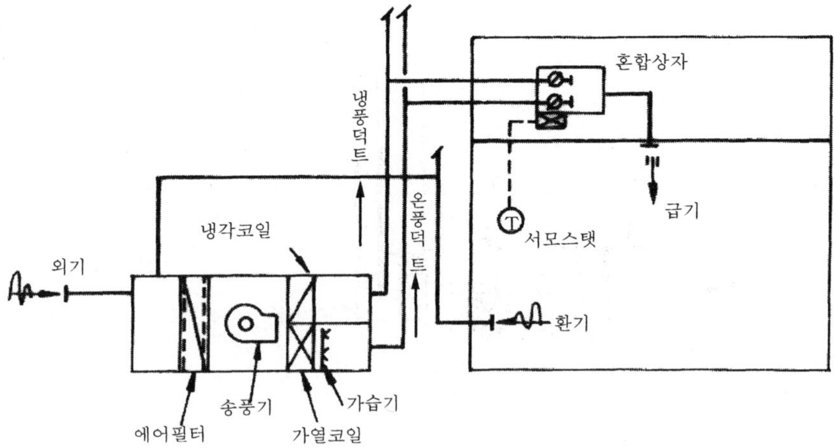

<그림 4-6> 2중 덕트 방식

3-3 멀티 존 방식

이 방식은 이중 덕트 방식을 간소화한 것으로 공조기 안에서 냉풍, 온풍을 혼합하여 부하조건이 다른 계통마다 거기에 알맞는 공기를 공급하는 방식이다(그림 4-7 참조).

멀티 존 방식의 장점은 중소 규모의 공조 스페이스를 더욱 세분한 계통으로 분류하는 것이 가능하기 때문에 각 존 마다 희망치에 가까운 온도조절이 가능하며, 2중 덕트 방식과 비교하여 초기 설비비가 저렴하다.

단점으로는 이중 덕트 방식과 같은 혼합손실이 있어서 에너지 소비량이 많으며, 동일 존에 있어서 내주부 부하변동과 외주부 부하 변동이 거의 균일해야 한다. 또한 장차 존 혼합 댐퍼를 증설한다는 것은 경제적으로나 현실적으로 불가능하며, 2중 덕트 방식에 비하여 정풍량 장치가 없으므로 각 실의 부하 변동이 심하게 달라지면 각 실에 대한 송풍량의 불균형을 가져온다.

3-4 유인 유닛(induction unit : IDU) 방식

이 방식은 건물의 외주부에 유인 유닛을 설치하고 여기에 중앙식 공조기에서 공급하는 고압의 1차 공기를 노즐에서 불어냄으로써 실내공기를 유인하여 혼합시켜서 실내에 불어내는 것이다(그림 4-8 참조). 이 방식은 방이 많은 건물의 외주부에 적합한 방식으로서 부하변동에 따라서 실온을 제어한다.

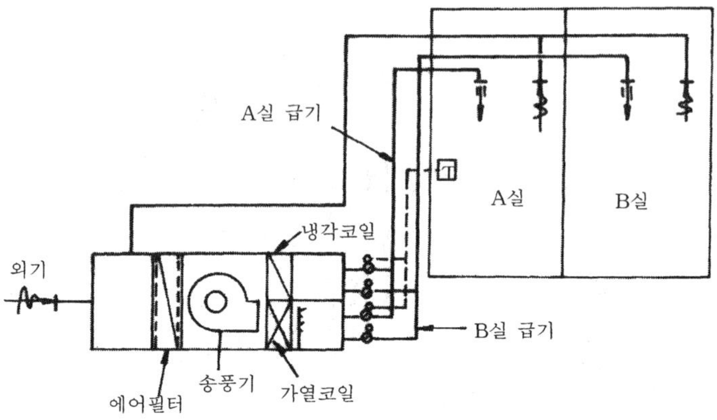

<그림 4-7> 멀티 존 방식

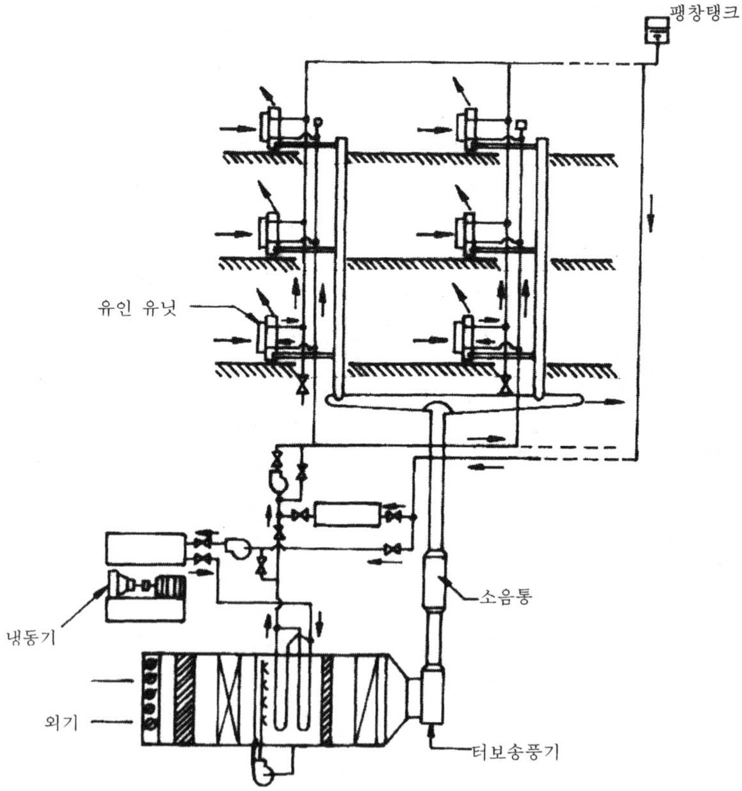

<그림 4-8> 유인 유닛 방식

3-5 팬 코일 유닛(fan coil unit : FCU) 방식

냉·온수코일로 구성되며, 중앙 열원설비에서 냉수 또는 온수를 공급받아 실내의 공기를 팬으로 코일에 순환시킴으로써 냉각 또는 가열작용을 하는 장치이다. 이 방식은 공간 또는 존별 부하에 개별적으로 대응할 수 있어서 주택, 호텔의 객실, 병실, 사무실 건물의 외주부에 적용된다.

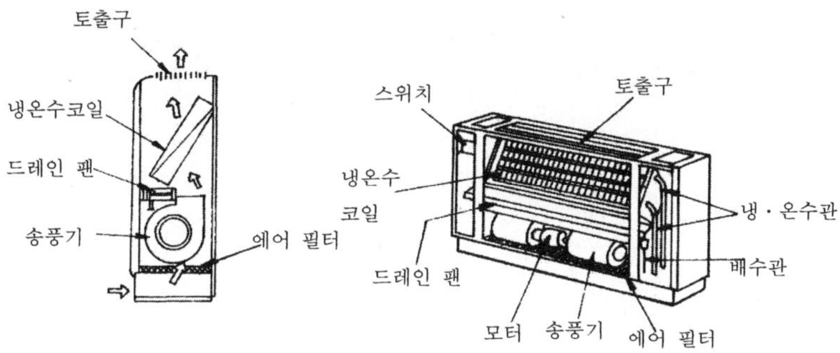

<그림 4-9> 팬 코일 유닛 방식

3-6 각층 유닛 방식

각 층 유닛 방식은 각 층마다 독립된 공조기를 설치하고, 중앙기계실로부터 냉수 및 온수(또는 증기)를 배관을 통해 공급받고 공조기에서 공조된 냉풍 및 온풍을 덕트를 통해 실내에 공급한다. 이 방식은 대규모 건물이고 다층 건물에 적합하다.

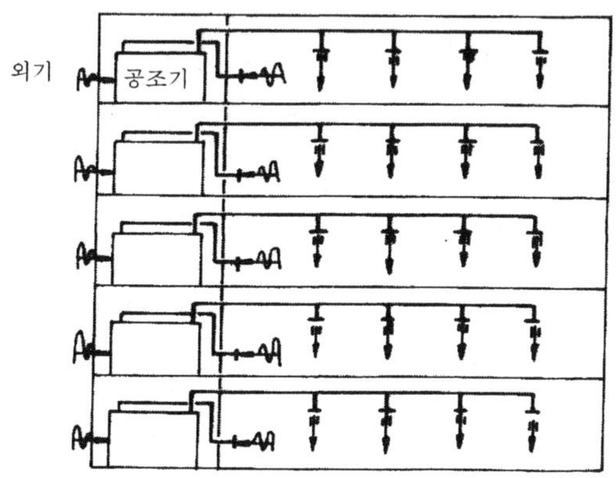

<그림 4-10> 각층 유닛 방식

제 5 장 공기분배장치

1. 개요

공기분배장치는 실내공간의 공기조화를 위해 중앙의 공기조화장치에서 잘 조절된 공기를 실내로 보내기 위한 제반장치를 말하며, 송풍기, 덕트, 외기도입구, 취출구, 흡입구, 풍량조절 댐퍼 등으로 구성되어 있다.

2. 실내공기 분포

실내공기분포는 공기조화 시스템의 성능을 평가하는 중요한 요소의 하나이다. 쾌적한 환경의 공기조화는 실내의 거주역에서 균일한 실온분포와 적절한 기류속도가 유지되어야 하며, 이와 같은 환경은 취출구와 흡입구의 배치, 취출구의 형식, 취출공기의 속도・온도・풍량 등에 따라 크게 달라진다. 실내기류의 최적치로는 냉방의 경우 0.25～0.3m/s, 난방은 0.1～0.25m/s 정도이다. 허용치를 초과한 기류 속에 오랫 동안 노출되어 있으면 불쾌감을 느끼게 된다. 또 실내 기류의 이동이 없는 정체영역(停滯領域)에서는 오염된 공기 등이 정체되어 더욱 불쾌감을 가중시킨다.

이와 같은 정체역의 형성은 여러 가지로 분석될 수 있지만, 불합리한 취출구 배치, 풍속과 풍량의 부족, 실내 장애물 등에 의해서 발생된다.

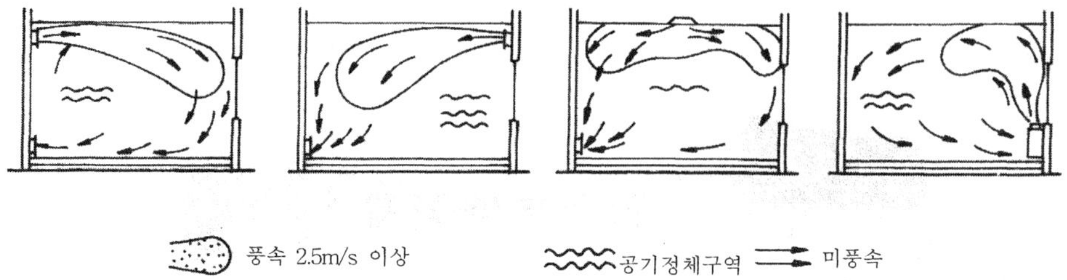

<그림 5-1> 취출구의 위치와 실내공기 분포(냉풍 취출시)

2-1 토출기류의 성질과 토출풍속

원형이나 종횡비가 크지 않은 각형 토출구에서, 토출면에서 기류의 방향을 변화시킬 수 없는 축류 토출구로부터 토출공기는 실내로 진행하여 가면서 주위공기를 유인하여 차츰 풍속이 저하한다.

2-2 흡입기류의 성질

흡입구의 설치위치는 실내의 천장, 벽 등이 많으나 출입문, 벽면에 그릴 또는 언더컷을 설치하여 여기에서 복도를 거쳐 흡입하는 경우도 있다. 실내의 흡입구는 일반적으로 거주구역 가까이 설치하는 일이 많아서 흡입구에서 발생하는 소음이 문제가 되거나 흡입풍속이 너무 빠르면 드래프트를 느끼게 되므로 흡입속도가 너무 크지 않도록 주의해야 한다.

2-3 토출구와 흡입구의 위치관계

실내의 토출구와 흡입구의 상대적 위치관계에 있어서 실내의 기류분포에 대한 영향은 흡입구부근의 흡입기류가 흡입구에서 조금만 떨어지면 급격하게 저하하기 때문에 거의 없는 것으로 생각해도 좋다. 따라서 일반적으로 토출구의 설계에 공기확산성능계수(ADPI) 등을 고려하여 그 배치를 결정하고 흡입구는 실내의 공기가 정체할 만한 곳에 설치해야 한다. 다만, 흡입풍량이 많아서 흡입풍속이 빠르거나 흡입구 크기가 클 때에는 흡입구부근에 있는 거주자는 콜드 드레프트를 느끼는 경우가 있으므로 설계시 주의해야 한다.

3. 취출구와 흡입구의 종류

조화된 공기를 덕트에서 실내에 공급하기 위한 개구부를 토출구(또는 취출구)라 하며, 일반적으로 천장 또는 벽면에 주로 설치하지만 창틀 또는 바닥면에 설치하는 경우 또는 천장의 조명기구에 조합시키는 경우도 있다. 토출구는 기류의 방향과 형상에 따라 축류식(軸流式)과 복류식(輻流式)으로 대별된다.

3-1 축류 취출구

3-1-1 노즐형

<그림 5-2>와 같은 노즐을 분기 덕트에 접속하여 급기를 토출한다. 노즐은 구조가 간단하며 도달거리가 길고, 다른 형식에 비하여 소음 발생이 적어 극장, 로비, 공장 등에서 토출풍속 5m/s 이상으로도 사용되고 있다. 설치위치는 실내공간이 넓은 경우는 벽면에 부착하여 횡방향으로 토출하는 예가 많지만, 천장이 높은 경우에는 천장에 설치하여 하향 토출할 때도 있다.

3-1-2 펑커 루버

원래는 선박에서 환기용으로 제작된 것으로 <그림 5-3>과 같이 목이 움직여서 토출공기의 기류방향을 바꿀 수가 있으며, 토출구에 달려있는 댐퍼로 풍향 조절도 쉽게 할 수 있다. 이 토출구는 토출풍량에 비하여 공기 저항이 크다는 단점이 있으나 공장, 주방 등의 국소 냉방에 주로 사용된다. 따라서 운송 수단에서와 같이 사람이 열을 발산하면서 장시간 체류하는 곳을 대상으로 한다.

<그림 5-2> 노즐형

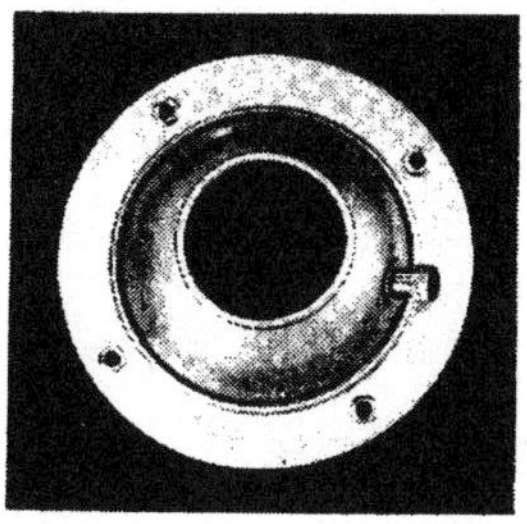

<그림 5-3> 펑커 루버

3-1-3 베인 격자형

베인 격자형 토출구는 <그림 5-4>와 같이 각형의 몸체에 폭 20~25mm정도의 얇은 날개 여러 개를 토출면에 수평 또는 수직으로 설치하여 날개를 움직임으로써 공기의 토출방향을 자유롭게 조절할 수 있다. 그리고 날개가 고정된 것을 고정 베인형 토출구, 가동할 수 있는 것을 가동 베인형 토출구라 하며, 대개 벽면에 설치하지만 천장면에 설하거나 로봇형 팬 코일 유닛과 함께 창 밑에 설치하는 경우도 있다.

풍향 조절에는 날개의 뒷면에 셔터를 설치하여 이용하는데, 셔터는 조리개형으로 되어 있어서 너무 조이게 되면 소음의 원인이 된다. 토출구, 흡입구류에서 셔터가 없는 것을 **그릴(*grille*)**, 셔터가 붙어 있는 것을 **레지스터(*register*)**라고 한다.

(a) 수직형 (b) 수평형 (c) 수평-수직형

<그림 5-4> 베인 격자형 토출구

3-1-4 라인형 토출구

(1) 브리즈 라인(breeze line)형 토출구

<그림 5-5>와 같이 토출부분에 있는 홈의 종횡비가 커서 선의 개념을 통한 실내디자인에 조화시키기가 쉽다. 설치위치는 외주부의 천장 또는 창틀 위에 설치하여 출입구의 에어 커튼 및 외주부 존의 냉난방부하를 처리하도록 하며, 토출구 내에 있는 블레이드의 조절로 토출기류의 방향을 바꿀 수 있다. 이 때 토출기류를 거주영역으로 직접 토출할 경우에는 드래프트 기류에 주의해야 한다.

토출기류가 나오는 홈은 토출풍량에 따라 1개 또는 2개가 있으며, 이 브리즈 라인형 토출구를 흡입용으로 이용할 때는 토출구 속에 있는 블래이드를 제거해야 한다.

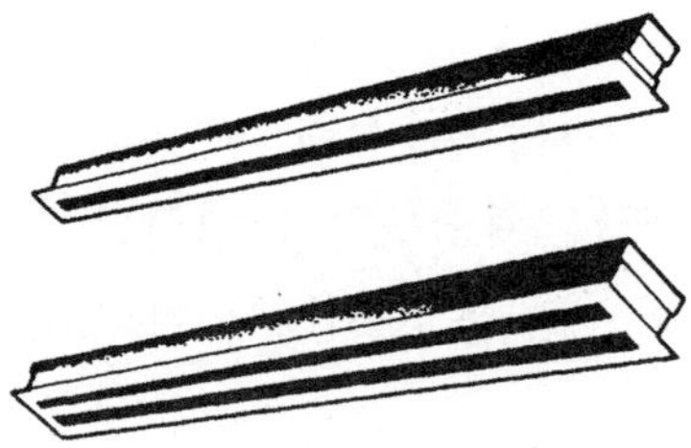

<그림 5-5> 브리즈 라인(breeze line)형 토출구

(2) 캄라인형 토출구

<그림 5-6, 5-7>과 같이 종횡비가 큰 토출구로서 그 속에 디플렉터가 있어서 정류작용을 하며, 흡입용으로 이용할 경우에는 디플렉터를 제거해야 한다. 이 토출구는 내실부 또는 외주부 존에 모두 적용되며, 출입구의 에어커텐용 또는 실내 디자인과 조화를 이루기 위하여 토출구가 필요 없는 부분까지의 연속된 외형을 필요로 하는 경우에는 토출구 뒷면에 바람막이판을 부착시켜서 사용한다.

<그림 5-6> 캄 라인(calm line) 형 토출구

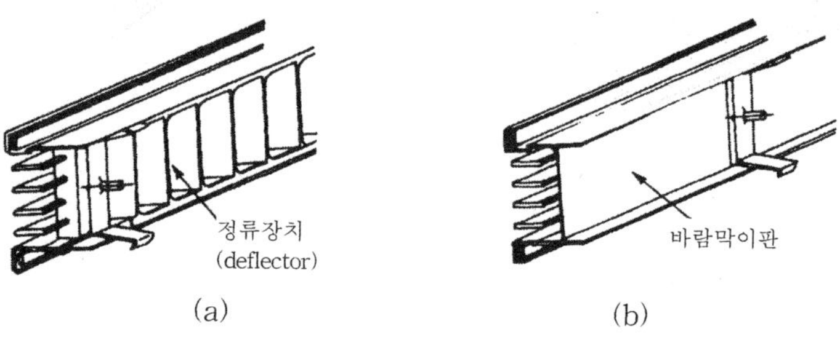

<그림 5-7> 캄 라인형 토출구의 정류장치 및 바람막이판

(3) T-라인형 토출구

<그림 5-8>과 같이 천장이나 구조체에 T-바를 고정시키고 그 홈 사이에 토출구를 설치하는 것으로 내실부 또는 외주부의 어디서나 모두 사용할 수 있다. 또 흡입구로 사용할 때에는 토출구 속의 베인을 제거해야 한다.

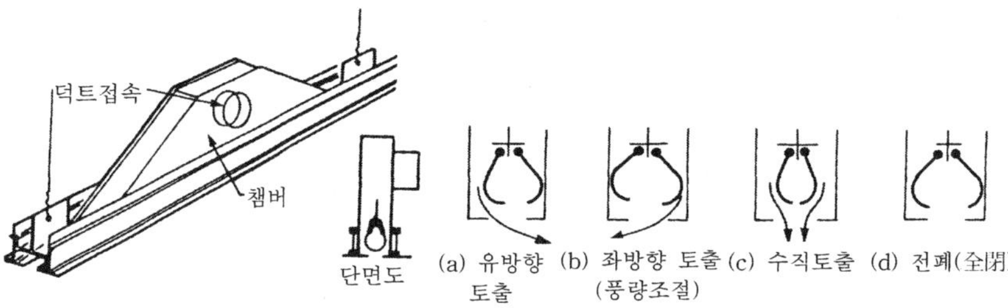

<그림 5-8> T-라인(T-line)형 토출구

(4) 슬롯형 토출구

<그림 5-9>와 같이 종횡비가 대단히 크고 폭이 좁고 길이가 1m 이상 되는 것으로 평면 분류형의 기류를 토출한다. 최근에 많이 사용하고 있는 트로퍼(troffer)형은 <그림 5-10>과 같이 슬롯형 토출구를 조명기구와 조합한 것으로 조명등의 외관으로 토출구의 역할까지 겸하고 있어 더블 쉘타입 조명기구라고도 한다.

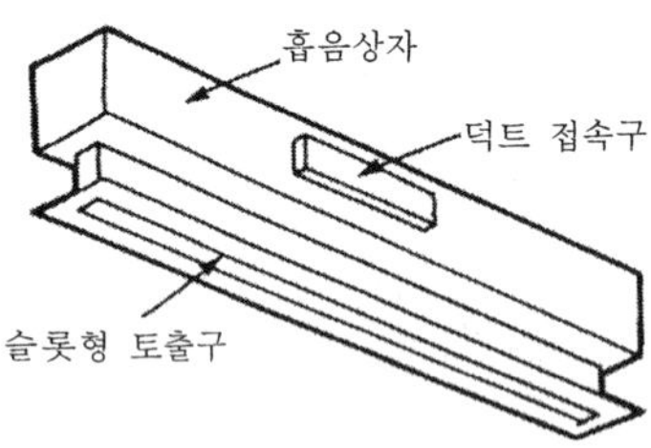

<그림 5-9> 슬롯형 토출구

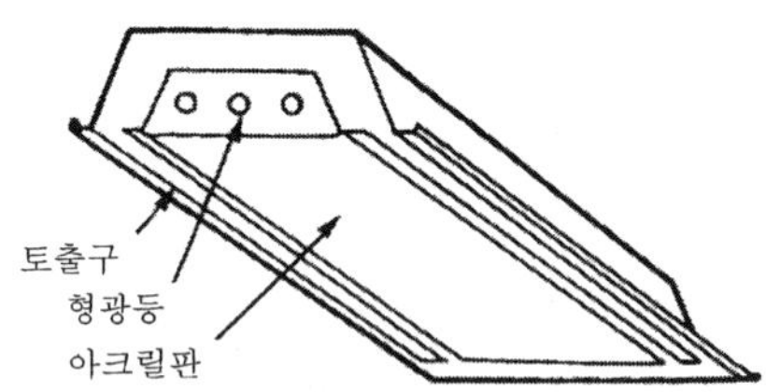

<그림 5-10> 트로퍼형 토출구

(5) 다공판형 토출구

천장 설치용으로 강판 등에 직경이 작은 구멍을 개공률 10%정도로 뚫어서 토출구로 만든 것이며, 확산 성능이 우수하기 때문에 도달거리가 짧고 드래프트의 방지에 효과가 크다. 따라서 거구영역의 공간높이가 낮은 곳에 사용된다. 그러나 소음이 커서 최근에는 사용빈도가 낮아지고 있다.

3-2 복류 토출구

3-2-1 팬형 토출구

천장의 덕트 개구단의 아랫 쪽에 원형 또는 원추형의 판을 매달아 여기에 토출기류를 부딪치게 하여 천장 면에 따라서 수평방사상의 공기를 내보내는 것으로, 구조는 간단하지만 일정한 기류의 형상을 얻기가 어렵고 냉방시에는 좋으나 난방시에는 온풍이 천장 면에만 체류하여 실내 상·하에 큰 온도차를 만들기 때문에 난방용 토출온풍을 실내 하부로 불어 내도록 팬을 상·하로 작동하는 것도 있다.

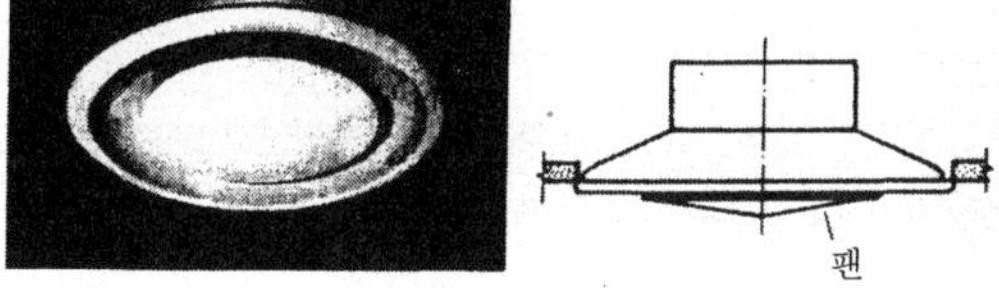

<그림 5-11> 팬형 토출구

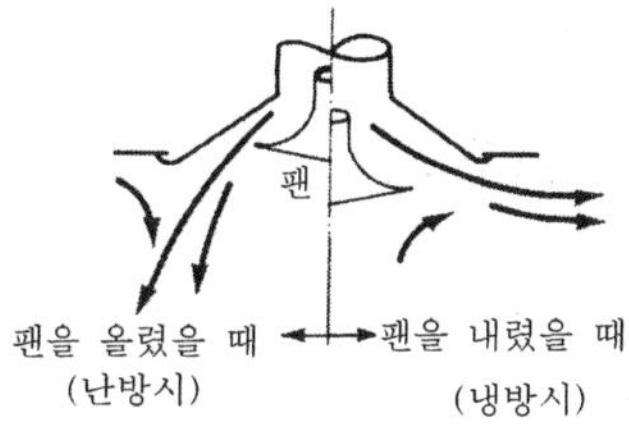

<그림 5-12> 팬의 위치에 따른 기류방향

3-2-2 아네모스탯형

아네모스탯형은 팬형의 결점을 개량한 것으로 천장 디퓨저라고도 하며, 여러 개의 원형 또는 각형의 콘을 덕트 개구부에 설치하고 천장부근의 실내공기를 유인하여 토출기류를 충분하게 확산시키는 우수한 성능을 가지고 있다. 따라서 확산 반경이 크고 도달거리가 짧기 때문에 천장 토출구로 가장 많이 사용된다.

이 천장 디퓨저의 주변부를 토출구로 하고 중심부를 흡입구로 하여 일체화한 천장 토출 흡입구라고 하는 것도 있다. 이것은 천장이 대단히 낮은 방이나 토출 및 흡입구의 간격을 적게 해야 하는 곳에 적합하고, 넓은 면적의 환기 등에 이상적인 기류분포를 가진다. 천장에서의 토출기류 또는 유인된 실내공기 중의 먼지에 의하여 토출구 주변이 더러워지는 것을 스마징(smudging)이라 하며, 더러운 것이 눈에 띄게 되므로 주의해야 한다.

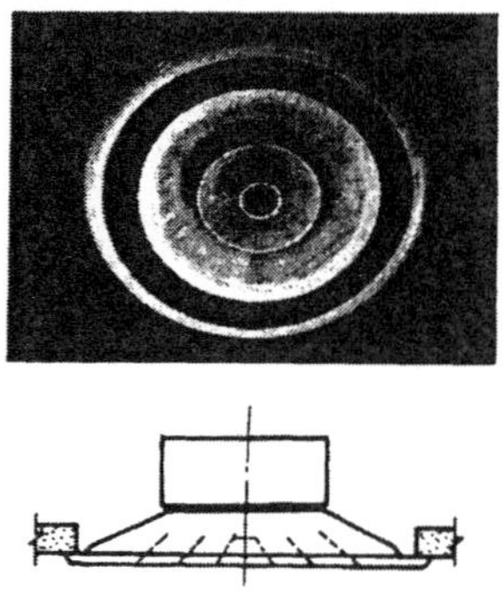

<그림 5-13> 아네모스탯형 토출구

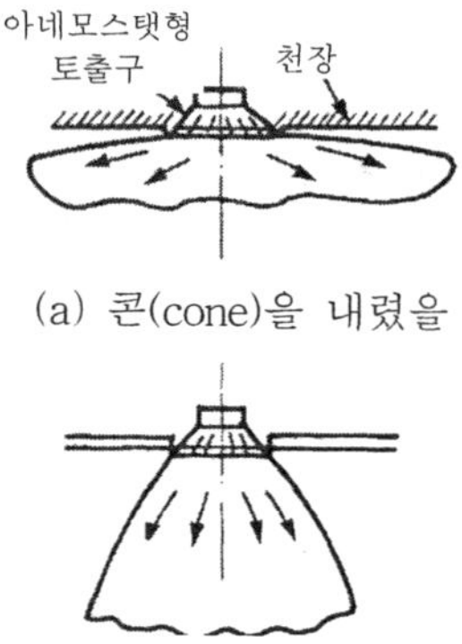

(a) 콘(cone)을 내렸을 때

(b) 콘(cone)을 올렸을 때

<그림 5-14> 콘의 위치에 따른 기류 분포

3-3 흡입구

벽 설치형과 천장 설치형으로는 격자형 및 아네모스탯형이 가장 많이 사용되고 있으며, 그 외에 천장에 T-라인을 설치하고 천장속을 환기 챔버로 이용하여 직접 천장속으로 흡입하는 경우도 있다. 바닥 설치형으로는 <그림 5-15>와 같은 버섯모양의 머쉬룸형 흡입구를 바닥면의 오염공기를 흡입하도록 설치한다.

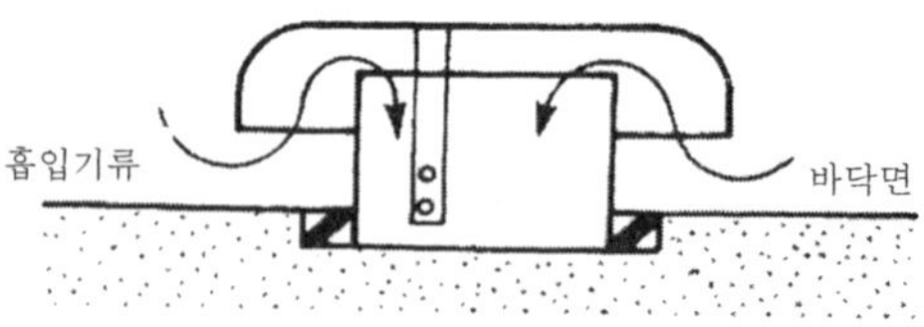

<그림 5-15> 머쉬 룸(mush room)형 흡입구

4. 덕트의 설계

4-1 덕트 내의 기류

덕트 내를 공기가 흐를 때 에너지 보존의 법칙에 의하여 베르누이 정리가 성립된다. 따라서 공기조화에서 사용하는 덕트의 경우에는 초고층 건물의 입상덕트 등과 같이 특수한 경우를 제외하고는 덕트 내의 공기의 흐름을 다음 식과 같이 나타낸다.

$$P_1+\frac{{v_1}^2}{2g}\gamma=P_2+\frac{{v_2}^2}{2g}\gamma+\Delta P \qquad (5\text{-}1)$$

여기서, γ : 공기의 비중량 [kgf/m^3]

g : 중력가속도 [m/s^2]

p, v : 덕트 내의 압력 [kgf/m^2 또는 mmAq]및 속도 [m/s]

Δp : 압력손실 [kgf/m^2]

이 식에서 p는 정압(靜壓, static pressure)으로 흐름의 방향에 대해서 수직방향으로 작용하는 힘이다. 또한 $(v^2/2g)\gamma$는 동압(動壓, dynamic pressure)으로 풍속에 의하여 일어나는 압력을 말하며, 전압(全壓, total pressure)은 정압과 동압의 합이다.

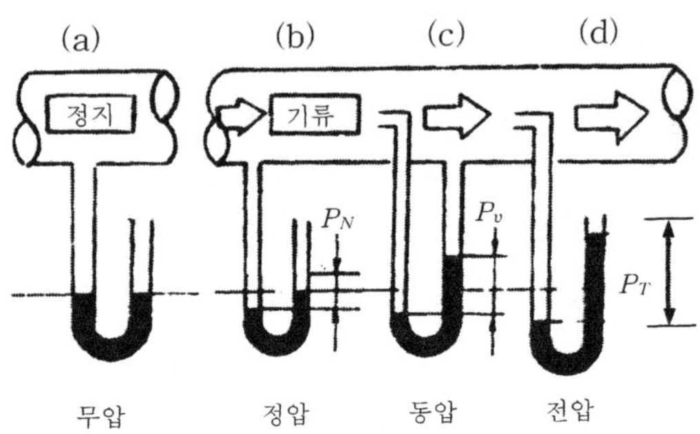

<그림 5-16> 덕트의 압력

4-2 덕트의 압력 손실

4-2-1 직관부 마찰 저항

식 (5-1)에서 마찰 저항 ΔP는 덕트 내에 공기가 흐를 때 생기는 직관부에서의 마찰 저항과 덕트 변형부에서 생기는 국부 저항의 합이 된다.

덕트의 단면이 원형일 때 직관부의 마찰 저항은 덕트의 구성재료에 따른 마찰 저항계수, 길이, 평균속도, 비중량 등의 증가에 따라 상승하고, 덕트직경에 반비례한다. 이 관계를 식으로 나타내면 다음과 같다.

$$\Delta P_f = \lambda \cdot \frac{l}{d} \cdot \frac{v^2}{2g} \cdot \gamma \qquad (5\text{-}2)$$

ΔP_f : 직관부 마찰저항 [mmAq]

λ : 관마찰 저항계수

l : 덕트의 길이 [m]

d : 덕트의 직경 [m]

γ : 공기의 비중량 [약 1.2kg/m^3]

g : 중력가속도 [약 9.8m/s^2]

v : 평균풍속 [m/s]

4-2-2 국부 압력 손실

덕트의 엘보와 같은 곡관(曲管)부분이나 분지관, 합류관, 기타 단면 변화가 있는 곳 등을 흐르는 공기의 와류 현상과 관마찰 손실 등에 의하여 압력 손실이 생긴다. 이것을 식으로 나타내면 다음과 같다.

$$\Delta P_L = \zeta \cdot \frac{v^2}{2g} \cdot \gamma \qquad (5\text{-}3)$$

ΔP_L : 국부 압력손실 [mmAq]

ζ : 국부저항 손실계수

v : 평균풍속 [m/s]

g : 중력가속도=약 9.8 [m/s^2]

γ : 공기의 비중량=약 1.2 [kg/m^3]

4-2-3 상당관길이

곡관부분 등의 저항 손실을 표시하는 방법으로서 이것과 같은 압력 손실을 갖는 동일 구경의 직관 덕트 길이로 표현하는 경우가 있다. 이 l'를 국부저항의 상당관 길이라고 한다.

$$\Delta P_L' = \zeta \cdot \frac{v^2}{2g} \cdot \gamma = \lambda \frac{l'}{d} \cdot \frac{v^2}{g} \cdot \gamma \qquad (5\text{-}4)$$

$$\therefore\ l' = \frac{\zeta}{\lambda} \cdot d \quad \text{또는} \quad \frac{l'}{d} = \frac{\zeta}{\lambda}$$

4-3 덕트 설계

4-3-1 덕트의 설계순서

<표 5-2 > 덕트 내의 풍속

명 칭	저속 방식						고속 방식	
	권장풍속 [m/s]			최대 풍속 [m/s]			권 장	최 대
	주 택	공공건물	공 장	주 택	공공건물	공 장	임대 빌딩	
공기 도입구	2.5	2.5	2.5	4.0	4.5	6.0	3.0	5.0
팬 흡 입 구	3.5	4.0	5.0	4.5	5.5	7.0	8.5	16.5
팬 토 출 구	5~8	6.5~10	8~12	8.5	7.5~11	8.5~14	12.5	25
주 덕 트	3.4~4.5	5~6.5	6~12	4~6	5.5~10	6.5~15	12.5	30
분 기 덕 트	3.0	3~4.5	4~9	3.5~4	4~8	5~11	10	22.5
분기수직덕트	2.5	3~3.5	4	1.5	4~6	5~8		
필 터	1.25	1.5	1.75	2.5	1.75	1.75	1.75	1.75
히 팅 코 일	2.25	2.5	3.0	2.5	3.0	3.5	3.0	3.5
냉 각 코 일	2.25	2.5	2.5	2.5	2.5	3.0	2.5	2.5
에 어 와 셔	2.5	2.5	2.5	2.5	2.5	2.5	2.5	2.5
리 턴 덕 트	—	—	—	3.0	5.0~7.5	7.5~9.0	저	속

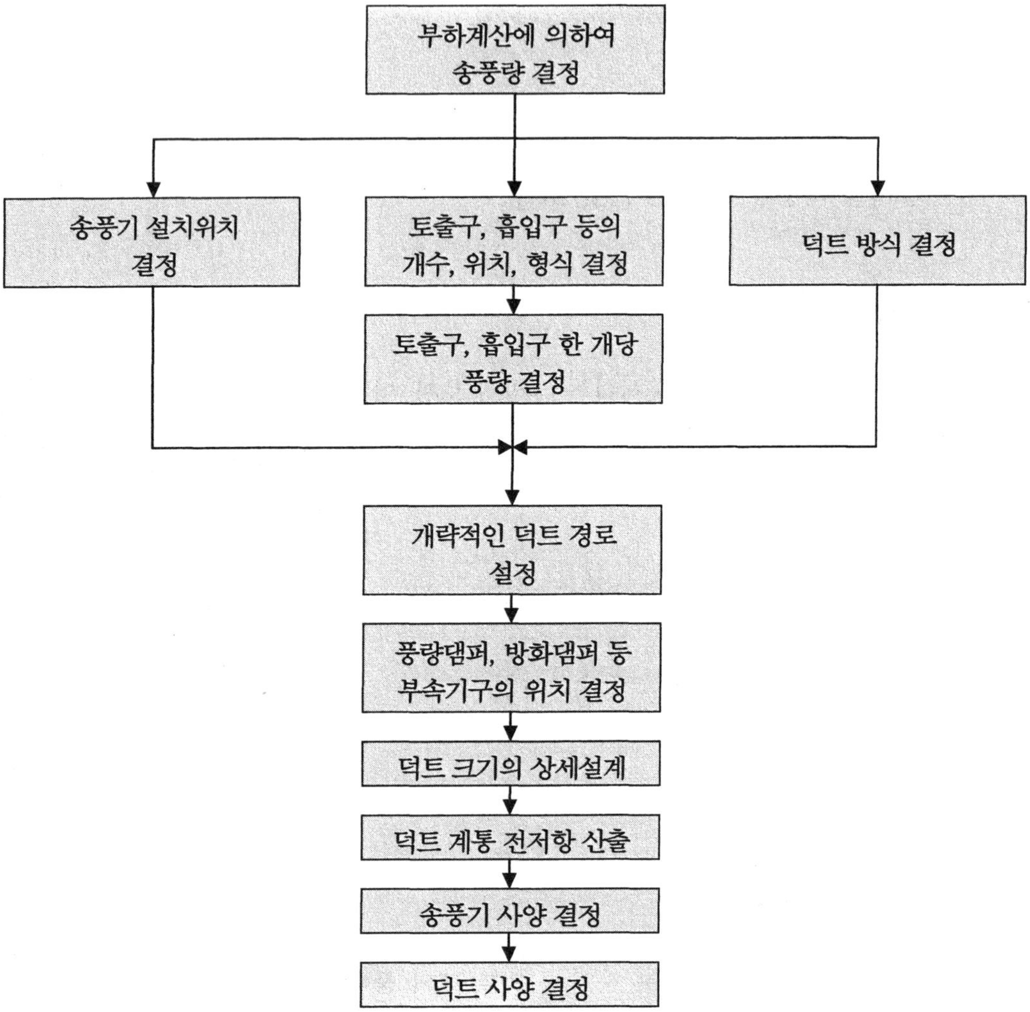

<그림 5-17> 덕트설계 순서

4-3-2 덕트 설계방법

덕트의 설계방법은 등속법, 정압법(등마찰 손실법), 전압법 등이 있으며, 각 방식의 특징은 아래와 같다.

(1) 등속법

덕트 주관이나 분기관의 풍속을 권장풍속내의 임의의 값으로 선정하여 덕트치수를 결정하는 방법으로서 각 덕트 경로의 압력손실 중에서 가장 큰 값을 송풍기 선정용의 정압으로 하고 다른 경로에 대해서는 풍속을 다시 선정하여 기준경로와 같은 정도의 압력 손실이 되도록 설계한다.

(2) 정압법(등마찰손실법)

덕트 1m당 마찰손실과 동일한 값을 사용하여 덕트의 치수를 결정하는 것으로, 선도 또는 덕트 설계용으로 개발한 단순한 계산척으로 간단히 덕트의 치수를 결정할 수 있으므로 널리 사용되고 있다.

(3) 전압법

정압법에서는 덕트 내의 풍속 변화에 따른 정압의 상승, 강화 등을 고려하지 않고 있기 때문에 급기 덕트의 하류측에서 정압 재취득에 의한 정압이 상승하여 상류측보다 하류측에서의 토출풍량이 설계치보다 많아지는 경우가 있다. 이 같은 불합리한 상태를 없애기 위하여 각 토출구에서의 전압이 같아지도록 덕트를 설계하는 방법을 말한다.

5. 덕트의 구조 및 시공

5-1 덕트의 분류

덕트의 종류는 덕트 속을 흐르는 공기의 종류에 따라 분류하면, 공조기에서 조화된 공기를 실내로 보내는 **급기(給氣)덕트**, 실내공기를 다시 공조기로 되돌려보내는 **환기(還氣)덕트**, 실내의 공기를 외부로 보내는 **배기(排氣)덕트**, 외기를 공조기로 도입하는 **외기(外氣)덕트** 등으로 구분한다.

덕트는 주덕트(main duct)와 분기덕트(branch duct)로 대별될 수 있다. 주덕트는 덕트 배치의 간선을 이루는 것이며, 분기 덕트는 주덕트에서 분기되어 각기 필요한 장소에 배치되며 이것을 지관이라고 한다.

덕트를 배치하는 형식에 따라 분류하면 <그림 5-18>과 같이 3가지 형식이 있다. 그림 (a)의 간선덕트방식은 가장 간단한 것이며 설비비가 싸고, 덕트 스페이스가 적어도 된다. 그림 (b)의 개별덕트방식은 취출구마다 덕트를 단독으로 설비하는 방식으로 가정용 온풍로에 많이 사용되고 있다. 또한 풍량조절이 용이하며 최근 공기조화에 채용되는 멀티 존 방식도 바로 이 방식이다. 그림 (c)의 환상 덕트 방식은 덕트 끝을 연결하여 루프를 만드는 형식으로 말단 취출구의 압력조절이 용이하다.

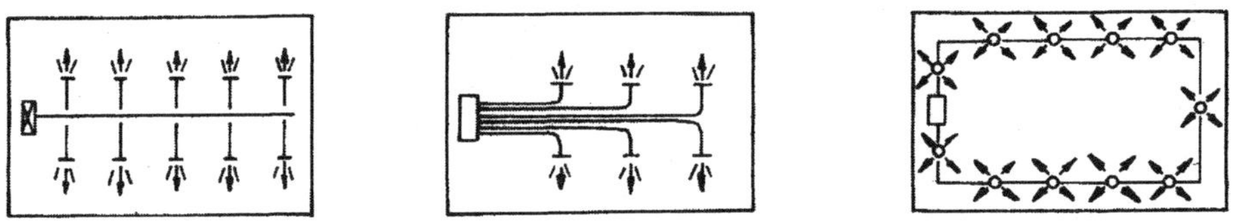

(a) 간선덕트방식　　(b) 개별덕트방식　　(c) 환상덕트방식

<그림 5-18> 덕트의 배치형식

5-2 덕트의 형상과 구조

덕트의 형상은 장방형이나 원형이며, 최근에는 스파이럴 원형 덕트도 사용되고 있다. 동일한 풍량을 송풍할 때 덕트의 마찰 손실은 단면이 원형인 원형덕트가 가장 적으나 건물의 층고를 낮게 하기 위하여 일반적으로 장방형 덕트를 사용하고 있다. 4각 덕트의 **장변과 단변**의 비를 **아스팩트비(*aspect ratio*)**라 하며 보통 4 : 1 이하가 바람직하나 8 : 1을 넘지 않는 범위로 한다

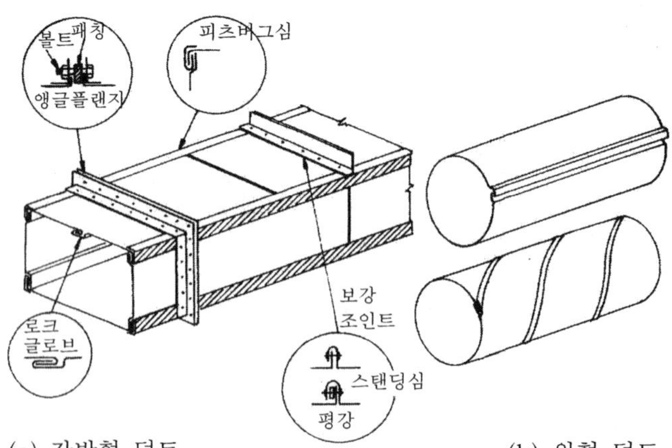

(a) 장방형 덕트　　(b) 원형 덕트

<그림 5-19> 덕트의 구조

덕트용 재료로는 가장 일반적인 것이 아연도금 철판이며, 알루미늄판·동판 등도 사용되나 특수한 경우에만 한정적으로 사용되고 있다. 덕트의 이음은 피츠버그심(pittsburgh seam) 또는 버튼 펀치 스냅 심이 사용되지만 최근에는 심 가공기의 보급으로 조립이 용이한 버튼 펀치 심이 많이 사용된다.

5-3 SMACNA공법에 의한 덕트

종래에는 시공현장에서 아연도금 강판재를 사용한 장방형 덕트를 직접 제작하여 조립하였으나, 호환성이 없고, 공사현장의 이동에 따른 제작기계의 이동, 작업장 확보, 도심지의 소음 문제, 제작 기능의 정밀도, 공기(工期)단축 등에 문제성이 있었다. 따라서 이러한 불합리성을 개선하기 위하여 덕트의 연결부를 공장에서 전문적으로 제작하고, 건설현장에서는 조립만을 하는 SMACNA(Sheet Metal & Air Conditioning Contractors National Association)공법이 개발되었다.

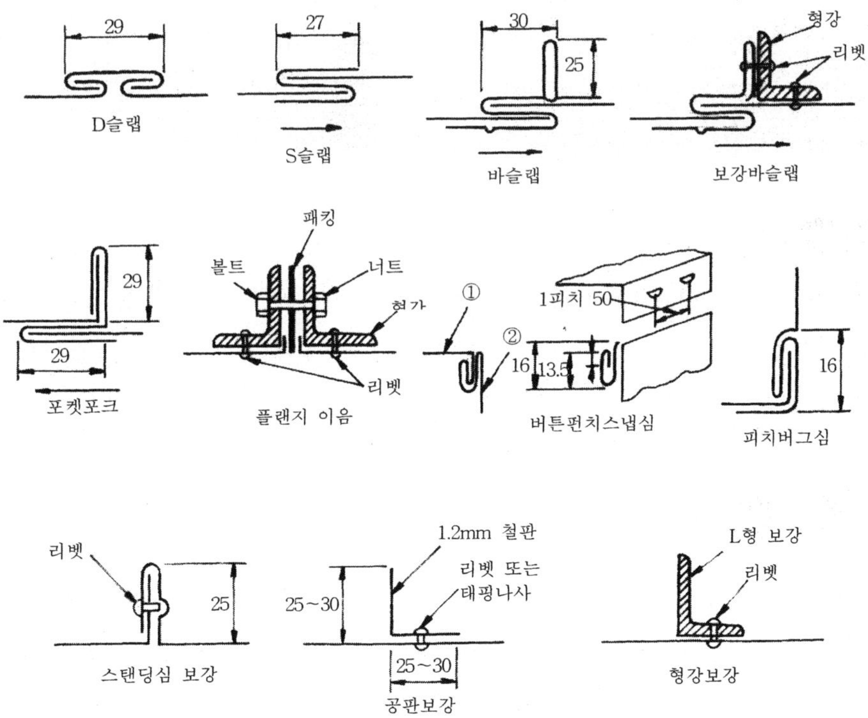

<그림 5-20> SMACNA공법

5-4 덕트 부속품

5-4-1 댐퍼

(1) 풍량조절 댐퍼

풍량조절 댐퍼(VD : Volume Damper)는 주덕트로부터 존별 분기점 또는 송풍기 토출측에 설치하고, 날개의 열림 정도에 따라 풍량 조절 및 폐쇄의 역할을 하며, 날개의 구조에 따라 그림과 같이 구분할 수 있다. 이 때 날개의 작동은 댐퍼축과 연결된 레버 핸들이나 원기어 핸들을 사용하여 수동으로 조절하거나, 전동모터와 연결하여 자동으로 제어하기도 한다.

(2) 방화 댐퍼

방화 댐퍼(FD : Fire Damper)는 화재가 발생하였을 때 덕트를 통하여 다른 방으로 화재가 번지는 것을 방지하기 위하여 방화구역을 관통하는 덕트 내에 설치하는 공기 차단장치이다. 방화 댐퍼는 작동상태 및 설치위치에 따라 그림과 같이 구분할 수 있으며, 각 날개는 퓨즈(용융온도 72℃)로 고정되어 있고 화재시 연소공기로 인하여 퓨즈가 녹으면 날개가 회전하여 덕트를 폐쇄시키도록 되어 있다.

(3) 방연 댐퍼

방연 댐퍼(SD : Smoke Damper)는 연기감지기와의 연동으로 작동하는 댐퍼를 말하며, 댐퍼의 작동은 실내에 설치된 연기감지기가 화재 초기에 발생한 연기를 감지하여 방연 댐퍼가 덕트를 폐쇄시킴으로써 다른 구역으로 연기의 침투를 방지한다.

5-4-2 에어 챔버

공조기와 덕트의 접속부분 또는 취출구 직전에 에어 챔버(air chamber)를 설치한다. 에어 챔버는 덕트가 몇 개로 분기되거나 또는 취출할 때 기류를 안정시키기 위한 것이 목적이며, 기류를 타고 오는 소음을 줄이기 위해서는 소음 챔버 또는 소음 엘보를 사용한다.

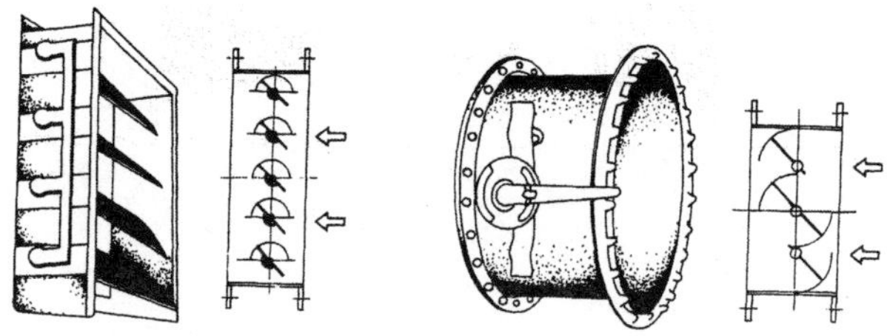

(a) 장방형　　(b) 원형

<그림 5-21 > 풍량조절 댐퍼

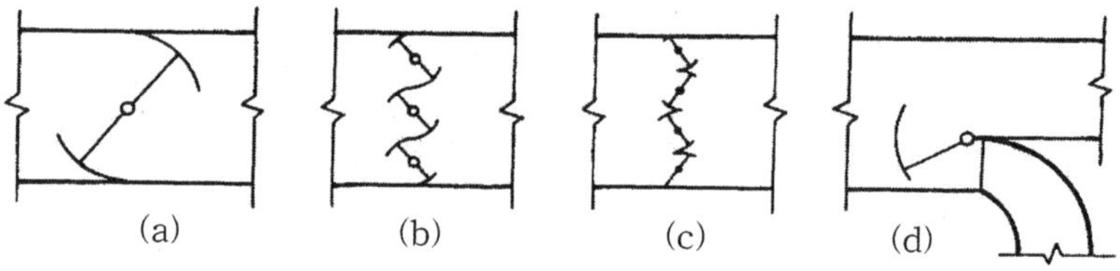

<그림 5-22> 풍량조절 댐퍼의 종류

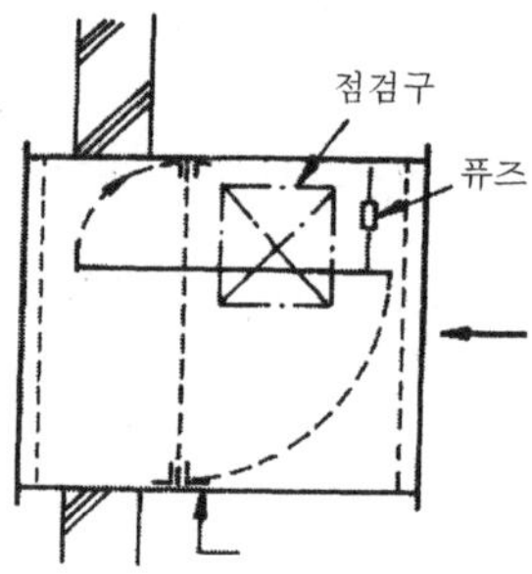

<그림 5-23> 방화 댐퍼

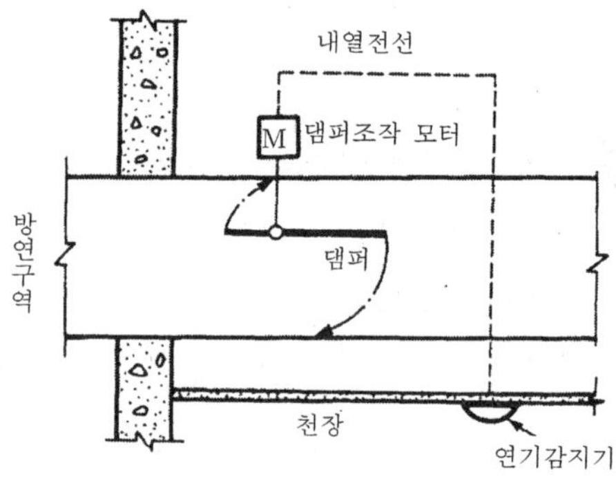

<그림 5-24> 방연 댐퍼

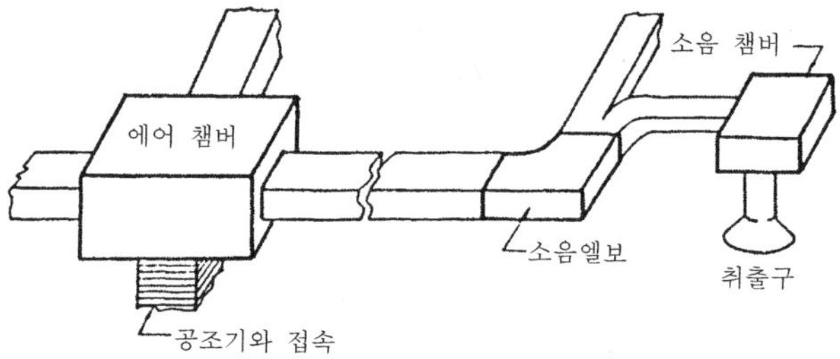

<그림 5-25> 에어 챔버

연습문제

예제 1. 어떤 사무실의 겨울철 난방부하가 78,000kcal/h다. 공조기의 송풍량을 구하시오.(단, 실내온도는 23℃, 송풍 공기온도는 35℃이다.)

【풀이】 $Q=\frac{q_S}{0.29\times\Delta\theta}=\frac{78,000}{0.29\times(35-23)}$

$=22,413\text{m}^3/\text{h}$

예제 2. 겨울철 손실열량이 20,000kcal/h인 경우, 실내를 20℃로 유지하기 위한 송풍 공기량 [m^3/h]을 구하시오(단, 외기온도 3℃, 송풍 공기온도는 34℃이다). 또한 외기 도입량을 송풍량의 30%로 했을 때의 가열코일 부하를 구하시오.

【풀이】 ① $Q=\frac{q_S}{0.29\times\Delta\theta}=\frac{20,000}{0.29\times(34-20)}=4,926\text{m}^3/\text{h}$

(∵ $\Delta\theta$는 취출공기로서 외기온도와 무한하다)

② 외기와 환기의 혼합온도 $t_m=(0.3\times3)+(0.7\times20)=14.9$℃

가열부하 $q=0.24\times G\times\Delta\theta=0.29\times Q\times\Delta\theta$

$=0.29\times4,926(34-14.9)=27,285\text{kcal/h}$

제 6 장 공기조화기기

1. 공조설비용 기기

공조설비에 사용되는 기기는 공조방식 등에 따라서 다르지만 대별하면 공기조화기, 열원기기 및 반송계통 기기 등으로 구분된다.

공기조화기에는 공기의 온·습도 조정을 행하는 것이지만 공기정화장치를 내장하는 것이 많다. 공기조화기에는 덕트에 의하여 각실에 냉·온풍을 송풍하는 **중앙식**과 실내에 설치하는 **개별식**이 있다.

열원기기는 냉수 또는 증기, 온수 등의 열매를 생산하는 것으로 냉열원에는 냉동기, 온열원에는 보일러가 일반적으로 사용된다. 또한 냉온열원 양용되는 것으로는 열펌프, 흡수식 냉온수기 등이 있으며, 패키지형 공조기나 온풍난방기와 같이 열원기기와 공기조화기가 일체로 되어서 직접 냉풍이나 온풍을 만들어 내는 것도 있다.

반송계통의 기기에는 공기를 보내는 송풍기, 덕트 및 그 부속기기와 증기, 냉온수, 냉매를 반송·순환하는 펌프, 배관 및 이들의 부속기기가 포함된다.

2. 공기조화기

2-1 종류

공기조화기는 실내로 보내는 공기의 온습도를 조정하는 것으로 공기의 가열, 냉각 및 가습, 감습작용을 하는 것을 말한다. 일반적으로 냉각과 감습은 공기냉각기로 하며, 그 외에 가열 및 가습을 위하여는 공기가열기와 가습기가 필요하다. 공기조화기는 여기에 송풍기, 공기여과기 등을 추가하여 구성되며, 냉동기를 내장하는 것을 패키지형 공조기라고 부른다. 일반적으로 주택 등에서 사용되는 소형의 **패키지형 공조기**를 **룸 에어 콘디쇼너**(룸 에어콘)이라 한다.

2-2 에어 핸들링 유닛

에어 핸들링 유닛(Air Handling Unit : AHU)은 중앙식의 공기조화기로서 일반적으로 공장 조립품을 사용하지만 대형이나 특수사양은 현장에서 조립한다. 공조기 내에는 공기 여과기, 가열・냉각코일, 공기가습기, 송풍기 등이 있다.

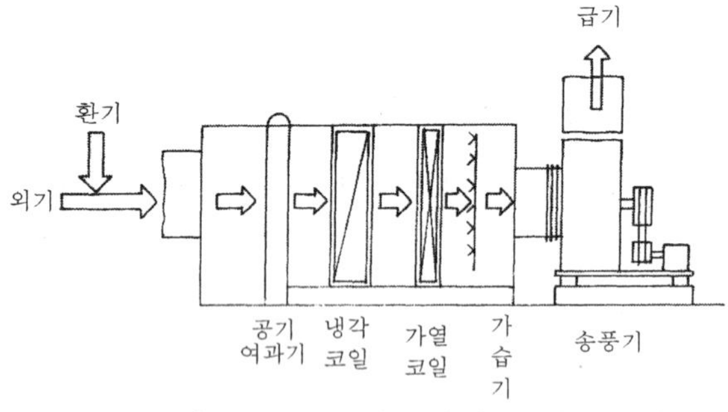

<그림 6-1> 공기조화기의 기본구성

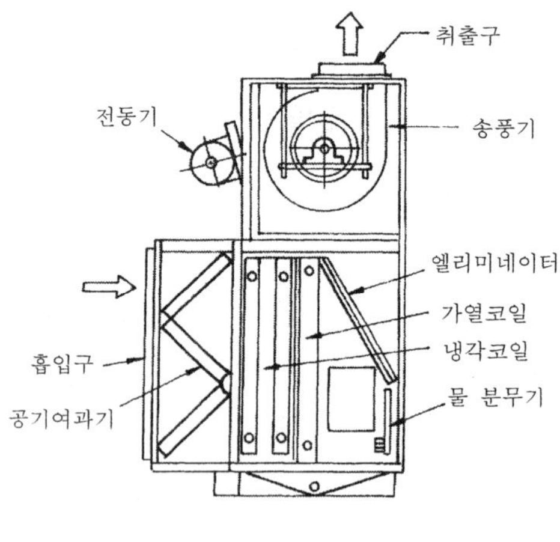

<그림 6-2> 에어 핸드링 유닛

2-2-1 공기 여과기(air filter)

에어 필터는 공기중의 먼지, 유해가스 등의 제거를 목적으로 하는 공기정화장치로 공기조화장치의 일부로써 이용된다. 에어 필터는 정화원리나 포집 성능, 구조 등에 따라 다르며, 종류는 다음과 같다.

(1) 유닛형 필터

유닛형 틀에 여과재를 고정했으며, 건식과 점착식이 있는데 공조용에는 일반적으로 건식이 사용된다. 여과재에는 유리섬유, 비직물합성섬유, 다공질의 고분자화합물 등이 사용된다. 포집률은 섬유의 굵기, 충전밀도, 여과재 두께에 따라 다르다. 일반적으로 미세섬유를 사용하면 미세한 분진까지 포집이 가능하며, 포집률도 크고 공기저항도 크진다.

유닛형은 포집률이 작은 것부터 큰 것까지 다양하다. <그림 6-3>의 패널형은 가장 간단하며, 포집률도 작아 공조기분진 퇴적 방지용이나 고성능 필터의 프리필터(pre-filter)로 큰 먼지의 포집에 사용된다. W형 필터나 주머니형 필터는 패널형보다도 미세한 여과재를 사용하여 1μm 정도까지의 먼지도 포집하여 포집률을 크게 한 것이며, 그림에서와 같이 유닛 전면적에 대하여 여과면적이 커질 수 있는 형상으로 여과통과 속도를 낮추어 공기저항의 증가를 억제하고 있다. 이것은 일반 공조용 중에서 청정도가 높은 장치 또는 클린룸의 중간 필터 등으로 사용되고 있다.

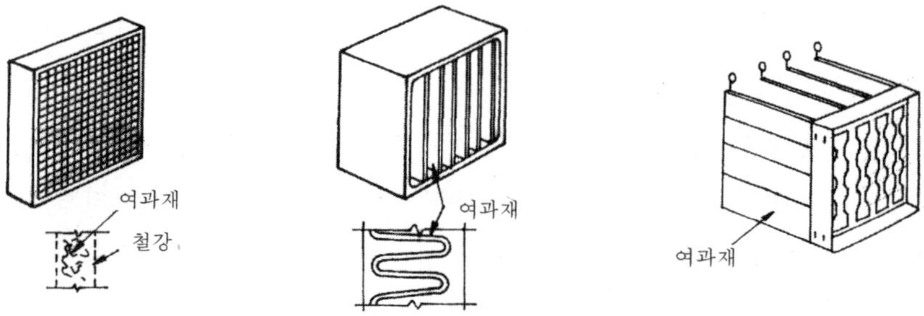

(a) 패널형 필터 (b) W형 필터 (c) 대형 필터

<그림 6-3> 건식 유닛형 필터

(2) 고성능 필터

유닛형 필터의 일종인데, 0.3μm정도의 미세한 분진까지 높은 포집률로 제거하기 위해 제작된 것이다. 그림과 같이 미세한 유리섬유나 석면섬유의 여과재를 접어, 여과면적을 크게 한다. **HEPA필터(*high efficiency particle air filter*)**라고 하는 것은 0.3μm의

입자포집률이 99.97% 이상이며, 클린 룸, 바이오 클린 룸이나 방사성 물질을 취급하는 시설 등에 사용된다.

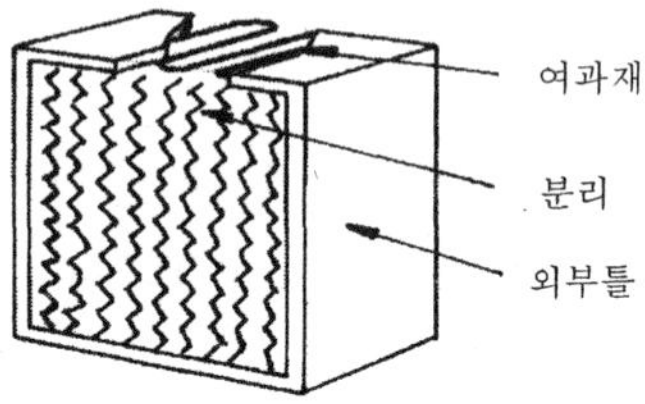

<그림 6-4> 고성능 필터

(3) 롤형 필터

롤(roll) 형상의 유리섬유 또는 부직포 여과재를 약간씩 감아 가면서 장시간 사용할 수 있도록 만든 것이다. 감는 것은 타이머식과 차압스위치로 필터의 전후 압력이 일정치가 되면 감는 것이 있다. 이 필터는 포집률은 높지 않으나 보수관리가 용이하므로 일반 공조용으로 널리 사용된다.

(4) 전기 집진기

전기 집진기는 전리부(電離部)의 전장(電場) 내를 통하여 하전(荷電)된 입자를 집진부의 전극에 부착시키는 것으로 <그림 6-5> (a), (b)의 2단 하전식과 (c)의 여재 유전식 등이 있다. 그림 (a)는 집진 전극에 포집하는 방식이며, 포집된 먼지는 이따금 하전을 정지시키고 세척함으로써 제거한다. 세척방법은 소형의 것은 집진부를 떼내어 행하고, 대형의 것은 고정식 또는 주행식의 세정노즐에서 물을 뿜어냄으로써 세척하거나 극판을 오일세척탱크 속을 주기적으로 회전시키면서 연속적으로 운전하는 것 등이 있다.

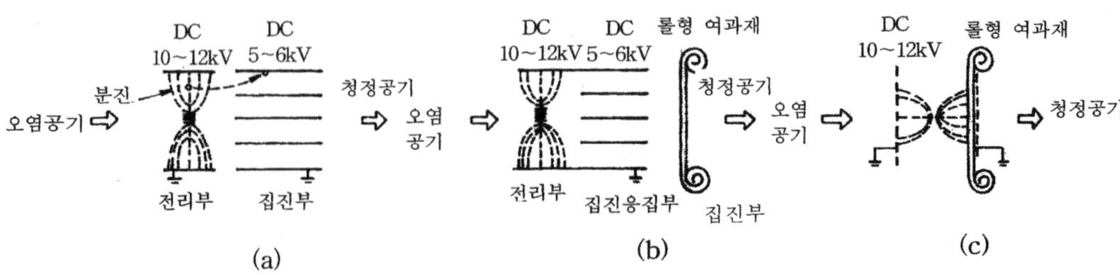

<그림 6-5> 전기 집진기

2-2-2 가습기

가습기에는 ① 물 또는 온수를 분무하는 방식, ② 증기를 분무하는 방식, ③ 증발방식 등이 있다. 물 또는 온수분무식은 온수를 직접 공기중에 분무하는 것으로 가습량이 많지 않고 제어의 범위가 넓고 장치가 간단하기 때문에 주로 방적 공장 등에 사용되고 있다.

물 또는 온수를 분무하는 방식은 여러 가지가 있는데 전동기로 원반을 고속 회전시켜 원반의 원심력으로 미세한 물방울을 공기 중에 방출하는 **원심식**, 초음파식 수조 내의 물에 120~300W의 전력을 사용하여 초음파를 가하여 미세한 물입자를 발생시키는 **초음파식,** 가압펌프로 2~6kg/cm^{2}의 압력으로 물을 가압하여 노즐을 통하여 분무하는 **분무식** 등이 있다.

증기분무식은 공기중에 직접 증기를 분무하는 것으로서 건증기를 이용하는 경우와 습증기를 이용하는 경우가 있다. 분무장치는 간단하지만 가습량의 변화가 자유롭고 제어 응답이 빠르며, 어느 장소나 양호한 가습효과를 얻을 수 있다.

증발식은 수조 또는 팬(pan)의 내부에 증기 코일 또는 전열기를 사용하여 물을 가열시켜 증발시키는 것으로, 가습 응답이 늦은 편이라 대용량의 가습에는 적합하지 않다.

2-2-3 송풍기

송풍기는 정압에 따라 2가지로 분류하는데, 보통 1,000mmAq~1kg/㎠의 토출압력을 가진 것을 **블로어(*blower*)**라고 하며, 토출압력이 1,000mmAq 미만의 송풍기를 **팬(*fan*)**이라 한다. <표 6-1>은 건축에 사용되는 공조용 송풍기의 종류를 나타내고 있다.

주로 다익 송풍기 또는 리밋로드 팬은 저속용 덕트에 사용되고, 사일런트 팬 또는 익형 송풍기는 고속용 덕트에 사용되고 있다. 기계실, 전기실 등의 환기용에는 다익 송풍기, 리밋로드 팬이 사용되고, 주방, 변소 등 국소 배기용에는 다익축류형 송풍기가 사용된다. 또한 실험실, 축전실 등의 경우 배기에 부식성 가스가 함유되어 있으므로 경질 염화비닐성의 다익송풍기가 사용된다.

냉각탑, 증발기 등의 소형 냉각용 송풍기에는 다익 송풍기가 대형에는 축류팬이 사용된다. 특수 용도로서 에어 커튼용은 일반적으로 다익 송풍기가 사용되며, 폭이 넓은 기류를 얻을 경우에는 관류(貫流)송풍기 등이 사용된다.

<표 6-1> 공조용 송풍기의 종류

종 류		풍 량 [m^3/min]	정 압 [mmAq]	용 도
원심송풍기	다익 송풍기	10~5,000	10~100	국소 통풍용, 저속 덕트용, 에어커튼용
	리밋로드 송풍기	20~3,000	10~150	공업용 송·배풍용
	사일런트 송풍기	60~ 900	125~250	고속 덕트용
	익형 송풍기	50~3,000	40~300	고속 덕트용, 냉각탑용 냉각팬
축류형 송풍기		300~6,000	10~ 60	급속 동결실용

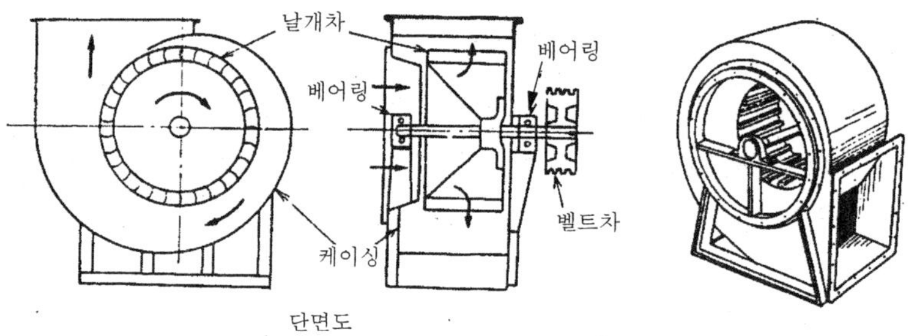

(a) 다익송풍기(sirrocco fan)

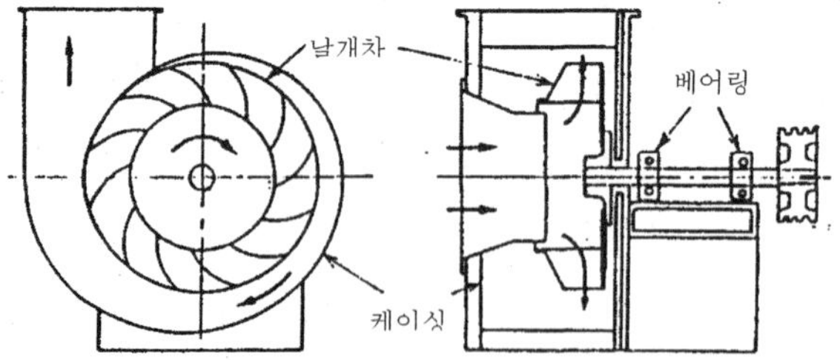

(b) 터보 송풍기(turbo fan)

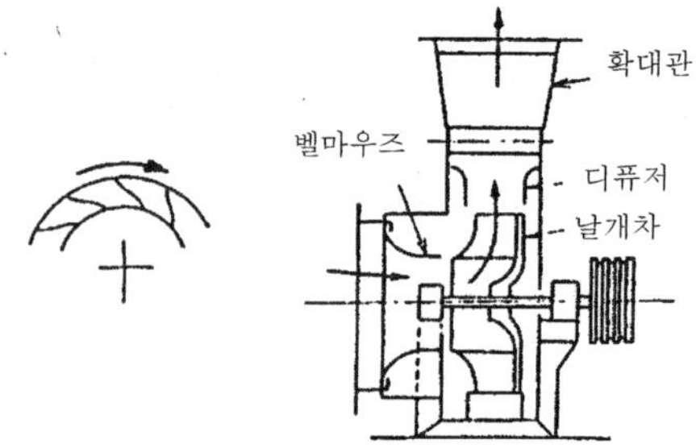

(c) 사일렌트 팬

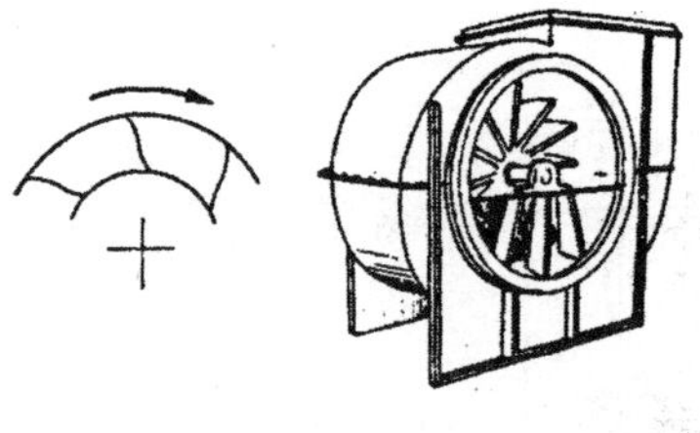

(d) 리밋로드 송풍기

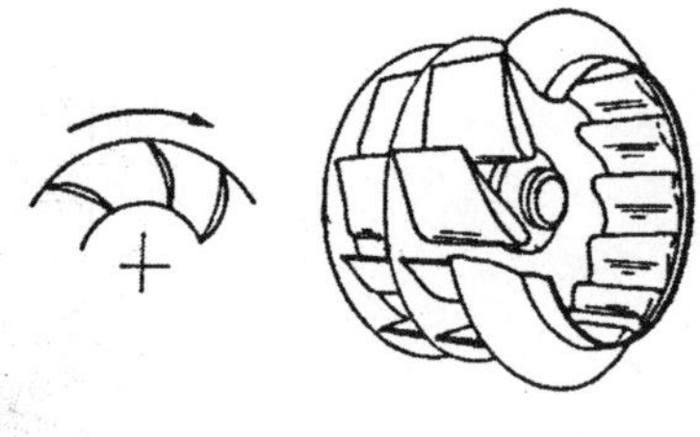

(e) 익형송풍기(airfoil fan)의 날개차

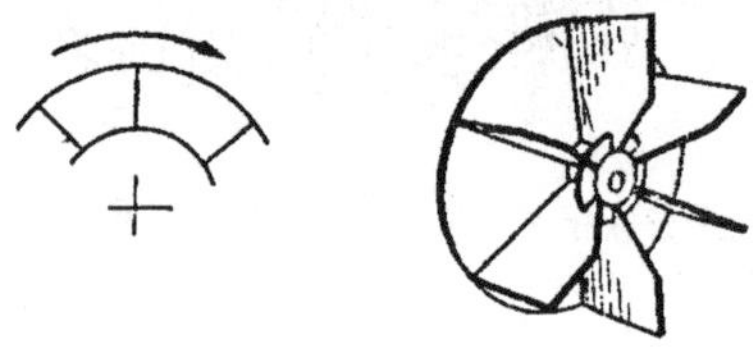

(f) 방사익송풍기(plate fan)의 날개차

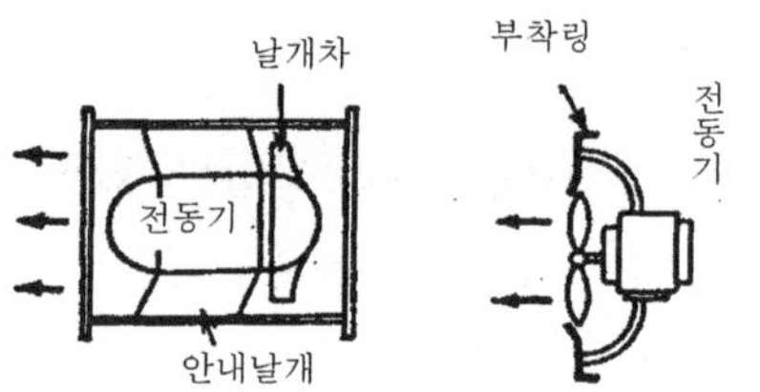

(g) 축류송풍기

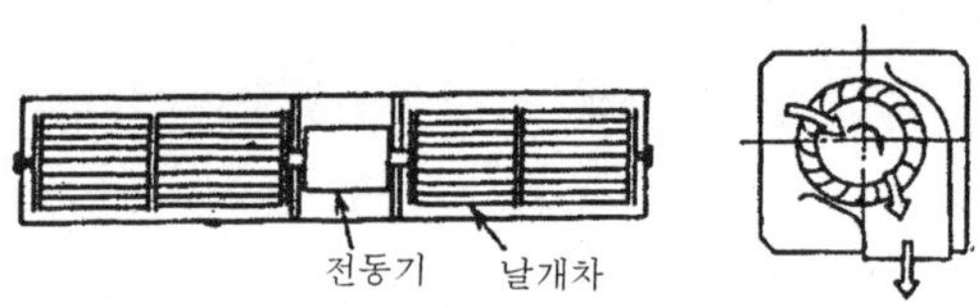

(h) 관류송풍기

<그림 6-6> 송풍기의 종류

2-3 중앙식 패키지형

중앙식 패키지 유닛은 <그림 6-7>과 같이 압축기, 응축기 등의 냉동용 기기와 송풍기, 가열기, 가습기, 에어 필터, 자동제어기구 등을 하나의 케이싱에 수납하여 공기조화 기능을 달성하기 위한 것으로 공장에서 생산되어 현장에서 설치한다. 패키지 유닛의 압축기 용량은 0.75kW 정도이며 냉방전용 유닛과 냉난방 겸용 히트 펌프형 유닛이 있다.

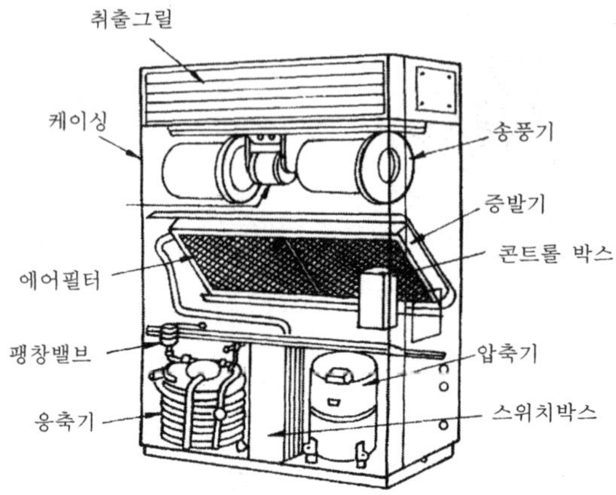

<그림 6-7> 중앙식 패키지형 공조기

3. 냉동기

3-1 냉동 원리

물체를 그 주위 대기온도 이하로 냉각하는 것을 냉동(refrigeration)이라 하며, 이와 같은 목적을 달성하는 것을 냉각(cooling)이라 한다. 가장 많이 이용되는 증기 압축식의 경우, 압축기(compressor), 응축기(condenser), 팽창 밸브(expansion valve), 증발기(evaporator)로 구성되어 있다. 냉동장치 안에는 적당한 온도와 압력에서 증발, 응축할 수 있는 냉매가 봉입되어 있는데 냉매는 『압축 → 응축 → 팽창 → 증발』이라는 과정을 되풀이하면서 냉동작용을 행한다.

압축기는 냉매 가스를 압축하여 응축기로 보내면 고온·고압의 냉매 가스는 응축기 내에서 물 또는 공기로 냉각되어 응축열을 방출하고 액화한다. 이 고온·고압의 냉매액은 팽창 밸브를 지나면서 저온·저압의 가스가 되어 증발기에서 저온열원으로부터 열을 흡수하고(주위의 열을 빼앗고) 가스가 된 냉매는 다시 압축기로 되돌려 보내져 냉동작용을 되풀이한다.

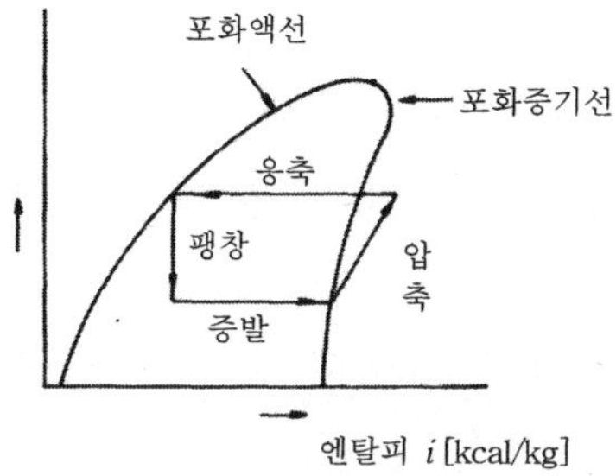

<그림 6-8> 냉동 사이클

3-2 냉동능력

냉동기의 냉동능력은 냉동톤(refrigeration ton : RT)으로 표시하며, **1냉동톤은 0℃의 물 1ton을 24시간 동안에 0℃의 얼음으로 만드는 능력**을 말한다.

1냉동톤은 1,000kg×79.7kg/kcal/24h=3,320kcal/h이며, 우리 나라나 일본에서는 이것을 채용하고 있다. 그러나 미국에서는 1냉동톤 [USRT]을 12,000BTU/h×0.252kcal/BTU=3,024kcal/h를 말한다.

3-3 냉동기의 종류

3-3-1 압축식 냉동기

압축식 냉동기의 주요구성은 압축기, 응축기, 증발기로 이루어져 있다. 냉각작용은 증발기내에서 주위의 증발잠열을 흡수함으로써 이루어지며, 냉동원리는 앞에서 설명한 바와 같다(그림 6-9, 6-10 참조).

3-3-2 흡수식 냉동기

흡수식 냉동기는 증발기, 흡수기, 발생기(재생기), 응축기의 4부문으로 구성되어 있으며, 물질의 용해농도의 차를 이용하여 가스압축에 해당하는 일을 대신한다. <그림 6-11>은 흡수기 냉동기의 냉동원리를 나타내고 있다. 이것은 암모니아 (NH_3) 가 저온수에 잘 용해되며, 또 고온의 물에는 용해하기 어려운 성질을 이용한 것으로서, 암모니아와 물을 사용한 흡수식 냉동기의 경우에는 암모니아는 냉매, 물은 흡수제 역할을 한다.

냉동 사이클의 작용원리는 다음과 같다.

① 증발기 내에서 냉수로부터 열을 흡수, 물은 증발하여 수증기가 되어 흡수기로 들어간다.

② 흡수기 내에서 수증기는 염수용액에 흡수되며, 희석용액은 발열 때문에 냉각수에 의해 냉각되어 발생기에 보내진다.

③ 발생기 내에서 고온수나 고압증기에 의해 가열되어 희석용액중 수증기는 응축기로 보내어지고 진한 용액은 흡수기로 되돌아간다.

④ 발생기로부터 유입된 수증기는 저압의 응축기에서 응축되어 물이 되며 증발기로 들어간다.

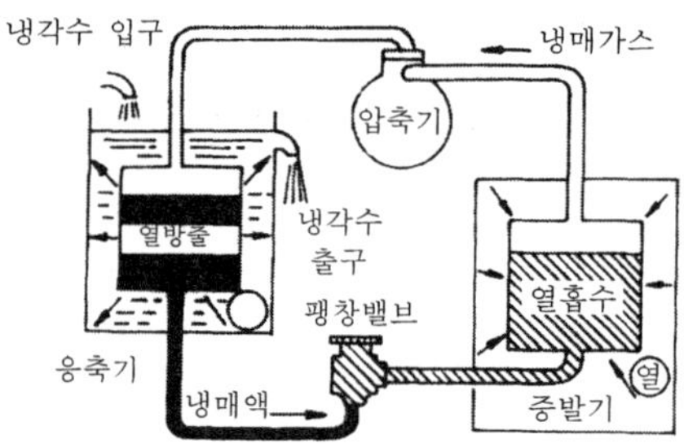

<그림 6-9> 압축 냉동 사이클

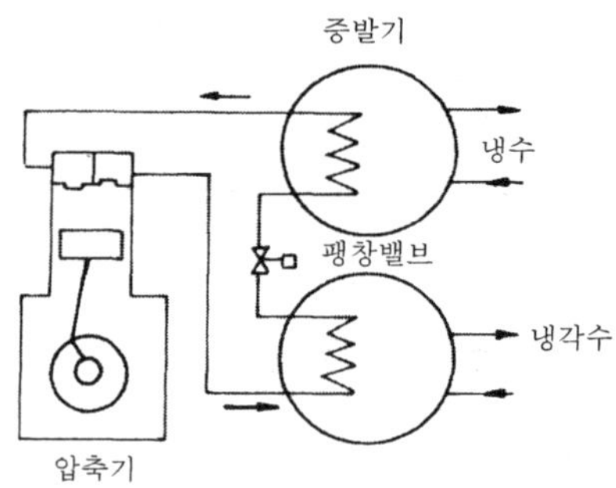

<그림 6-10> 왕복동식 냉동기

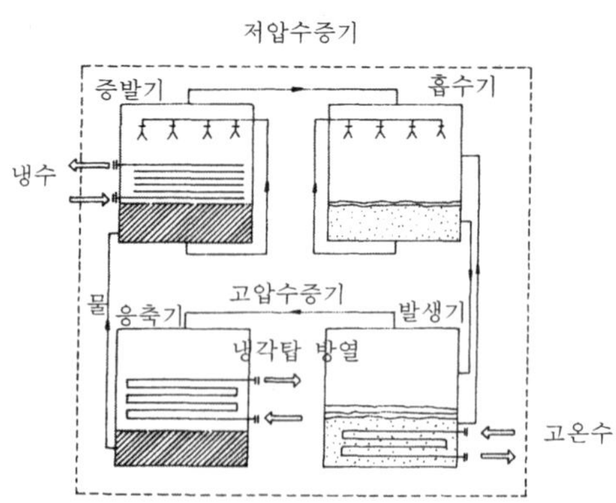

<그림 6-11> 흡수식 냉동 사이클

4. 냉각탑

냉각탑(cooling tower)은 냉동기의 응축기에서 사용하는 냉각수를 냉각시키는 것으로 공기류 속에 냉각수를 물방울 상태로 낙하시켜서 공기와 접촉한 물방울의 일부가 증발하면서 수온을 떨어뜨리는 것이다. 냉각탑의 통풍방식은 자연 통풍식과 강제 통풍식이 있으며, 냉각탑 내의 공기와 물의 흐름방향에 따라 대향류식과 직교류식이 있다.

순환 냉각수는 냉각탑에서 물과 공기의 접촉에 의해 냉각되며, 냉각탑 출구 수온과 냉각탑 입구공기의 습구 온도차를 **어프로치(*approach*)**라고 하는데 주로 4~5℃가 되도록 설계한다.

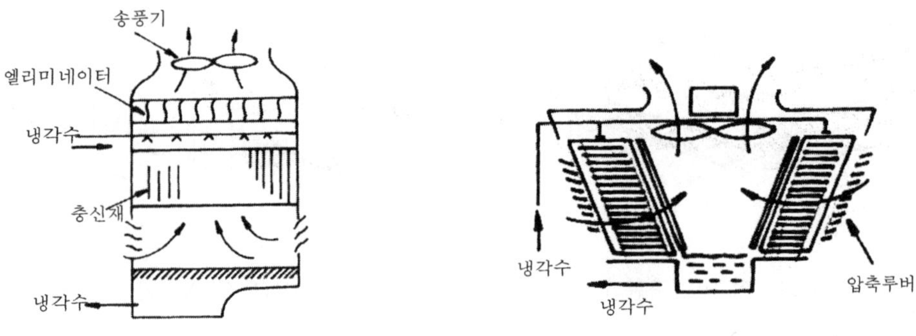

(a) 대향류식 (b) 직교류식

<그림 6-12> 냉각탑

5. 전열교환기

공기조화를 하고 있는 실에서는 환기를 위하여 도입한 외기와 동일한 풍량의 공기를 실외에 배기해야 한다. 이러한 배기는 일반적으로 공조한 실내의 온습도와 근사한 공기이므로 이것을 도입 외기와 열교환시킴으로써 냉동기의 동력이나 보일러의 연료를 절약할 수가 있다.

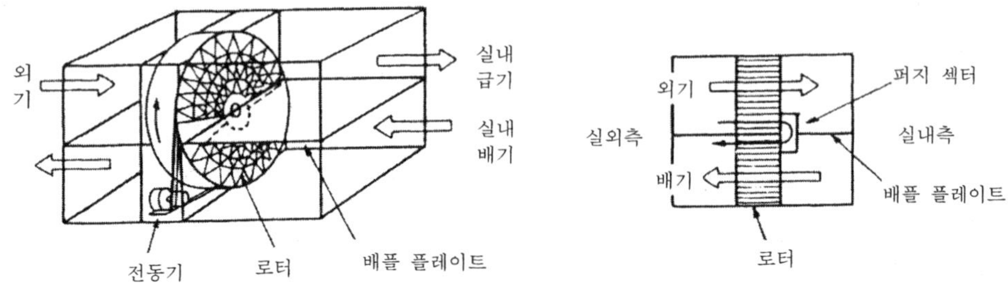

(a) 회전형 전열교환기

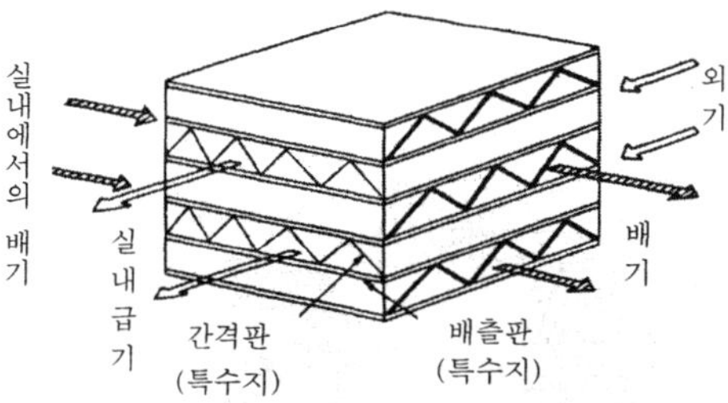

(b) 고정형 전열교환기

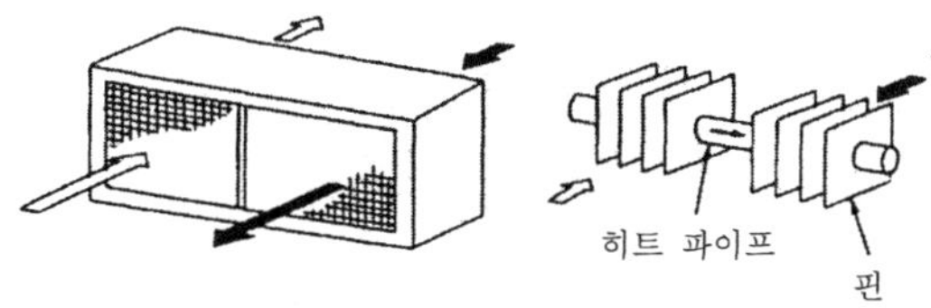

(c) 히트 파이트식 열교환기

<그림 6-13> 전열교환기의 종류

6. 자동제어설비

자동제어장치는 실내 온도·습도의 제어, 냉동기 또는 보일러의 온도·압력 제어 등에 사용한다. 이들 제어는 예를 들면 실온 제어에서는 실내 또는 환기 덕트에 설치한 온도 검출기로 실온을 검출하여 조절기로써 설정치와 비교하고 편차에 따른 조절신호를 발하여 밸브 또는 댐퍼 등을 조작하여 설정치에 접근하도록 조절동작을 행하는 피드백 제어를 한다. 이와 같은 신호의 전달이나 조작에 전기를 사용하는 것을 **전기식**이라 하고, 압축공기를 이용하는 것을 **공기식**이라 한다. 공기식은 공기압축기 또는 공기의 감압장치 등이 필요하며, 일반적으로 대규모 설비에 적용된다.

조절기가 행하는 조절동작에는 여러 가지가 있지만 일반적으로 이용되고 있는 것은 **2위치 동작**과 비례 동작이다. **2위치 동작**은 검출치와 설정치와의 편차가 일정치 이상으로 되면 스위치 또는 밸브를 전개, 전폐하도록 조작을 행하는 것으로 소규모의 장치나 높은 정밀도를 필요로 하지 않은 경우에 사용한다. 또한 **비례 동작**은 편차에 따라 개도를 조작하는 것이다. 전기식에서의 조작은 전자 스위치 또는 조작 전동기에 의하여 행하며, 조작기와 밸브를 일체화한 전자 밸브 또는 전동 밸브 등이 사용된다.

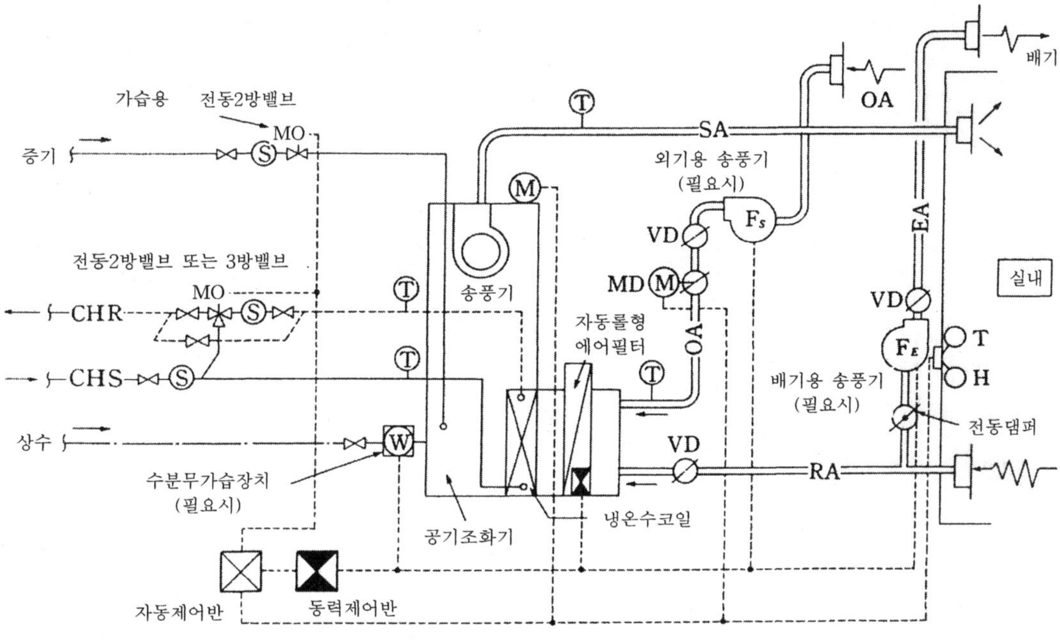

<그림 6-14> 공기조화기의 제어계통도

제7장 난방설비

1. 개요

1-1 난방설비의 종류

난방설비는 증기보일러, 온수보일러, 온풍로 등의 열원설비로부터 가열된 증기, 온수, 온풍로 등의 열원설비로부터 직접 실내의 방열장치에 공급하여 난방하는 방식을 말한다. 이 난방설비는 간접 난방방식(일반 공조설비)에 비해 설비가 간단하고 취급이나 유지 관리가 용이하지만 여름에는 냉방장치를 따로 설치해야 하며, 그 외에 실내습도의 조절, 공기의 청정도 유지가 곤란하다.

난방설비에는 실내에 방열기를 설치하고 여기에 증기를 공급하는 **증기난방**, 온수를 공급하는 **온수난방**과 실내의 복사 패널에서의 복사열로 난방하는 **복사난방,** 그리고 덕트로 실내에 온풍을 보내어 난방하는 **온풍난방** 등이 있으며, 증기난방, 온수난방, 복사난방 등을 **직접 난방**이라고 하며, 온풍난방을 **간접 난방**이라고 한다.

1-2 각종 난방방식의 특징

<표 7-1>은 각종 난방방식의 특징을 나타내고 있다. <그림 7-1>에서 보는 바와 같이 복사난방은 실내의 상하 온도차가 적은 반면 증기, 온수난방 등은 상하 온도차가 크므로 실내 환경이 바람직하지 않음을 알 수 있다. 또한 온수난방과 증기난방을 비교

해 보면, 온수난방에 비해 증기난방이 상하 온도차가 더 크게 나타나고 있음을 알 수 있다. 따라서 천장이 높거나 실의 개방 빈도가 높은 경우에는 복사난방이 유리하며, 난방효과는 복사난방, 온수난방, 증기난방 순으로 유리하다.

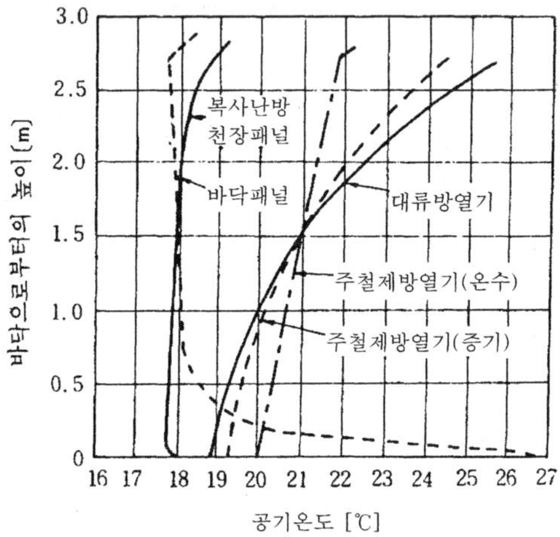

<그림 7-1> 각종 난방방식에 따른 수직온도분포 비교

<표 7-1> 각종 난방방식의 특징

항목 \ 방식	증기난방	온수난방	복사난방
난방효과	상하 온도차가 매우 크다	상하 온도차가 크다	상하 온도차가 적다.
열 용 량	열용량이 크기 때문에 온수 및 복사방식 보다는 양호하다.	예열이나 방열량 조정에 시간이 걸린다.	예열이나 방열량 조정에 시간이 걸린다.
제 어 성	발열량 조절이 불가능	발열량 조절이 가능	발열량 조절이 가능
설 비 비	-소요 방열면적이 작아도 된다. -가장 적게 든다.	-소요 방열면적이 커진다 -배관도 굵다 -3중에서 중간이다	-소요 방열면적이 커진다. -배관도 굵다. -가장 많이 든다.
적용제한	–	수압 때문에 대규모 빌딩에 부적합	-
내 구 성	부식이 빨리 진행되는 편	보일러 및 내면의 부식이 적은 편	보일러 및 내면의 부식이 적은 편
쾌 감 도	3	2	1
적용건물	사무소, 학교, 공장	주택, 병원, 호텔, 고급 사무실	주택

2. 방열기

2-1 개요

방열기(radiator)는 직접 실내에 설치하여 증기 또는 온수를 통하여 그 방출열로 실내온도를 높이며, 더워진 실내공기는 대류작용에 의해 실내를 순환하여 난방의 목적을 달성한다. 방열기는 방열면으로부터의 복사에 의한 방열도 있으나 주로 대류에 의한 난방방식이다. 방열기의 설치장소는 틈새바람이 많은 창문 아래에 설치하여 대류작용을 이용하여 실내온도가 균일하게 되도록 하는 것이 좋다. 또한, 방열기 1개는 $10m^2$ 이하(20～30절)되게 하는 것이 좋다. <표 7-2>는 방열기의 방열 특성을 나타낸다.

<표 7-2> 방열기의 방열 특성

종 류	복사 방열률	대류 방열률	종 류	복사 방열률	대류 방열률
주철제 방열기	30～40%	60～70%	팬 콘벡터	5%	95%
강판제 패널형 방열기	40～50%	50～60%	바닥복사패널(저온)	55%	45%
콘벡터	10～20%	80～90%	천장복사패널(고온)	70%	30%

2-2 난방설비의 용량 표시법

난방설비의 용량은 방열량 표시방법인 상당 방열면적(EDR=Equivalent Direct Radiation)과 시간당 방열량[kcal/h]로 표시하는 방법이 있다.

상당방열면적(*EDR*)이란 실내온도 18.5℃, 열매온도가 증기 102℃, 온수 80℃의 표준상태에서 얻어지는 표준방열량 Q_o [$\mathrm{kcal/m^2 \cdot h}$]로 방열기의 전방열량 Q[kcal/h]를 나누어 얻어지는 값으로 표시된다.

$$EDR = \frac{Q}{Q_o}\ [\mathrm{m^2}] \qquad (7\text{-}1)$$

<표 7-3>은 증기 및 온수용 방열기의 표준방열량을 나타낸다.

<표 7-3> 방열기의 표준방열량

열매 종류	표준방열량 [kcal/m² · h]	표준상태에서의 온도 [℃]	
		열매 온도	실내 온도
증기	650	102	18.5
온수	450	80	18.5

주철제 방열기는 여러 개의 섹션(section)을 조립하여 임의의 부하에 대응하는 것으로 필요한 섹션수는 다음과 같이 산출한다.

증기난방의 경우 $N=\dfrac{H_L}{650a}$ (7-2)

온수난방의 경우 $N=\dfrac{H_L}{450a}$ (7-3)

여기서, H_L : 난방부하 [kcal/h]

a : 방열기 섹션 1개의 면적 [m²]

2-3 방열기의 종류

방열기는 모양, 재료, 사용열매의 종류에 따라 다르며, <그림 7-2>는 방열기의 종류를 나타내고 있다. 방열기를 형상에 따라 분류하면 주형(柱形) 방열기, 벽걸이 방열기, 길드 방열기, 대류 방열기, 관 방열기, 베이스보드 방열기가 있고, 재료에 따라 분류하면 주철제, 강판제, 알루미늄 등이 있다.

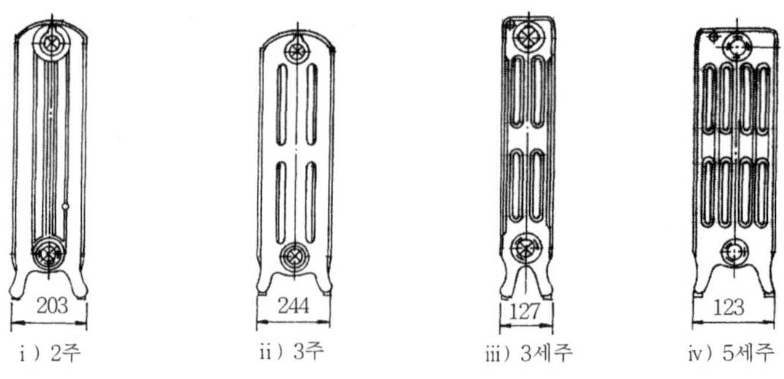

(a) 주형 방열기

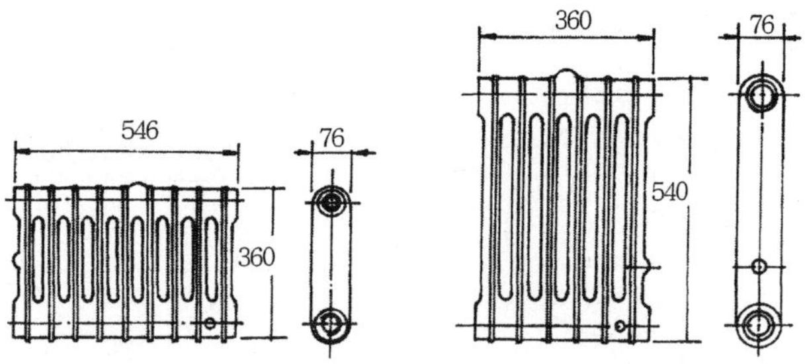

i) 횡형　　ii) 종형

(b) 벽걸이 방열기

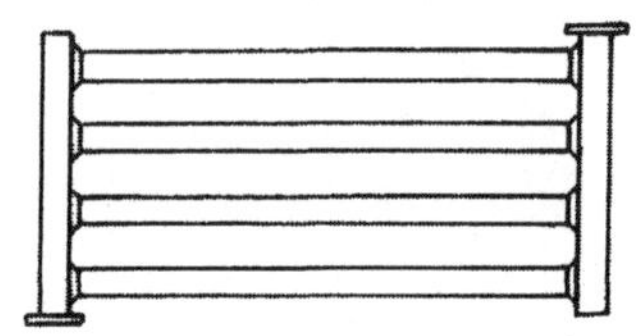

(c) 관 방열기

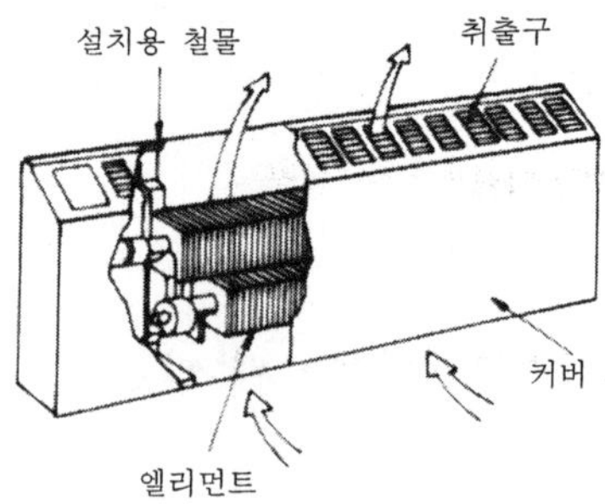

(d) 베이스보드 방열기

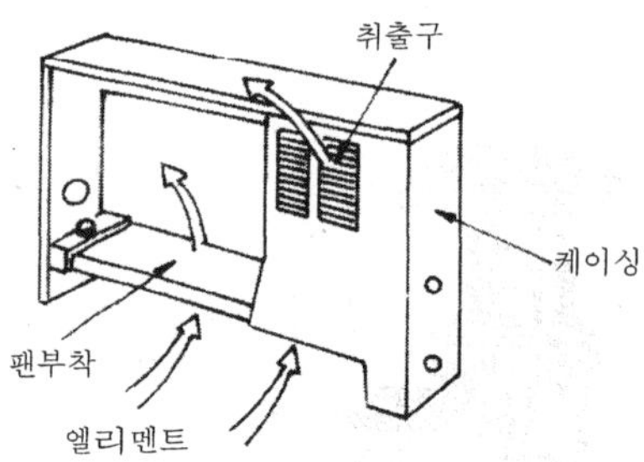

(e) 콘벡터

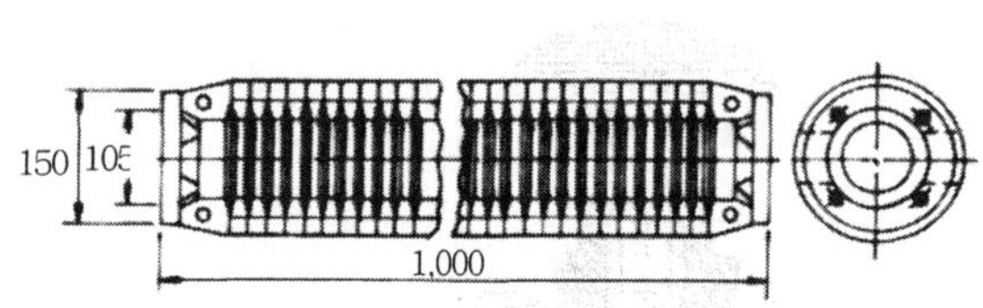

(f) 길드 방열기

<그림 7-2> 방열기의 종류

2-4 방열기 표시법

방열기의 호칭은 종류별, 섹션수에 따라 2주는 II, 3주는 III, 3세주는 3, 5세주는 5, 벽걸이는 W(wall의 의미), 횡형은 H(horizon의 의미), 종형은 V(vertical의 의미)로 표시한다. 예를 들어, 3세주 650을 18섹션 조합한 것은 3-650×18로 표시한다.

3주형 방출기, 높이 650mm, 섹션수 15 유입관과 유출관의 관경 3/4인치

벽걸이 세로형 방열기, 섹션수 3, 유입관 유출관의 관경 1/2인치

<그림 7-3> 방열기 도시법

2-5 난방설비용 부속품

(1) 방열기 밸브(radiator valve)

방열기 밸브는 방열기의 입구에 설치하여 온수 또는 증기의 유량을 조정하는 장치이다. 열매의 종류에 따라 증기난방용과 온수난방용 두 가지가 종류가 있으며, 증기용은 디스크 밸브를 사용한 스톱 밸브형이 많고 온수용은 유체의 마찰 저항을 감소시키기 위해 콕(cock)식이 많이 사용된다.

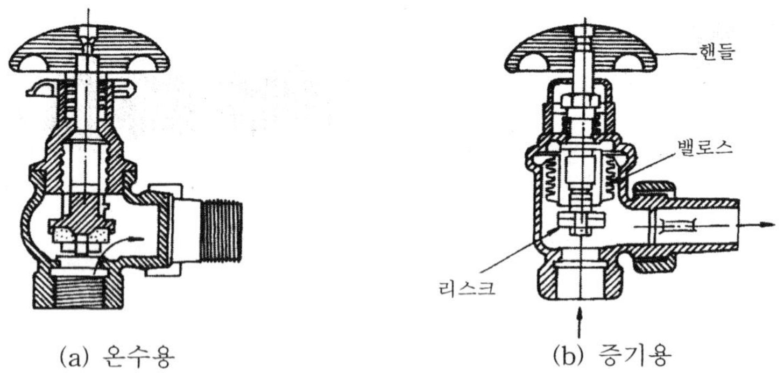

(a) 온수용 (b) 증기용

<그림 7-4> 방열기 밸브

(2) 증기 트랩(steam trap)

증기 트랩은 방열기의 환수구 또는 증기배관의 최말단 등에 부착하여 증기관 내에 생긴 응축수만을 보일러 등에 환수시키기 위해 사용하는 장치이다. 종류에는 트랩 내의

벨로스(bellows)가 있는 방열기 트랩(radiator trap)과 주로 고압증기의 관말 트랩이나 증기사용 세탁기, 증기 탕비기 등에 많이 사용되는 버킷 트랩(bucket trap), 저압 증기용의 기기부속 트랩으로 많은 양의 응축수를 처리하기 위해 사용되는 플로트 트랩(float trap) 등이 있다.

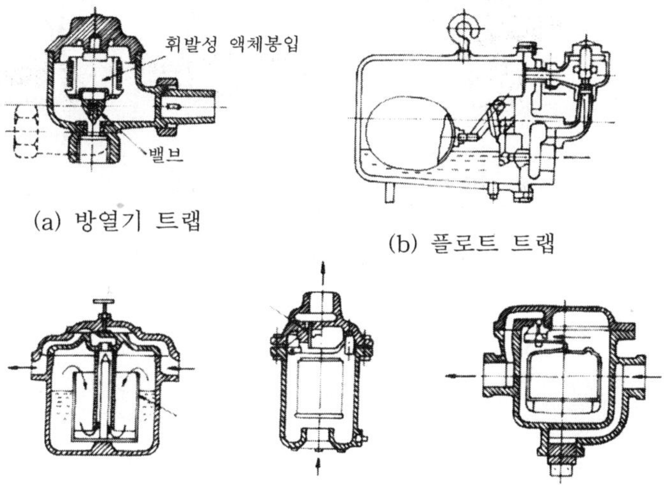

(a) 방열기 트랩

(b) 플로트 트랩

(c) 직립형 버킷트랩

(d) 도립형 버킷트랩

<그림 7-5> 증기트랩

(3) 공기빼기 밸브(air vent valve)

방열기나 배관의 공기를 제거하기 위하여 사용된다. 방열기 안에 공기가 고이면 온수(또는 증기)가 순환하지 않아 방열능력이 저하된다. 공기빼기 밸브는 중력환수식 증기난방장치의 방열기 배관과 온수난방 등에 사용되며, 종류는 자동식과 수동식(주로 pet cock)이 있다. 증기난방에 있어서 이 밸브를 방열기에 설치할 경우, 공기는 증기보다 무거우므로 증기 유입구의 반대측 하부에 부착한다. 온수난방에서 상향 공급식은 방열기의 상부에 달고, 하향 공급식의 경우에는 불필요하다.

(4) 감압 밸브(pressure reducing valve)

감압 밸브는 고압 배관과 저압 배관과의 사이에 설치하여 저압측의 증기사용량의 증감에 관계없이 또는 고압측 압력의 변동에 관계없이 밸브의 리프트를 자동적으로 조절하여 증기유량과 저압측의 압력을 일정하게 유지하는 작용을 한다.

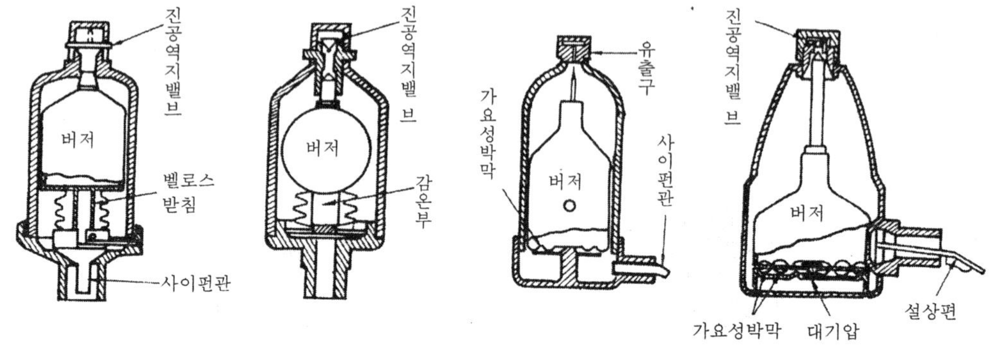

<그림 7-6> 각종 공기빼기 밸브

3. 증기난방

3-1 개요

증기난방(steam heating)은 보일러에서 물을 가열하여 발생된 증기를 각 실에 설치된 방열기로 보내어 이 수증기의 증발잠열로 난방을 하는 방식이다. 방열기 내에서 수증기는 증발잠열을 빼앗기므로 응축하여 온수(응축수 또는 환수)로 되고, 중력 또는 펌프에 의하여 보일러에 되돌아가고, 여기서 다시 가열되어 증기가 되어 장치 내를 순환한다.

증기난방의 장단점은 다음과 같다.

(1) 장점

① 증발잠열을 이용하기 때문에 열운반 능력이 크다.

② 예열시간이 짧고 증기의 순환이 빠르기 때문에 간헐운전에 적합하다.

③ 방열면적이 온수난방보다 작아도 되고 배관관경이 가늘어도 된다.

④ 설비비와 유지비가 싸다.

⑤ 한냉지에서 난방운전을 정지했을 때 동결에 의한 파손의 위험이 적다.

(2) 단점

① 난방의 쾌감도가 낮다.

② 난방부하변동에 따른 실온조정이 곤란하다.

③ 스팀 헤머에 의한 소음이 발생한다.

④ 보일러 취급에 기술을 요한다.

3-2 증기난방의 방식

증기난방 방식을 압력에 의해 분류하면 아래와 같다.

① 저압식 : 0.1～0.35kg/㎠G 정도의 증기를 이용하고, 일반 건물의 난방에 적합하다. 안전도나 쾌감도가 양호하며, 보일러 및 방열기는 주철제를 사용한다.

② 고압식 : 1～3kg/㎠G 정도의 증기를 이용하고, 공장의 난방이나 지역난방에 적합하다. 배관을 가늘게 할 수 있으나 방열면의 온도가 높기 때문에 난방에 의한 쾌감도는 낮다.

③ 진공식 : 0.2kg/㎠G～진공도 200mmHg 정도의 증기를 이용하고, 일반 건물의 난방에 적합하다. 진공식은 방열기 내의 압력을 조절하여 그 온도를 광범위하게 변화시켜 방열량을 조절할 수 있는 이점이 있다.

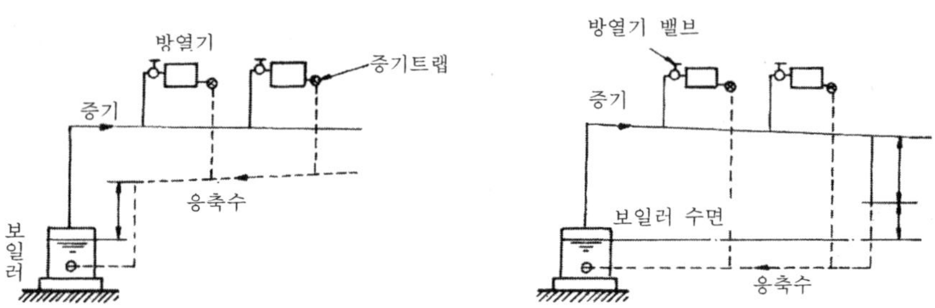

(a) 건식 환수배관 (b) 습식 환수배관

<그림 7-7> 중력 환수식

3-3 증기난방 배관법

(1) 배관방식에 의한 분류

① 단관식 : 증기와 응축수를 같은 배관에서 운반하는 것이며, 일반적으로 소규모 건물의 일부에만 사용한다. 증기와 응축수가 같은 배관 내를 흐르기 때문에 스팀 해머를 일으킬 수 있다.

② 복관식 : 증기와 응축수를 별도의 배관에서 운반하는 것으로 대규모 건물에서 이용된다.

(2) 공급방식에 의한 분류

① 상향식 : 증기주관을 최하층의 천장 속에 배관하여, 여기에서 분기관을 수직으로 올려 증기를 밑에서 위로 공급하는 방식

② 하향식 : 증기주관을 최상층의 천장 속에 배관하여, 여기에서 분기관을 수직으로 내려 증기를 위에서 밑으로 공급하는 방식

(3) 환수배관방식에 의한 분류

① 습식 : 수평의 환수주관이 보일러 수면보다 아래에 있는 경우이며, 환수주관에는 트랩을 생략할 수 있다.

② 건식 : 수평의 환수주관이 보일러 수면보다 위에 있는 경우이며, 진공 펌프를 이용하여 배관중의 공기를 배출할 수 있다.

4. 온수난방

4-1 개요

온수난방은 현열을 이용한 난방으로 보일러에서 가열된 온수를 복관식 또는 단관식의 배관을 통하여 방열기에 공급하므로 난방의 목적을 달성한다. 온수난방의 장·단점은 다음과 같다.

(1) **장점**

① 방열온도가 높지 않으므로 증기난방에 비해 쾌감도가 높다.

② 난방부하의 변동에 따라 온수량과 온수 온도의 조절이 용이하다.

③ 난방을 정지하여도 난방효과가 지속된다.

④ 보일러 취급이 용이하고 안전하기 때문에 주택 등에서 운전할 수 있다.

(2) **단점**

① 예열 시간이 길다.

② 추운 지방에서는 난방 정지시 동결이 우려된다.

③ 증기난방에 비해 방열 면적과 배관의 관경이 커지므로 설비비가 많이 든다.

④ 열용량이 크기 때문에 온수순환 시간이 길다.

4-2 온수난방 방식

(1) 온수 순환방식에 의한 분류

순환방식에 따라 분류하면 **중력 순환식**과 **강제 순환식**이 있다. 중력 순환식은 배관 속을 흐르는 온도가 높은 온수와 낮은 온수의 밀도차에 의하여 생기는 대류작용에 의해서 자연 순환시키는 방법으로 방열기는 보일러보다 항상 높은 장소에 위치해야 한다. 이 방식은 장치가 간단하고 취급이 간편하기 때문에 주택 등 소규모 건축에 많이 채용되며 큰 건물에는 사용할 수 없다.

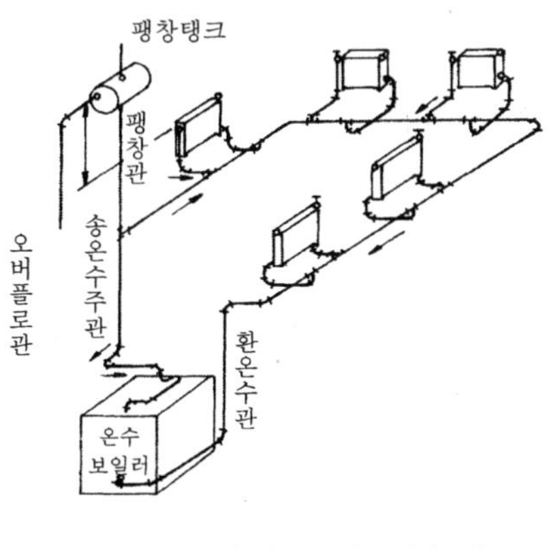

<그림 7-8> 단관 중력 환수식

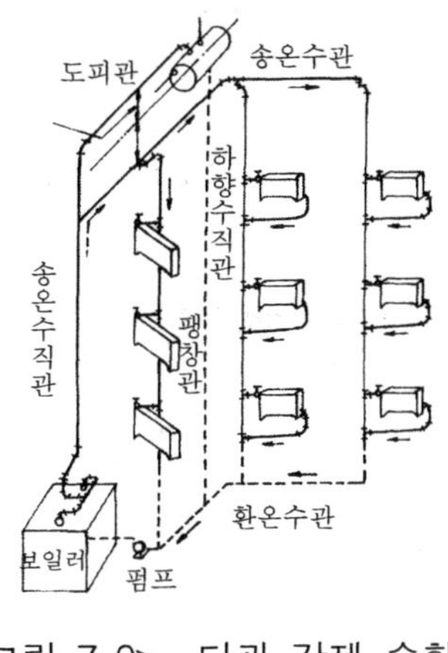

<그림 7-9> 단관 강제 순환식

강제 순환식은 순환 펌프를 이용하여 관내의 온수를 강제적으로 순환시키는 방법으로서 큰 건물에 채용되어도 순환이 자유롭고 신속하며 균일하게 온수를 공급할 수 있다.

(2) 배관방식에 의한 분류

온수 공급관과 환온수관을 동일관으로 하느냐, 별도의 관으로 하느냐에 따라 단관식과 복관식으로 분류한다. 단관식은 두 가지 배관방식이 있는데 그 하나는 1개의 순환 주관에 방열기에의 온수 공급관과 환온수관을 연결하는 방식이며, 다른 하나는 1개의 상향 수직관에 방열기에의 송수공급관과 환온수관을 연결하는 방식이다.

복관식은 단관식에 비하여 설비비가 많이 들고, 역환수(reverse return)배관방식을 채택하면 각 방열기마다 온수의 유량을 균등하게 분배하게 되므로 배관도중의 열손실을 무시하면 각 방열기에 보내는 온수의 온도를 일정하게 할 수 있다.

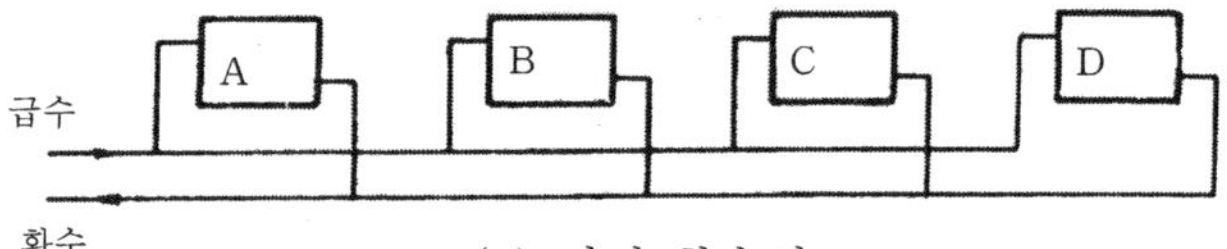

(a) 직접 환수식

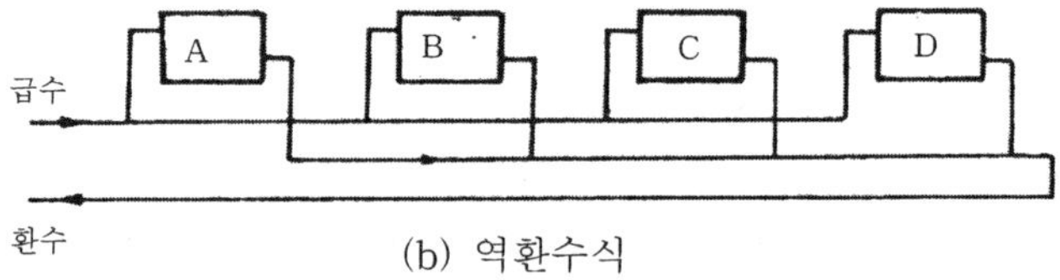

(b) 역환수식

<그림 7-10> 직접환수식과 역환수식

(3) 온수 온도에 의한 분류

보통 온수방식과 고온수방식이 있다. 보통 온수방식은 일반적으로 사용되는 것으로 열매는 85~90℃의 온수를 사용하고 개방식 팽창 탱크를 사용한다.

고온수 방식은 100~150℃의 온수를 열매로 사용하는 것으로 강판제 보일러를 사용하고 밀폐식 팽창 탱크를 사용하고 그 안의 공기를 가압하여 온수를 순환시킨다.

5. 복사난방

5-1 개요

복사난방은 건축 구조체(벽체 또는 바닥) 속에 온수배관을 매입하여 건축구조체의 일부를 가열면으로 하여 그 복사열로 실내를 난방하는 방법이다. 방열기를 사용하는 대류난방에서는 방열면의 70~80%가 대류열에 의하는데 비해 복사난방은 50~70%를 복사열에 의해서 난방한다. 복사열은 다른 벽면이나 실내의 기물에 흡수되어 여기서의 방열로 실내공기를 따뜻하게 하고 직접 인체에도 열을 주므로 실내공기 온도가 낮더도 따뜻하게 느껴진다.

복사난방의 장단점은 다음과 같다.

(1) 장점

① 방열기가 없으므로 실내공간 활용도가 높아진다.
② 대류난방 방식에 비해 실내 온도분포가 균등하고 쾌감도가 높다.
③ 실내 평균온도가 낮기 때문에 동일 방열량에 대해서 손실열량이 적다.
④ 실내공기의 대류현상이 적어 바닥면의 먼지가 상승하지 않는다.

(2) 단점

① 열용량이 크기 때문에 예열시간이 길고 일시적인 난방에는 적합하지 않다.
② 건축 구조체에 배관을 매설하기 때문에 시공이 어렵고, 고장·수리시 번거롭다.
③ 증기난방 방식이나 온수난방 방식과 비교하여 설비비가 많이 든다.
④ 열손실을 막기 위한 단열층이 필요하다.

5-2 패널의 구조

복사난방에서 가열면을 패널(panel)이라고 하고 복사난방을 패널 난방이라고도 한다. 패널을 설치하는 위치에 따라 바닥 패널, 천장 패널, 벽 패널로 구분할 수 있다. 패널의 구조를 살펴 보면 콘크리트 바닥 패널의 경우, 콘크리트 바닥 밑에 매설 파이프, 보온층, 잡석층 등을 두는 경우가 일반적이다.

패널로 사용하는 배관재료는 강관, 동관, PVC(경질염화비닐)관이 주로 사용된다. 동관은 내식성이나 열전도성에서 우수하나 시공시 외부 힘에 의한 손상에 주의해야 한다. 강관은 열전도면에서는 별차이가 없으나 부식에 약한 결점이 있다.

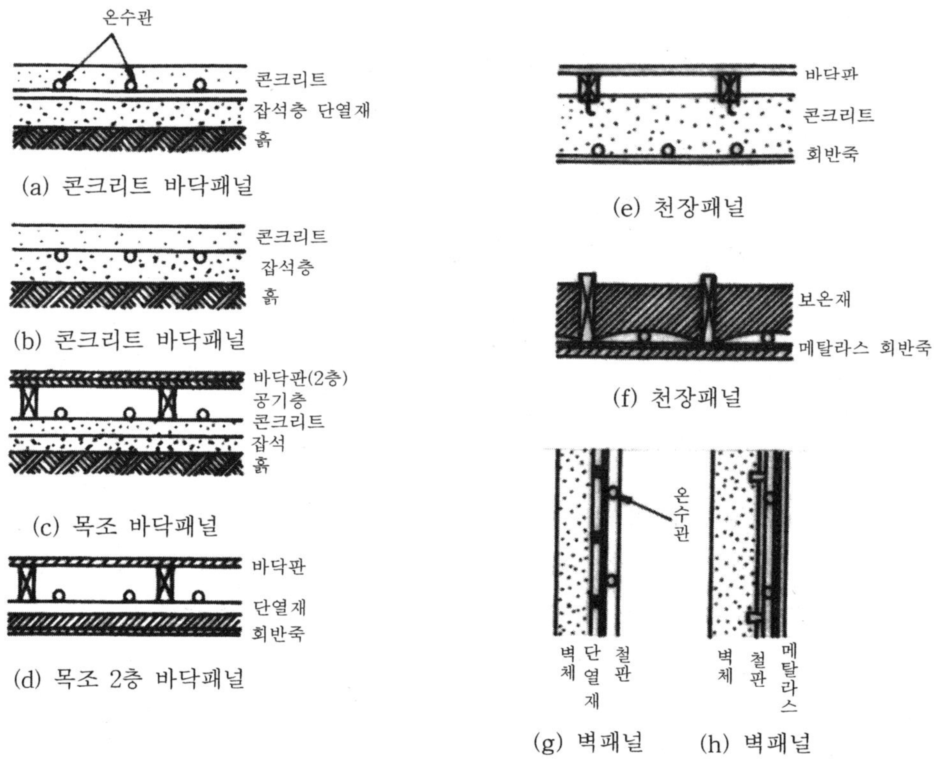

(a) 콘크리트 바닥패널 (b) 콘크리트 바닥패널 (c) 목조 바닥패널 (d) 목조 2층 바닥패널 (e) 천장패널 (f) 천장패널 (g) 벽패널 (h) 벽패널

<그림 7-11> 패널의 구조

매설배관의 관경은 바닥매설의 경우 25A, 천장매설은 15A의 가스관을 사용하며, 배관피치는 가능한 좁게 하는 것이 바람직하나 경제적인 면을 고려하여 20~30cm정도가 적당하다. 또한 배관의 매설깊이는 바닥의 균열방지 등을 고려하여 적어도 관 위에서 표면까지의 두께는 관경의 1.5~2.0배 이상으로 한다.

6. 온풍난방

온풍로 난방은 온풍로로 가열한 공기를 직접 실내로 공급하는 난방방식으로 증기·온수난방방식에 비해 시스템 전체의 열용량이 적고, 장치도 간단하며 설비비도 적게 든다. 특히 이 방식은 예열시간이 짧아 실온 상승이 빠르나 소음과 온풍로의 내구성이 문제가 되며, 취출 온도차가 35~50℃가 되어 정밀한 온도 제어가 곤란하므로 쾌적면에서는 다른 공조방식보다 뒤떨어진다.

이 방식은 주택, 점포 등 비교적 소규모 건물에 설치가 용이하며, 운전시간이 비교적 짧은 건물에 유리하다. 온풍로의 구성은 버너, 연소실, 공기-연소가스 열교환부, 송풍기, 공기여과기, 가습장치 등으로 되어 있으며, 사용되는 연료는 석유 또는 가스이다.

온풍로 난방의 형식은 온풍 난방기를 실내에 설치하여 직접 온풍을 불어내는 것과 덕트로 각 실에 송풍하는 것이 있다.

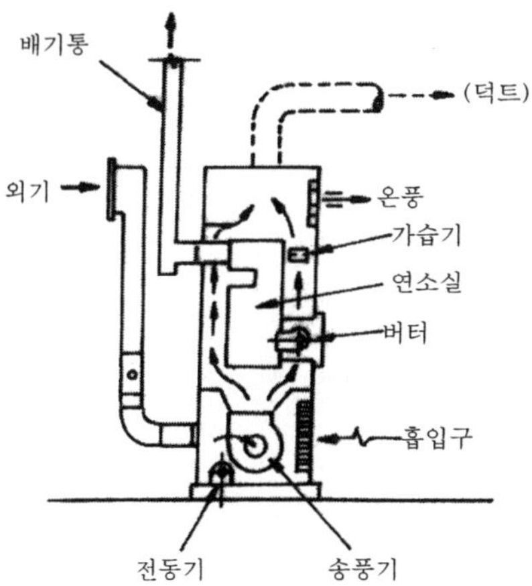

<그림 7-12> 온풍로

7. 지역냉난방

지역냉난방설비는 열원 플랜트에서 배관으로 증기 또는 온수 등의 열매를 넓은 지역의 많은 건물에 공급하는 설비를 말한다. 고급 열매로는 증기, 고온수 또는 냉수 등을 이용한다. 증기 또는 고온수와 같이 고온 열매만을 공급하는 것을 지역난방이라 하며, 여기에 냉수까지를 더하여 공급하는 설비가 지역냉난방이다.

지역난방은 19세기 말경부터 미국이나 유럽 각지에서 이용되어 왔으며, 우리 나라에서는 1970년 초부터 대단위 아파트 단지가 조성되면서 120~170℃의 고온수를 열매로 사용하는 지역난방방식이 도입되었으며, 1987년에는 목동 지역에 대규모의 열병합발전설비를 이용한 지역난방설비가 시설되었고, 최근에는 분당, 일산, 평촌 등 여러 신도시에 지역난방용 열병합발전설비가 건설되고 있다.

지역냉난방은 열원설비, 지역배관(옥외 배관) 및 중간 기계실 등으로 구성된다. 열원설비에는 여러 가지 방식이 있으며 열공급 전용설비, 발전을 병용하는 열병합발전설비 및 쓰레기 소각열 이용설비 등으로 구분한다.

연습문제

예제 1. 난방부하가 9,000kcal/h인 어떤 방이 있다. 이 방에 증기난방 및 온수난방을 할 경우, 주철제 방열기의 섹션수를 계산하시오 (단, 표준 방열량은 증기의 경우 650kcal/㎡·h, 온수의 경우 450kcal/㎡·h이다. 방열기의 1쪽 방열면적은 0.26㎡으로 한다.)

【풀이】 ① 증기난방의 경우

$$\text{쪽수 } N = \frac{H_L}{650 \times 0.26} = \frac{9,000}{169} = 53.3 \rightarrow 54\text{쪽}$$

② 온수난방의 경우

$$\text{쪽수 } N = \frac{H_L}{450 \times 0.26} = \frac{9,000}{117} = 76.9 \rightarrow 77\text{쪽}$$

예제 2. 어떤 실의 전열에 의한 손실열량이 10,040kcal/h, 환기에 의한 손실열량이 2,700 kcal/h이다. 이 실에 소요되는 방열기의 섹션수를 구하시오 (단, 방열기의 방열량은 650kcal/㎡·h, 5세주, 높이 700mm, 방열기 1쪽당 방열면적은 0.28㎡이다.)

【풀이】 $$\text{쪽수 } N = \frac{H_L}{650 \times 0.28} = \frac{10,040 + 2,700}{650 \times 0.28} = 70\text{쪽}$$

예제 3. 중력 순환식 온수난방에서 온수 공급온도 85℃, 환수온도 65℃일 때, 자연순환 수두 [mmAq]를 구하시오(단, 85℃의 물의 밀도는 968.65kg/m³, 65℃ 물의 밀도는 980.59kg/㎥이며, 보일러에서 방열기까지의 수직높이는 7m이다.)

【풀이】 순환수두 $H=(\rho_2-\rho_1)\cdot h$

$=(980.59-968.65)\times 7$

$=83.58\text{kg/m}^2=83.58\text{mmAq}$

예제 4. 증기난방의 상당방열면적이 800EDR이며 온수 급탕량 3,000ℓ/h, 온수온도 70℃, 원수의 온도가 10℃일 때, 증기보일러의 정격출력을 구하시오(단, 배관손실과 예열부하 계수는 1.4이며, 10℃와 70℃ 사이의 평균 비중량은 992kg/m^3이다).

【풀이】 증기난방의 표준방열량은 650kcal/h이므로

① 난방부하=650×800=520,000kcal/h

② 급탕부하=3,000×0.992×(70-10)=178,560kcal/h

③ 정격출력=(난방부하+급탕부하)×배관 손실과 예열부하 계수

=(520,000+178,560)×1.4=977,984kcal/h

제8장 환기설비

1. 개요

일반적으로 **환기란 어떤 공간의 공기를 자연 또는 기계적인 수단에 의하여 외기와 교환하는 것**을 말하며, 실내 공기의 정화, 발생열의 제거, 산소의 공급, 수증기의 제거 등을 목적으로 한다. 건축공간에서의 환기는 인간을 대상으로 하는 환기와 물질을 대상으로 하는 환기로 대별된다.

2. 환기방식

환기방법으로는 옥외의 바람에 의한 압력이나 건물 내외의 온도차에 의한 부력을 이용하는 **자연환기**와 송풍기를 이용하는 **기계환기(강제환기)**가 있다.

2-1 자연환기 방식

자연환기는 변동하는 자연의 힘을 이용하고 있으므로 항상 일정한 환기량을 얻을 수는 없고, 어떤 양 이상의 환기량을 얻을 수 있도록 계획되어야 한다. 자연환기방식은 풍압에 의한 환기와 온도차에 의한 환기가 있다. 풍압에 의한 환기는 풍압이 작용하는 것에 의하여 환기가 생기는 것으로서, 벽면의 창 틈새나 환기구 등의 개구부가 있으면 풍압이 높은 쪽에서 낮은 쪽으로 공기가 흐른다. 이 경우 풍향이나 풍속에 의하여 환기량이 좌우되므로 건물에 환기구를 설치할 때는 부착위치를 고려해야 한다.

온도차에 의한 환기는 실내의 온도차에 의하여 환기가 생기는 것이다. 실내의 공기온도가 외기 온도보다는 높은 경우, 실내공기의 밀도가 작아져 실내공기는 상승하고 건물의 하부로부터 옥외공기가 유입되어 상측에 있는 공기가 옥외로 유출되는 경향이 생긴다.

2-2 기계환기설비

기계환기방식은 <그림 8-1>과 같이 3가지가 있으며 각 환기방식의 특징은 다음과 같다.

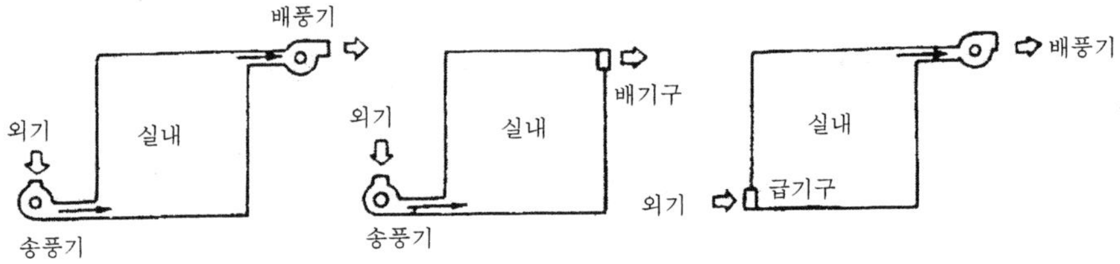

(a) 제1종 환기방식 (b) 제2종 환기방식 (c) 제3종 환기방식

<그림 8-1> 기계환기방식

(1) 제1종 환기

이 환기방법은 송풍기에 의하여 실내에 외기를 도입하는 동시에 배풍기에 의하여 공기를 배출하는 방법이다. 환기량을 확실하게 얻을 수 있고 실내의 기류분포도 양호하게 설계할 수 있을 뿐만 아니라 급·배기량을 변경시켜서 실내압을 정(⊕), 부(⊖)압 어느 쪽이나 유지할 수 있다.

(2) 제2종 환기

이 환기방법은 실내의 적당한 위치에 배기구를 설치하고 송풍기에 외기를 강제적으로 도입하고 배기는 배기구에서 자연적으로 밀려나가도록 하는 방법이다. 다른 방에서 오염된 공기가 들어와서는 안 되는 방이나 연소용 공기를 공급해야 하는 방의 환기에 적합하다. 그러나 이 방식은 실내의 기압이 정압(⊕)이므로 냄새가 발생하는 방에 적용하면 냄새가 다른 실로 확산되기 때문에 적합하지 않다.

(3) 제3종 환기

이 환기방법은 실내의 적당한 위치에 급기구를 설치하여 실내공기는 배풍기에 의하여 강제적으로 옥외 등으로 배출하고 외기는 급기구를 통하여 자연적으로 유입시키는 방법이다. 이 방식은 실내가 부압(⊖)이 되므로 화장실이나 욕실과 같이 실내에서 발생한 냄새 또는 수증기가 다른 방으로 유출되어서는 안 되는 방의 환기에 적합하다.

2-3 국부배기장치

오염가스 또는 열기, 먼지 등이 국부적으로 다량으로 발생하는 곳에서는 후드 등을 이용하여 국부배기를 한다. 후드에 의한 흡입기류는 후드에서 멀어질수록 속도가 감소하며 후드와 작업대 등과의 개방면적이 클수록 속도가 떨어진다. 오염가스 등이 실내로 유출하는 것을 방지하기 위해서는 개방면에서의 알맞은 흡입기류속도를 유지해야 한다.

이 때의 필요 속도는 오염 가스의 발생, 배출 상태 또는 후드 주위의 실내기류, 실내로의 누출허용량 등에 따라서 다르지만 주방용 후드에서는 개방면에서의 평균 흡입풍속은 0.3m/s정도가 알맞다.

또한 주방용 후드는 기름끼에 의한 오염이 심하고 이것이 덕트 안이나 송풍기 등에 적체하게 되면 비위생적일 뿐만 아니라 덕트에서 천장 속이나 실내로 스며오거나 적체물에 불이 붙거나 악취를 발생하고 송풍기의 효율을 저하시키는 등의 장해를 일으킨다.

3. 환기설비 설계

3-1 환기계통

환기계통은 오염된 실과 그렇지 않은 실을 같은 계통으로 연결하면 오염된 공기가 역류할 우려가 있으므로 설계시 주의해야 한다. 외기 도입구의 경우, 가능하면 깨끗한 외기를 도입하기 위하여 특히 도심지에서는 도로에 면하는 장소를 피해야 하며, 지면에서 높은 위치에 설치하여 먼지 유입을 막아야 한다.

배기구는 건물의 창이나 외기 도입구 및 도로로부터 충분하게 떨어진 곳에 설치함으로써 배기가 실내 또는 외기 도입구로 들어가거나 보행자 쪽으로 직접 불어내는 일이 없도록 해야 한다. 아울러 외기 도입구 또는 배기구에서의 소음에 대해서도 주위에 영향을 주지 않도록 설치장소를 선정하고 필요에 따라 차음벽이나 소음장치를 설치해야 한다.

3-2 환기량

환기량은 대상 오염물질의 실내 농도를 허용치 이하로 유지할 수 있는 양을 기준으로 한다. 이 때 필요한 최소 풍량을 필요 환기량이라 하고, 구하는 방법은 환기횟수에 의한 방법, 환경보전법 · 건축법 등의 법규에 의한 방법, 허용치에 의한 방법 등이 있다. 여기서는 전자의 2가지 방법에 대하여 설명하기로 한다.

3-2-1 환기횟수에 의한 방법

실의 용적을 구하고 <표 8-1>에 나타난 바와 같이 환기횟수를 적용하여 환기량을 산출한다. 이 방법은 허용치 또는 오염원의 상태를 파악할 수는 없는 경우나 이 환기량으로 계획하더라도 별문제가 일어나지 않는 실에 적용한다.

<표 8-1> 각 실별 필요 환기량

실명	환기횟수 [회/시]	환기량 [$m^3/m^2 \cdot h$]	실명	환기횟수 [회/시]	환기량 [$m^3/m^2 \cdot h$]
주방(대)	40~60	100~150	배 선 실	15~20	30~45
주방(소)	30~40	120~160	욕 실	15~20	30~45
화 장 실	5~10	15~30	차 고	10~15	25~30
탕 비 실	10~15	30~45	발전기실	30~50	150~200
보일러실	급기 10~15	30~50	지하창고	5~10	15~30
	급기 7~15	20~30	미용실	5~10	12~30

3-2-2 법규에 의한 방법

환경보전법, 건축법에서는 실내환경 기준을 정하여 규제값 또는 계산식에 의하여 법적 환기량을 준수하도록 규정하고 있다. <표 8-2>는 우리 나라 현행 각종 법규에서 규정한 환기량을 나타낸다.

<표 8-2> 법규에 의한 필요 환기량

실 명	환 기 량	비 고	
거실	(기계 환기량일 때) * $Q=20(A_f/N)$ Q : 유효 환기량 [m^3/h] A_f: 거실의 바닥면적 [m^2] N : 1인당 점유면적 [m^2] $N(\leq 10$으로 한다)	건축법시행령규칙 제23조 (중앙식 공조설비를 설치할 경우) • 먼지 : 0.15mg/m^3 • CO : 10ppm 이하 • CO_2 : 1,000ppm 이하 • 기류 : 0.5m/s	
지하주차장	환기량 : 10회/시 이상 CO_2 농도 50ppm 이하	주차장법시행규칙 4조	
극장, 영화관, 집회장	신선공기량 : 75$m^3/h \cdot m^2$ 이상 공조설비의 전풍량 75$m^3/h \cdot m^2$일 때 외기량 25$m^3/h \cdot m^2$ 이상	[객실면적의 합계] 400 m^2 이상 150~400 m^2 150 m^2 이하 지하실	[환기방식] 제1종 제1종 또는 제2종 제1, 2종 또는 3종 제1종
지하 건축물	신선공기량 : 30$m^3/h \cdot m^2$ 이상 공조설비의 경우 외기량 10$m^3/h \cdot m^2$ 이상	[바닥면적] 1000 m^2 이상 1000 이하	[환기방식] 제1종 제1종 또는 제2종

4. 배연설비

4-1 개요

화재의 발생은 『출화(出火) → 플래시 오버(flash over) → 화재 최성기 → 다른 구역으로 연소 이동』의 과정을 통하여 진행되며 때에 따라서는 인명 손실을 포함한 커다란 재해가 발생한다. 건물이나 지하가에서 화재에 의한 인명피해는 불보다는 연기에 의해 피해가 훨씬 크다. 따라서 화재시에 발생하는 연기를 외부로 조속히 배출하여 피난로 확보와 피난시간을 연장하기 위하여 배연설비를 설치해야 한다.

4-2 배연방식

4-2-1 자연배연방식

자연배연방식은 직접 외기에 접하는 창 등의 개구부에서 부력으로 배연하는 것이며, 방연구획부분 바닥면적의 1/30 이상의 배연상 유효한 개구부(자연배연구)가 있을 때 법규상 자연배기방식으로 인정된다.

이 방식은 천장이 높고, 배연구의 위치가 높을수록 연기의 부력이 커서 유효하게 배연이 되고, 전원 등의 동력원이 필요로 하지 않는 다는 장점이 있어서의 외구 개구부를 설치하는 아파트나 병원 등에 유리한 방식이다.

4-2-2 기계배연방식

기계배연방식은 흡인배연방식과 가압배연방식으로 크게 나눌 수 있다. **흡인배연**은 기계의 힘으로 강제적으로 배연시키는 것으로 항상 일정량의 연기를 확실하게 배출할 수 있다. 반면에 화재실의 연기를 비화재실로 끌어들이는 경우가 있으므로 적절한 급기로의 확보가 중요하며, 또 화재의 어떤 단계에서 방화댐퍼를 닫는 등의 풍도를 통한 연소이동 방지의 검토가 필요한다.

가압배연은 목적하는 방에 외기를 강제로 급기하여 실내 압력을 높여서 화재실로부터 연기가 침입하는 것을 막는 방식이다. 이 방식은 화재실 이외의 방들의 밀폐도가 높지 않으면 충분한 실내 정압을 얻을 수 없으며, 오히려 급기된 외기가 화재실로 유입될 유려가 있다.

4-3 배연설비

배연설비를 설치할 건물은 바닥면적 $1000m^2$ 이내마다 불연재의 벽이나 수직벽 등의 방화벽을 설치한 방화구역을 설정하고 각 구역 내에 배연구를 설치한다. 자연환기의 배연구일 때에는 직접 외기에 접하는 개구부로 하고 개구부의 면적이 배연구역의 바닥면적의 1/100 이상이어야 한다. 배연기를 사용할 때는 <그림 8-2>와 같이 천장 또는 반자에서 그 수직하단까지의 거리가 0.6m 이상인 배연벽으로 형성된 배연구역의 모든 부분에서의 수평거리가 40m 이내인 곳에 배연구를 설치한다.

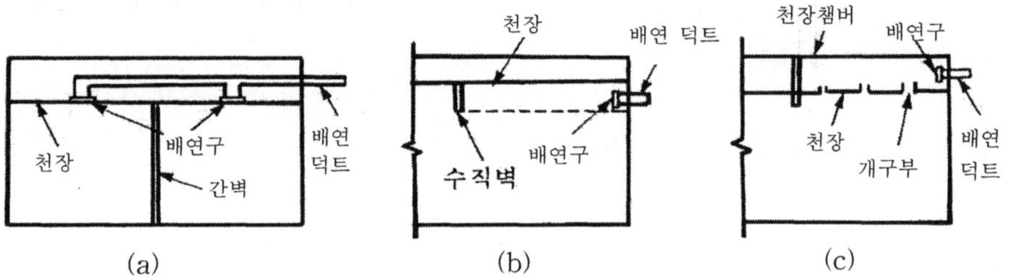

<그림 8-2> 배연구의 설치

배연구는 연감지기와 연동하여 자동 개방되는 것과 중앙 관제실에서 원격 조작하는 것, 현장에서 조작하는 것 등이 있으나 어느 경우에나 반드시 수동개방장치를 설치해야 한다. 배연기의 능력은 배연구역의 바닥면적 $1m^2$당 $1m^3/min$ 이상으로 하고 예상 배연구역 전체에 대한 최저 배출량은 $5,000m^3/h$ 이상으로 한다. 다만 예상 배연구역이 다른 거실의 피난을 위하여 경유하는 거실인 경우, 그 예상 배연구역의 배출량은 기준량의 1.5배($7,500m^3/h$)이상이어야 한다.

배연 덕트는 가능하면 방화구획의 관통을 적게 하도록 배치하며, <그림 8-3>과 같이 각층을 관통할 때에는 내화구조의 샤프트를 이용하고 방화구획의 관통부는 두께 1.5mm 이상의 철판으로 보호하여 280℃에서 작동하는 방화 댐퍼를 설치한다.

초고층 건물에서는 특별 피난계단의 전실이나 비상용 승강기의 승강장에 배연설비를 설치한다. 이것은 계단이나 승강기에 연기가 유입하지 않도록 하기 위한 것이며, 급기구 및 배연구를 <그림 8-4>와 같이 설치한다.

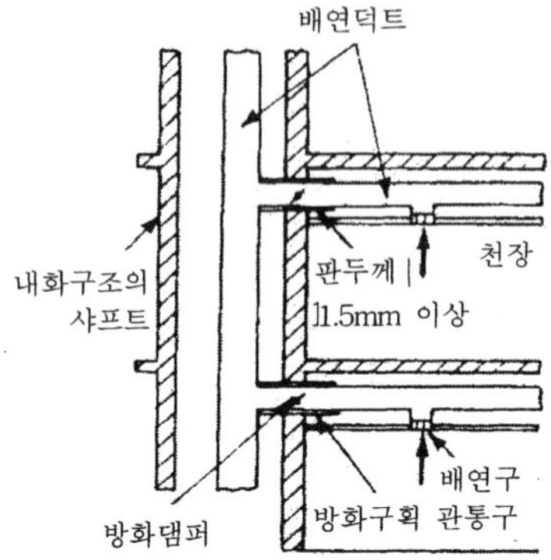

<그림 8-3> 배연 덕트의 설치

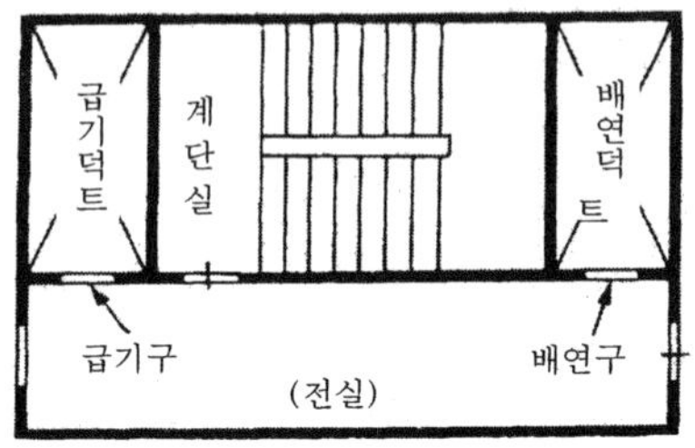

<그림 8-4> 특별 피난계단의 배연설비의 설치

연습문제

예제 1. 2,000명을 수용하는 극장에서 실온을 20℃로 유지하자면 환기량은 몇 m^3/h인가?(단, 외기온도=10℃, 1인당 발열량(현열)=60kcal/h, 공기의 정적비열=0.3kcal/m^3 · ℃이다).

【풀이】 $Q = \dfrac{H}{C_p \cdot \gamma(t_i - t_o)} = \dfrac{2,000 \times 60}{0.3(20-10)} = 40,000\text{m}^3/\text{h}$

예제 2. 가스량에 의한 환기량은 $Q = m/(p_i - p_o)$이다. 900명을 수용하는 극장에서 실내 CO_2량을 0.1로 유지하자면 필요한 환기량은 얼마인가?(단, 외기 CO_2량 =0.04%, 1인당 CO_2토출량= 18l/h이다).

【풀이】 $Q = \dfrac{16.2}{0.001-0.0004} = 27,000\text{m}^3/\text{h}(m = 18l/\text{h} \times 900\text{명} = 16,200l)$

예제 3. 다음과 같은 조건에서 실내 CO_2허용한도를 0.15%로 할 때, 필요한 환기량을 구하시오.

<조건> 1. 재실자 1인당 탄산가스 배출량 0.03m^3/h
2. 외부 신선공기의 CO_2함유량 0.02%
3. 실내 재실자 30명

【풀이】 $Q = m/(P_i - P_o)$, $m = 0.03\text{m}^3/\text{h} \times 30\text{명} = 0.9$

$\therefore Q = 0.9/(0.0015 - 0.0002) = 692.3\text{m}^3/\text{h}$

제4편

전기설비

제1장 총 론

1. 개요

건축에서의 전기설비란 건축물의 제반기능이 안전하고, 능률적이고, 쾌적하게 발휘될 수 있도록 시설된 건물 내의 전력설비를 비롯한 정보통신설비, 방재설비, 수송설비 등을 통틀어 일컫는 말이다. 최근에는 건물 내에서의 거주환경에 대한 요구가 고도화됨에 따라 이들 설비는 매우 중요한 역할을 점유하게 되었다. <표 1-1>은 전기설비의 종류를 나타내고 있다.

<표 1-1> 건축전기설비의 종류

전력설비	통신설비	방재설비	수송설비
수변전설비	중앙감시제어설비	비상용조명설비	엘리베이터설비
자가발전설비	전 화 설 비	자동화재보지설비	에스컬레이터 설비
축전지설비	방 송 설 비	비상경보설비	덤웨이터설비
배 선 설 비	표 시 설 비	유도등설비	기송관설비
조 명 설 비	인터폰설비	기타방재설비	
콘센트설비	TV공동시청설비	피 뢰 설 비	
동 력 설 비	O A 설 비	항공장해등설비	
구내배전선로	전기시계설비	주차장경보설비	
	구내통신선로		

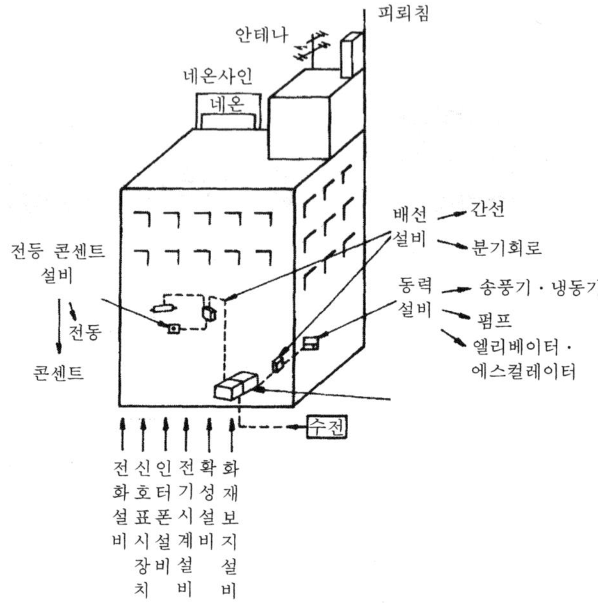

<그림 1-1> 건축관계 전기설비

2. 전기의 기초사항

2-1 전기의 정체

모든 물질은 매우 작은 분자, 또는 원자의 집합이다. 원자는 ⊕전극을 띠고 있는 원자핵과 ⊖전극을 띠고 있는 전자로 구성되어 있다. 원자핵은 전자와 같은 수의 양자와 전기를 전혀 가지지 않은 중성자로 구성되어 있다. 금속의 경우, 원자핵을 돌고 있는 전자 중에서 가장 바깥쪽에 궤도를 돌고 있는 전자는 원자핵과 결합이 약하므로, 이들 전자는 원자를 떠나서 자유롭게 움직이는 성질이 있는데 이와 같은 전자를 **자유전자**라고 한다.

정전기(또는 마찰전기)는 마찰에 의해 온도가 상승하고 원자가 충돌하여 그 에너지에 의해 물질 내부에서 튀어나온 전자가 상대방 물질에 부착하기 때문에 전기가 발생한다.

금속과 같이 자유전자를 많이 포함하여 전기를 잘 통하는 물질을 **도체(導體)**라고

하고, 유리나, 고무, 비닐과 같이 자유전자가 존재하지 않는 물질을 **절연체(부도체)**라고 한다. 또한 실리콘이나 게르마늄과 같이 저온에서는 전기를 통하지 않으나 온도를 높인다든지 불순물을 넣는 것에 의해 자유전자가 생겨, 전기를 잘 통하게 하는 것을 **반도체(半導體)**라고 하고 컴퓨터 등에 이용되고 있다.

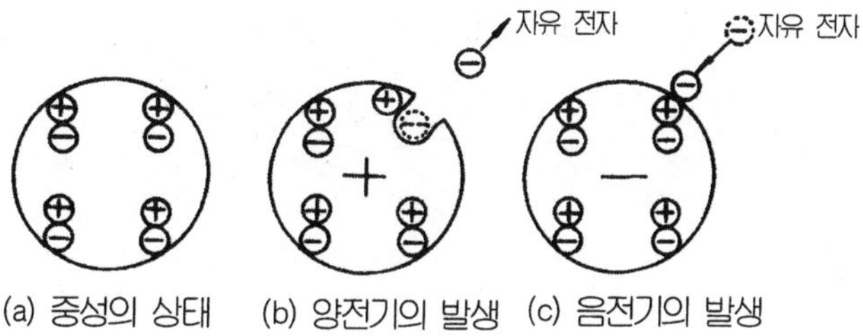

<그림 1-2> 전기의 발생

2-2 전압과 전류

전류는 전자의 흐름으로 도체의 단면을 단위시간에 이동한 전기량을 말한다. 또한 전류가 흐르기 위해서는 압력이 필요한데 이 압력을 **전압**이라고 한다. 전류는 I 라는 기호를 붙이고 단위는 암페어(ampere, 단위기호는 A)로 표시하며, 1A란 매초 1C (coulomb)의 전하가 이동하는 것을 말한다. 전압은 V의 기호를 붙이고 단위는 볼트(volt, 단위기호는 V)로 표시하며, 1V란 1Ω의 저항에 1A의 전류를 흘려보낼 수 있는 전압을 말한다. 저항은 전류의 흐름을 방해하는 정도를 나타내고 크기의 단위는 옴(ohm, 단위기호는 Ω)으로 표시하며, 1Ω이란 1V의 전압을 걸었을 때 1A의 전류가 흐르는 도체의 저항을 말한다.

전압, 전류, 저항의 관계는 다음과 같다.

$$\text{전압 } V(\text{volt}) = \text{전류 } I(\text{ampere}) \times \text{저항 } R(\text{ohm}) \quad (1\text{-}1)$$

전기의 저항은 단면적에 반비례하고 길이에 비례한다.

$$R = \rho(\text{비저항})\frac{l}{S}(\Omega) \quad (1\text{-}2)$$

전기기기는 전부 정격전압을 가했을 때 가장 적당한 양의 전류가 흐르도록 만들어져 있는데 이 전류를 **정격전류(定格電流)**라고 한다. 전기기기에 정격보다 큰 전압을 가하면 정격전류보다 큰 전류가 흐르게 되는데 이것을 **과전류(過電流)**라고 한다. 과전류기 흐르면 기기 등이 발열되어 화재가 발생하거나 기기가 파손되거나 감전의 원인이 되기도 한다.

마찬가지로 각각의 전기기기에 따라 정상적으로 기능을 수행할 수 있는 전압이 정해져 있는데 이 전압을 **정격전압(定格電壓)**이라고 한다. 전기기기에 해당 정격전압보다 높은 과전압의 전기를 공급하면 과전류가 흘러 정상적인 기능을 수행하지 못할 뿐만 아니라 화재나 파손, 감전 등의 위험이 발생할 수 있다.

2-3 전류의 종류

2-3-1 직류와 교류

시간에 관계없이 일정한 전압으로 방향이나 크기가 변하지 않는 전류를 **직류(*Direct Current* : *D.C*)**라고 하고, 흐르는 방향이나 크기가 시간과 함께 주기적으로 변화하는 전류를 **교류(*Alternating Current* : *A.C*)**라고 한다.

보통 건물의 전동, 동력, 전열 등 대부분의 전기설비는 교류를 사용하고 있으며, 전화, 전기, 시계를 비롯한 통신설비와 엘리베이터 전원으로는 직류를 사용한다. 교류가 일반적으로 사용되는 이유는 첫째 회전하는 발전기에서 자연스럽게 교류가 발생하고, 둘째 변압기에 의해서 전압을 간단히 자유롭게 변경이 가능하고, 셋째 싸고 사용하기 쉬운 교류모터가 사용할 수 있기 때문이다.

2-3-2 주파수

교류에서 전류가 어떤 상태에서 출발하여 차츰 변화되어서 최초의 형태로 돌아올 때까지의 행정을 **사이클(*cycle*)**이라 하고, 1초간의 사이클 수를 **주파수(*frequency*)**라고 한다. 우리 나라는 60사이클을 사용하고 있다.

2-4 전력

전기 에너지가 1초간에 행하는 일의 양을 전력이라고 하며, 단위로는 와트(Watt)를 사용한다. **1V의 전압으로 1A의 전류가 흐르면 1W라고 한다.** 전기가 하는 일의 양을 전력량이라고 하고 Wh 또는 1kWh로 표시한다. 1kW의 전력량은 860kcal/h이고 전력과 전류 및 전압의 관계는 다음과 같다.

① 직류의 경우 $W = VI$

② 단상교류의 경우 $W = VI \times$ 역률

③ 3상 교류의 경우 $W = VI \times \sqrt{3}$역률

여기서, 역률이란 교류회로에 전력을 공급할 때의 유효전력과 피상전력과의 비를 말한다. 교류의 경우, 전압과 전류를 그 방향과 크기가 서로 시시각각으로 변화하고 있어 이들이 흐르는 회로의 상태에 따라 겹치거나 전류가 전방보다 늦거나 빨라지는 경우가 있다.

저항 $R(\Omega)$에 전류 I(A)를 t(초)동안에 흘러보낼 때 R에 소비되는 전력량은 열에너지로 변환된다. 이것을 전류의 발열작용이라 하고 **1kWh는 860kcal**이다. 소비전력량 W는 사용시간을 t라고 할 때 아래 식과 같다.

$$W = I^2 \times R \times t \qquad (1\text{-}3)$$

이 소비전력량 W는 전기에너지가 열에너지로 변환하는 것을 말하며, 그 열량을 cal로 환산하면 1J 은 0.24cal가 되며 이것을 **줄의 법칙**이라고 한다.

제2장 전원설비

1. 수변전 설비

빌딩이나 공장 등의 조명, 전열 및 동력 등의 부하설비에 전력을 공급하기 위하여 이들 건물에 전원설비가 필요하다. 전원설비에는 외부의 전력회사로부터 전력을 받아서 부하설비에 급전하는 수전(受電), 변전(變電)설비와 이와 병용하여 정전시에 대비하여 자가용 발전설비 등의 예비전원 설비가 있다. 외부의 전력회사로부터 전력을 공급받을 경우에는 수용가의 사용전력에 따라서 저압, 고압 또는 특고압으로 수전한다.

1-1 기본계획

건물의 규모·용도 및 건설장소 등이 확정되면 그 다음으로 변전실의 위치 및 소요면적을 결정해야 한다. 그러므로 전기설비를 설계코자 하는 사람은 먼저 수전전력을 추정하여 수전전압을 결정하고, 전기실의 면적이나 위치 등에 대하여 건축설계자와 충분한 협의를 하여 건축 계획이 수립되어야 한다.

다음은 변전설비의 기본계획에서부터 공사 시행시까지 검토하여야 할 사항들을 열거한 것이다.

① 설비용량을 각 부하별(전등, 일반 동력, 냉방 동력)로 산출한다.

② 최대 수용 전력에 따라 수변전 설비용량을 산출한다.

③ 계약전력과 수전전압을 결정한다.

④ 인입방식과 배선방식을 결정한다.
⑤ 주회로의 결선도를 작성한다.
⑥ 변전설비형식을 선정한다.
⑦ 제어방식을 결정한다.
⑧ 변전실의 위치와 면적을 결정한다.
⑨ 기기의 배치를 결정한다.

1-2 수변전설비 용량추정

수변전 설비용량을 추정하기 위해서는 아래와 같은 사항들에 대해서 검토를 해야 한다.

(1) 설비용량 추정

설비용량 추정은 변전설비의 기본계획에서 가장 먼저 산출해야 할 사항이다. 설비용량은 다음 식으로 산출한다.

$$\text{부하설비용량} = \text{부하밀도}\,[\mathrm{VA/m^2}] \times \text{연면적}\,[\mathrm{m^2}] \qquad (2\text{-}1)$$

(2) 수전용량 추정

설비용량 추정이 끝나면 수용율, 부등률, 부하율을 고려해서 최대 수용 전력을 산출한다. 대도시의 일반건물의 수용율은 60～70% 정도로 하는 경우가 많다.

$$\text{수용율} = \frac{\text{최대 수용 전력[kW]}}{\text{부하설비의 정격용량[kW]}} \times 100[\%] \qquad (2\text{-}2)$$

$$\text{부등률} = \frac{\text{각부하의 최대 수용 전력의 합계[kW]}}{\text{합성 최대 수용 전력[kW]}} \times 100[\%] \qquad (2\text{-}3)$$

$$\text{부하율} = \frac{\text{평균 수용 전력[kW]}}{\text{최대 수용 전력[kW]}} \times 100[\%] \qquad (2\text{-}4)$$

(3) 계약전력과 수전전압

수전설비 용량이 추정되면 전기공급 규정에 따라서 계약전력과 공급전압을 결정한다.

보통 계약전력은 업무용으로 전등과 동력을 병용하는 경우 20kW 이상, 부하가 적은 소규모 공장은 50~500kW, 대규모 공장에서는 500kW 이상이다.

(4) 변전설비의 필요성

건물에서 사용되는 조명, 동력, 전열 등의 부하설비에 전력을 공급하기 위해서는 각 설비에 적합한 전압으로 공급해야 한다. 직접 사용 전압으로 공급을 받으면 전선이 대단히 커지게 된다. 따라서 도심의 경우, 변전소에서 특별고압 또는 고압으로 수전하고 이것을 변압기에서 전압을 조정하여 건물 내에 공급한다.

(5) 변전실

① 변전실의 위치 및 구조

- 부하의 중심에 가깝고 배전에 편리한 곳
- 기기의 반출입과 전원 인입이 편리한 곳
- 보일러실, 펌프실, 예비 발전실, 엘리베이터 기계실과 관련성을 고려할 것
- 습기가 적고 채광, 통풍(열)이 양호할 것
- 충분한 천장 높이가 필요하다. 고압은 보 아래 3m 이상, 특별 고압 20~30kV의 경우, 보 아래 4.5m 이상.
- 바닥하중은 변압기, 콘덴서 등의 중량물에 견디는 구조
- 바닥에는 케이블, 피트, 배관 등을 고려하여 콘크리트를 200~300mm로 친다.
- 격벽은 내화구조로, 출입구의 문은 방화문으로 한다.

② 변전실의 면적

$$\text{바닥면적} = 3.3\sqrt{\text{변압기용량}(kVA)}\ [\mathrm{m}^2] \qquad (2\text{-}5)$$

2. 예비전원설비

전력은 일반적으로 전력회사로부터 배전받지만 송·배전이 정지되었을 때에도 중요한 부하설비만큼은 송전을 계속할 필요가 있다. 예비전원설비로는 자가발전설비, 축전

지설비 등이 있다.

2-1 자가발전설비

예비전원설비로서의 자가발전설비는 전력회사로부터 공급받는 상용전원의 정전 등 돌발사고 발생시 자체적으로 전원을 확보하기 위한 설비를 말한다. 규모가 작은 경우에는 축전지설비로도 어느 정도의 시간을 지탱할 수 있으나 오랜 시간 또는 용량이 큰 건물의 경우에는 비상용 자가발전설비가 필요하다. 일반적으로 자가발전설비의 용량은 보통 수전설비 용량의 10~20% 정도로 한다.

자가발전 설비는 비상사태 발생 후 10초 이내에 기동하여 규정 전압을 유지하여 30분 이상 전력공급이 가능해야 한다. 자가발전설비에 사용되는 내연기관은 시동이 빠르고, 동작이 확실하여 신뢰가 높다. 또한 자동화가 용이하며, 취급과 보수가 용이하고 효율이 좋다.

2-2 축전지 설비

축전지 설비는 축전지, 충전장치, 보안장치, 제어장치 등으로 구성된다. 축전지는 순수한 직류전원이며 경제적이고 보수가 용이한 특성을 가지고 있다. 축전지설비는 예비전원으로서 상용 전원이 불시에 정전되었을 때 자가발전 설비를 가동시켜 정격전압으로 확보될 때까지 예비전원으로 사용되는 경우가 많이 있다.

축전지설비는 정전 후 30분 이상 방전이 가능해야 하며, 축전지의 용량은 다음과 같다.

$$\text{축전지용량} = \text{방전전류}\,[A] \times \text{방전시간}\,[h] \qquad (2\text{-}6)$$

연습문제

예제 1. 전기설비 용량이 각각 80kW, 90kW, 100kW의 부하설비가 있다. 그 수용율이 70%인 경우 최대 수용전력을 구하시오.

【풀이】 $$\text{수용율}[\%] = \frac{\text{최대 사용전력}[kW]}{\text{수용설비용량}[kW]} \times 100$$

$$= \frac{X}{80+90+100} \times 100 = 70\%$$

$$\therefore X = 190kW$$

예제 2. 전기설비 용량이 400kW인 건물이 있다. 이 건물의 변전실의 크기(평)을 구하시오.

【풀이】 $$\text{변전실의 면적(평)} \fallingdotseq \sqrt{\text{설비용량}[kW]}$$

$$\fallingdotseq \sqrt{400\,kW}$$

$$\fallingdotseq 20(\text{평})$$

제3장 배전과 배선설비

1. 배전(配電)방식

전력을 수용지에서 분배하는 것을 배전이라 하며, 보내온 전력을 적당한 전압으로 승압 또는 강압시켜서 보내는 곳이 변전소이다. 중소건물은 저압, 대규모 건물은 고압 또는 특고압으로 전력을 인입하여 건물 내에서 배전반, 간선, 분전반, 분기회로를 거쳐 배전한다.

전압의 종류는 다음과 같이 나누고 있다.

① 저압 : 직류는 750V 이하, 교류는 600V 이하

② 고압 : 직류는 750~7,000V 이하, 교류는 600~7,000V 이하

③ 특별 고압 : 7,000V 초과

현재 널리 사용되고 있는 배전방식에 대한 특징은 아래와 같다.

(1) 100V 단상 2선식

주로 일반 주택에서 이 방식을 간선으로 사용하고 있는 실정이다. 그러나 100V부하는 사무소, 빌딩, 병원, 호텔, 공장 등 모든 건물에서 사용하고 있으므로 100V 전원은 모든 건물에서 필요하다.

(2) 200/100V 단상 3선식

단상 2선식 100V의 간선은 대용량일 때는 전선크기가 커지므로 비경제적이다. 따라서

전류를 반감하기 위하여 회로전압을 200V로 하고 한편으로는 100V의 전원을 얻을 수 있는 방식이다. 주로 백화점, 학교, 빌딩, 공장 등에서 사용한다.

(3) 200V 3상 3선식

일반 빌딩이나 공장에 시설되는 기계의 전동기는 대부분 3상 200V 정격으로 되어 있다. 따라서 동력전원으로 많이 사용되고 있다.

(4) 208/120V 3상 4선식

이 방식은 208/1230V, 460/265V, 220/380V의 3종이 있으며, 3상동력과 단상 전등부하에 전력을 공급할 수 있다. 220/380V의 경우 전등전압에는 220V, 동력용 전압에는 380V를 사용하며, 우리 나라의 승압계획에 따라 점차적으로 이 방식이 사용되어 가고 있다.

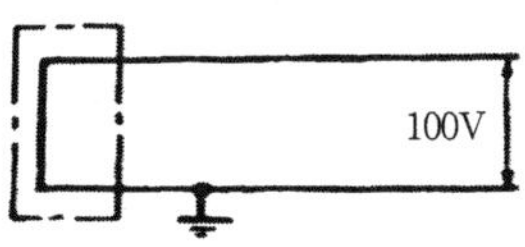

(a) 단상 2선식 100V

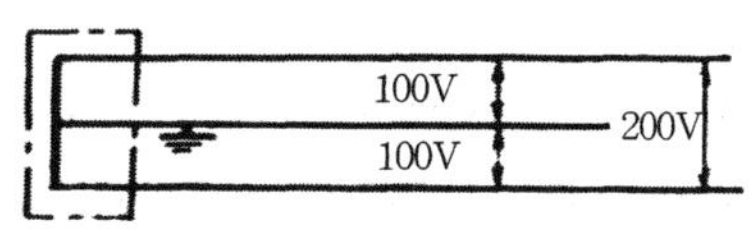

(b) 단상 3선식 100V/200V

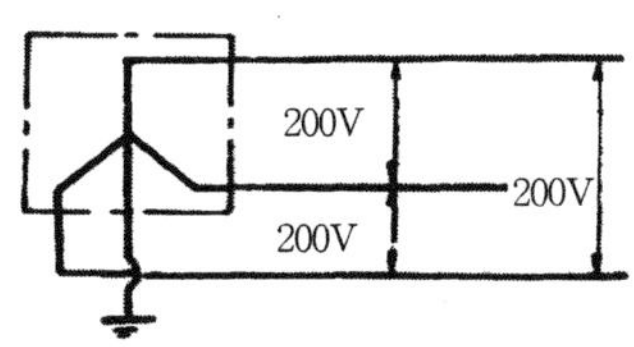

(c) 3상 3선식 200V

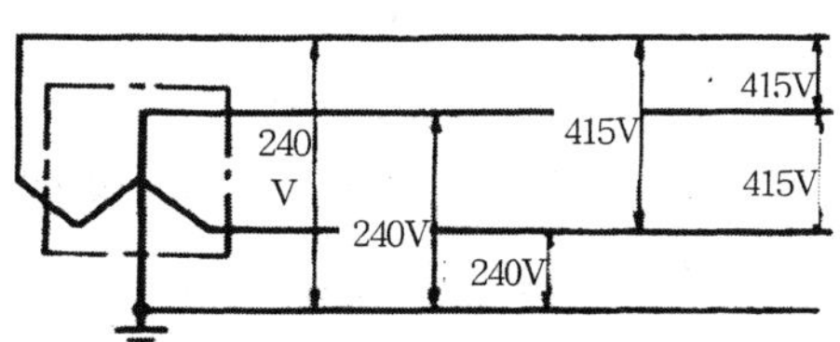

(d) 3상 4선식
240/415V(50Hz)
265/460V(60Hz)

<그림 3-1> 전기방식

2. 간선(幹線)

건물 내의 전력계통 중 인입점, 발전기 또는 축전지 등의 전원에서 변압기 또는 배전반 사이를 접속하는 배전 선로 또는 배전반에서 각 전등 분전반, 동력 제어반에 이르는 배전 선로를 간선이라고 한다. 1개의 간선에는 많은 분기회로가 포함되어 있으므로,

전력공급 범위면에서 보면 간선 쪽이 분기회로보다 훨씬 크다. 그러므로 간선설계는 높은 공급 신뢰도를 갖도록 설계되어야 하며, 간선의 결정에는 다음의 것들이 고려되어야 한다.

① 전선의 허용전류

② 전선의 허용전압 강화

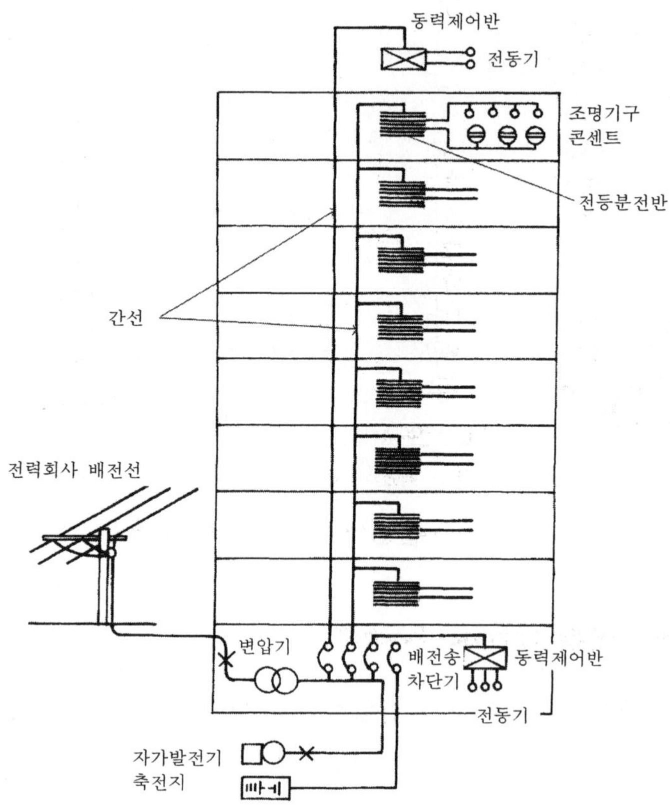

<그림 3-2> 간선 설명도

2-1 간선의 배전방식

(1) 평행식

각 분전반 마다 단독으로 배선되어 있으므로 전압강화가 적고 사고 발생시 영향범위가 좁으나 설비비가 많이 소요된다. 대규모 건물에 적합하다.

(2) 나뭇가지식

한 개의 간선이 분전반을 거쳐가며 공급하는 방식이다. 말단 분전반에서 전압강화가 커질 수 있으며, 중소규모에 이용된다. 이 방식은 전동기가 분산되어 있을 때 적합하다.

(3) 병용식

평행식과 나뭇가지식을 병용한 것으로 전압강화도 크지 않고 설비비도 줄일 수 있어 가장 많이 사용한다.

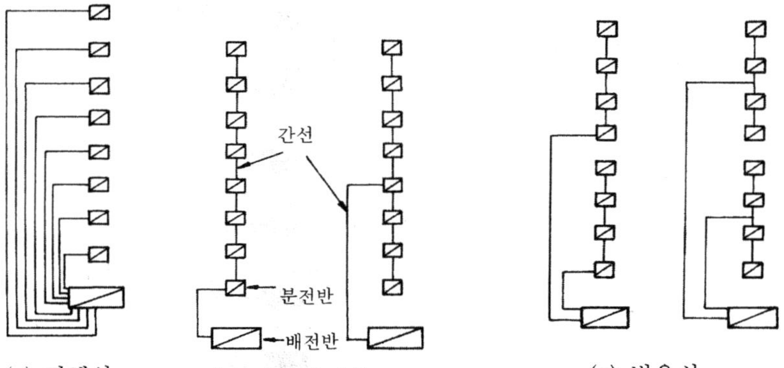

<그림 3-3> 간선의 배전방식

2-2 분전반(分電盤 : pannel board)

분전반은 배전반으로부터 각 간선에서 소요의 부하에 따라 배선을 분기하는 개소에 설치하는 것으로 배전반의 일종이며, 여러 가지 형식이 있다. 분전반은 주개폐기, 분기회로용 분기개폐기나 자동차단기 등을 한 곳에 모아 설치한 것으로 강판제 캐비넷제가 많이 사용되며, 주개폐기나 각 분기회로용 개폐기는 나이프 스위치(knife switch)나 노퓨즈 브레이커(no fuse breaker)가 사용된다.

일반적으로 분전반 1개로 공급하는 범위는 $1,000m^2$ 정도이고, 1개의 분전반에 넣을 수 있는 분기개폐기의 수는 예비회로를 포함하여 40회로이다. 일반적으로 1개 층에 분전반을 적어도 1개씩 설치하고, 가능한 분기회로의 길이가 30m 이하가 되도록 위치를 정하는 것이 바람직하다. 또한 분전반은 보수나 조작이 편리하도록 복도나 계단부근의 벽에 설치하는 것이 보통이다.

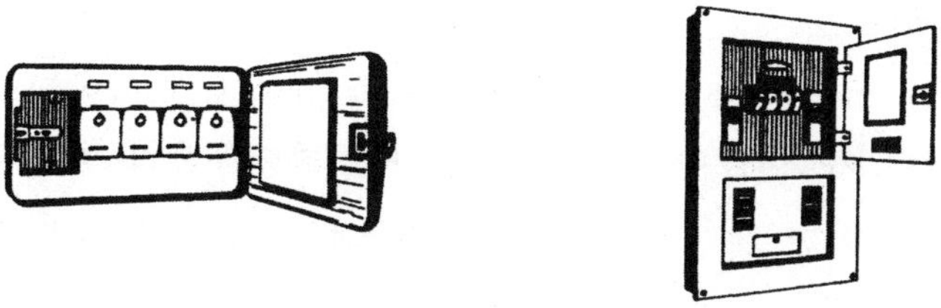

<그림 3-4> 분전반

2-3 분기회로(branch circuit)

저압 옥내간선으로부터 분기하여, 분기 과전류 보호기를 거쳐 전등 또는 콘센트와 같은 전기 기기에 이르는 배선을 분기회로라 한다. 전기설비의 모든 기기들을 안전하게 사용하고, 또한 고장이 났을 경우 그 피해범위를 가능한 좁혀서 신속한 복귀를 위하여 모든 부하는 분기회로에서 사용되어야 한다.

3. 배선공사

전기설비 기준에 의하면 옥내 배선공사의 종류는 12종류로 규정하고 있으며 시설장소 및 사용 전압에 따라 채용될 수 있는 방법이 제한되어 있다.

(1) 애자 사용공사

절연전선을 애자로 지지하여 천장 표면, 벽면, 천장이 없는 보 위 등 사람의 눈에 보이는 장소에 실시하는 노출공사와 절연전선을 놉애자 또는 판애자 및 애관을 써서 다락 속, 천장 내부 등의 은폐된 곳에 실시하는 공사이다.

(2) 목재 몰드 공사

목재에 홈을 파서 홈에 절연전선을 넣고 뚜껑을 덮어 실시하는 공사이다.

(3) 경질비닐관 공사

무거운 압력이나 충격 등을 받을 염려가 없는 장소에 실시하는 공사법이다. 내식성이 좋으므로 부식성 가스, 또는 용액을 발산하는 화학공장의 배선에 적합하다. 온도변화에 따라 신축성이 심한 것이 결점이다. 그러므로 비닐관의 접속 등에 특히 유의하여야 한다.

(4) 금속관 공사

이 공사는 건물의 종류와 장소에 구애됨이 없이 시공이 가능한 공사방법이다. 철근콘크리트 건물의 매입배선 등에 사용되며, 화재에 대한 위험성이 적고, 전선에 이상이 생겼을 때 교체가 용이하며 전선의 기계적 손상에 대해 안전하다.

(5) 금속 몰드 공사

전선을 금속 몰드(두께 0.5mm 이상) 속에 넣고 시설하는 공사법으로, 주로 콘크리트 건물에 사용한다.

(6) 가요(可撓)전선관 공사

가요 전선관(flexible conduit)공사는 굴곡 장소가 많아서 금속관 공사가 하기 힘든 곳에 적합하며 옥내배선과 전동기를 연결하는 경우, 또는 엘리베이터의 배선, 증설공사, 기차나 전차 내의 배선 등에 적합하다.

(7) 금속 덕트 공사

전선을 금속 덕트 속에 수납하여 시설하는 것으로, 큰 공장이나 빌딩 등에서 증설공사를 할 경우 전기배선 변경이 용이하므로 많이 이용된다.

(8) 버스 덕트 공사

이 공사는 공장, 빌딩 등의 비교적 큰 전류의 통하는 간선을 시설하는 경우에 많이 채용된다. 버스 덕트의 종류에는 다음과 같은 여러 가지가 있다.

① 피더버스 덕트(feeder bus way) : 옥내의 변압기와 배전반간, 배전반과 분전반 등의 간선에 있어서 접속이 없는 전로에 사용한다.

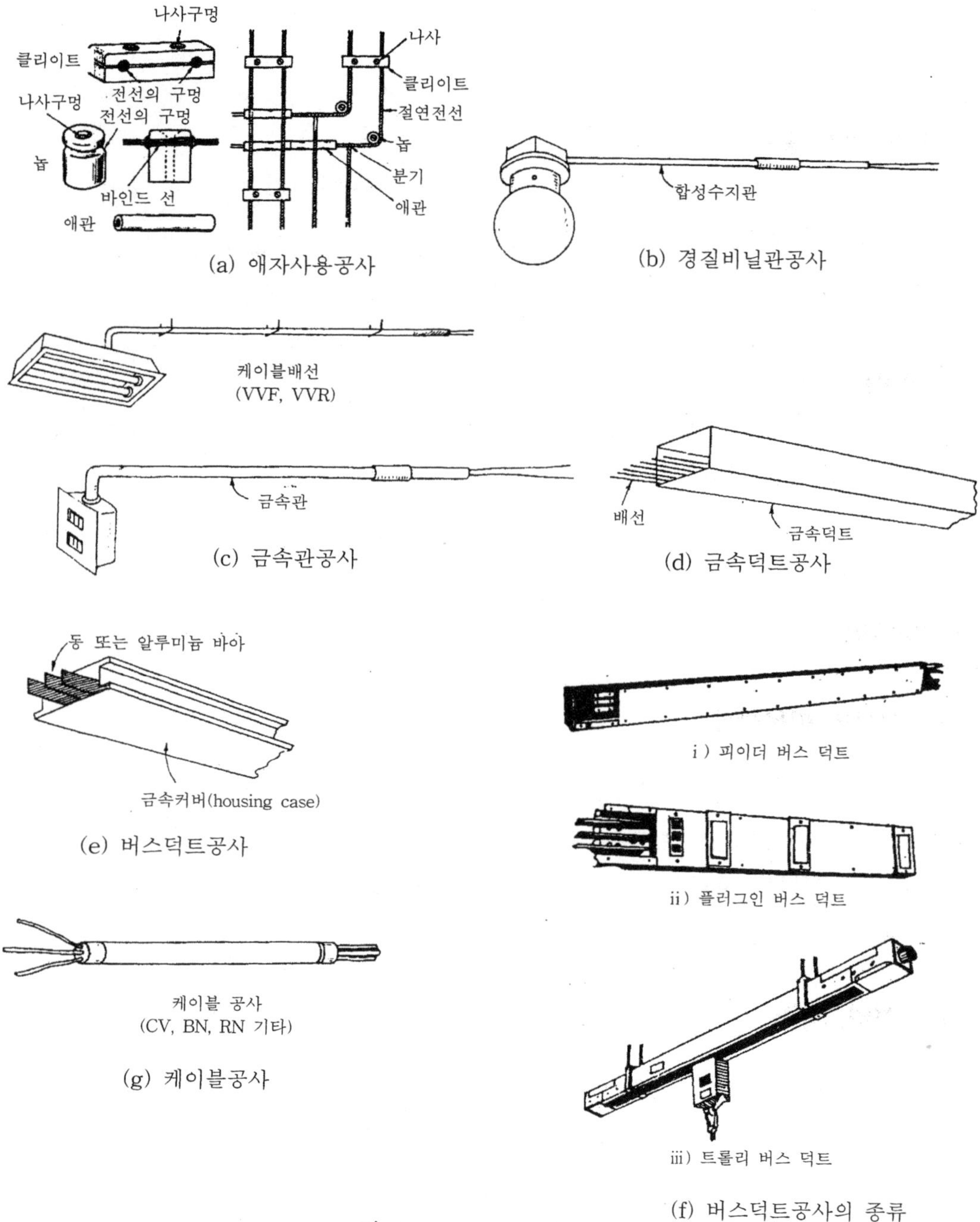

<그림 3-3> 배선공사의 종류

② 플러그인 버스 덕트(plug-in bus way) : 분전반이나 기계 등으로 전기를 분기·공급하는 데 편리하다.

③ 트롤리 버스 덕트(trolly bus way) · 장거리 대전류가 흐르는 간선에 임피던스의 평균화를 기하기 위해 사용한다.

(9) 플로어 덕트 공사

플로어 덕트 공사는 은행, 회사 등의 사무실에 전기 스탠드, 선풍기, 전화선 등을 콘크리트 바닥에 매입하고 여기에 바닥면과 일정한 플로어 콘센터를 설치하여 이용토록 한 것이다.

(10) 케이블 공사

이 공사는 어떠한 장소에도 시설할 수 있는 배선으로 외상을 받을 염려가 있는 경우에 금속관으로 보호한다.

4. 배선재료

4-1 전선의 허용전류

절연전선 또는 코드의 종별, 굵기 및 공사방법에 따라 일정하지는 않으나 전류가 절연물을 손상시키지 않고 안정하게 흐를 수 있는 최대 전류값을 허용전류라고 한다. 전선에 흐르는 전류는 어느 한도를 넘으면 열로 인하여 절연물이 손상되며, 때로는 화재의 원인이 되기도 한다.

4-2 전압 강화

부하에 걸리는 전압은 전원보다 항상 낮으며, 이것은 전류가 배선을 통과하는 사이에 저항에 의하여 전압이 떨어지기 때문이다. 이것을 전압강화라고 한다. 공급전압이 정격전압에 대하여 1% 감소하면 백열전구의 광속은 3% 감소하고, 형광등은 1~2% 감소하며, 유도 전동기 토크는 2% 감소되고, 전열기는 발생열량이 2% 감소한다. 따라서 옥내배선의 전압강화는 될 수 있는 대로 적게 하는 것이 좋지만, 경제성을 고려하여 보통은 인입선, 간선에서 1%, 분기회로에서 2% 이내로 하고 있다.

4-3 배선재료

옥내배선에 사용되는 절연 전선에는 면절연 전선, 고무절연 전선, 비닐절연 전선 등이 있으며, 보통 사용하는 절연전선은 600V 고무절연전선, 600V 비닐절연전선, 옥외용 비닐 절연전선, 인입용 비닐 절연전선 등이다. 코드에는 옥내코드, 기구용 비닐코드, 캡타이어 케이블, 전열용 코드 등이 있으며, 구조에 따라 분류하면 단심코드, 2개 꼬임코드, 비닐코드 등이 있다.

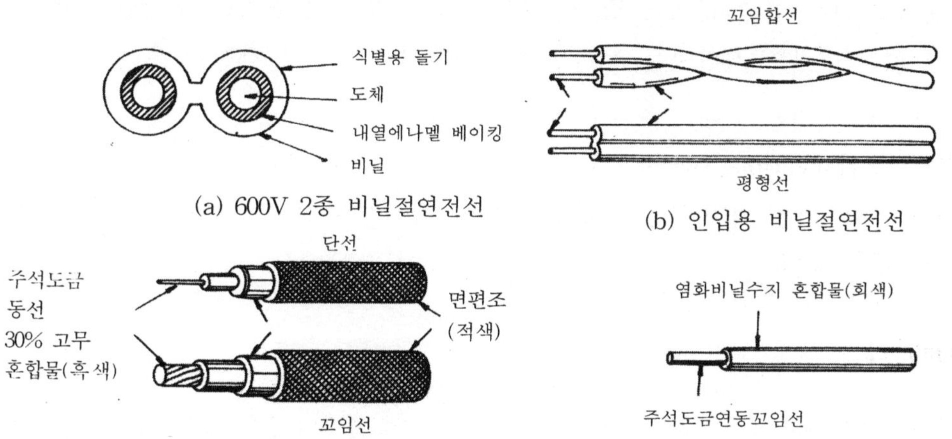

(a) 600V 2종 비닐절연전선

(b) 인입용 비닐절연전선

(c) 600V 고무절연전선

(d) 1,000V 형광등 전선

<그림 3-4> 절연전선

4-4 전선의 굵기 선정

옥내배선의 전선 굵기는 기계적 강도, 허용전류 및 전압 강하를 만족시키는 것이어야 한다. 기계적 강도는 전기 공작물 규정에 의한 굵기 이상을 사용하면 되고, 전압 강화에 따르는 전선의 굵기는 이것의 허용전류를 검토하여 선정한다.

5. 배선기구

배선기구란 개폐기를 비롯하여 과전류 보호기, 접속기 등을 말하며 이들의 종류는 다음과 같다.

5-1 개폐기

옥내배선에 있어서 전로를 조작하거나 보수하기에 편리할 목적으로 각종 개폐기를 시설한다. 개폐기의 종류와 특징은 다음과 같다.

(1) 나이프 스위치(knife switch)

대리석 또는 도기로 된 절연대 위에 칼받이와 칼을 결합해서 칼의 한쪽 끝을 절연대에 고정하고 다른 한쪽 끝에는 방수도료를 칠한 절연성 손잡이를 부착한 것이다. 특히 커바가 없는 나이프 스위치는 충전부가 노출되어 있으므로 감전의 우려가 있다.

(2) 컷아웃 스위치(cut-out switch)

스위치와 보안장치를 겸비한 소용량의 보안개폐기이며, 안전기 또는 두꺼비집, 베이비 스위치라고도 한다.

5-2 점멸기

점멸기도 개폐기와 마찬가지로 단극·2극, 3로·4로 등 다극 및 다접점형이 있으며, 기구별로 분류하면 로터리형, 텀블러형, 풀형, 레버형 등이 있다.

(1) 로터리 스위치(rotary switch)

이 점멸기는 노출형뿐이며 손잡이를 시계방향으로 회전시켜 점멸하는 것이다.

(2) 텀블러 스위치(tumbler switch)

노출형과 매입형이 있으며 손잡이를 상하 또는 좌우로 젖혀서 점멸시키는 것이다.

(3) 푸시버튼 스위치(push-button switch)

두 개의 버튼 중에서 하나를 누르면 켜지고 다른 하나를 누르면 소등되는 것으로 이것은 매입형뿐이다.

(4) 풀 스위치(pull switch)

천장 또는 높은 곳에 설치해서 내려뜨려진 끈을 잡아당겨 점멸하는 것으로 복도와 화장실의 점등 점멸에 많이 사용되며 일명 실링 스위치라고도 한다.

(5) 코드 스위치(cord switch)

코드 중간에 접속해서 점멸하는 것이며 가정용의 소형전기 기구와 형광등에 사용되고 있다.

(6) 캐노피 스위치(canopy switch)

전등기구의 플랜지 내부에 끈을 설치해서 끈으로 점멸시키는 스위치를 말한다.

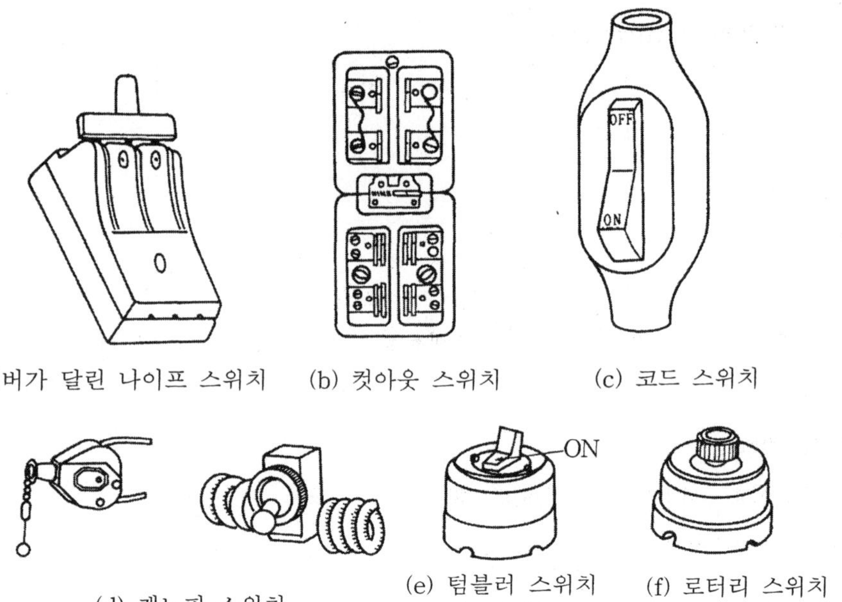

(a) 커버가 달린 나이프 스위치 (b) 컷아웃 스위치 (c) 코드 스위치

(d) 캐노피 스위치 (e) 텀블러 스위치 (노출형) (f) 로터리 스위치 (노출형)

<그림 3-5> 스위치의 종류

5-3 과전류 보호기

과전류가 흐르면 자동적으로 전로를 차단하는 것으로 퓨즈 브레이커(fuse breaker), 열동계전기 등이 있다. 특히 서킷 브레이크는 과전류가 흐를 때 자동적으로 회로를 끊

어서 보호하는 것으로, 퓨즈와는 달리 그 자체에 아무런 손상을 입지 않고 다시 쓸 수 있으므로 **노퓨즈 브레이커(*no fuse breaker*)**라고도 한다.

5-4 접속기

접속기에는 옥내배선과 코드접속에 사용하는 로제트(rosette)류나, 코드와 전구와의 접속에 사용하는 소켓, 옥내배선과 전기기와의 접속에 사용하는 콘센트, 플러그 등이 있다.

(1) 로제트(rosette)

천장에서 코드를 달아 내리기 위해 사용되는 것을 말한다.

(2) 코드 커넥터(cord connector)

코드와 코드의 접속 또는 사용기구의 이동접속에 사용되는 것으로 삽입 플러그와 코드 커넥터 몸체로 구성되어 있다.

(3) 소켓(socket)

나사식이 대부분이며 전구를 틀어넣어 코드와 접속한다. 외부는 에보나이트 또는 자기로 되어 있으며 황동제일 때는 절연재료로서 운모 등이 사용된다.

(4) 분기소켓

전등 이외에 라디오나 그 밖에 소형 전기기구를 사용할 경우 기존 소켓과 전구 사이에 끼어넣어 사용하는 것을 말한다.

(5) 리셉터클 (receptacle)

보통 노출형이며 베이스는 나사식이 일반적이다. 도기체 또는 베이클라이트제로서 조영재에 직접 고정시켜서 사용하는 전구용 수구이다.

(6) 콘센트

노출형과 매입형이 있으며 노출형은 조영재 표면에 돌출시켜 부착하며, 매입형은 벽 속에 박스를 매입해서 그 속에 장착하여 사용한다.

(7) 테이블 탭

동시에 많은 소용량 전기기구를 사용할 경우에 사용하는 것으로 기존 콘센트나 소켓으로부터 연장시켜서 임의의 장소에 연장하여 사용한다.

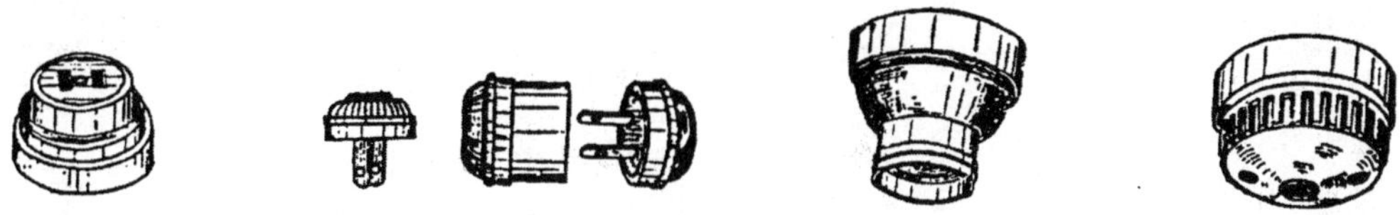

(a) 콘센트(노출형) (b) 플러그 (c) 코드 커넥터 (d) 리셉터클 (e) 로젯

<그림 3-6> 접속기구

<표 3-1> 옥내 배선용 심벌(KSC 0301-1980)

명 칭	심 벌	명 칭	심 벌
1. 전등		**4. 기기**	
천장등	○	전동기	M
코드 팬던트	⊖	발전기	G
봉인 로제트		전열기	H
구멍이 달린 쇠고리	◎	선풍기(환기 선풍기 포함)	∞
리셉터클	R	룸 에어 컨디셔너	RC
실링 라이트 또는 직접 붙임	CL	정류기	
체인 팬던트	CP	전력장치	⊕
파이프 팬던트	P	축전기	
샨데리아	CH	컨덴서	
매입기구	◎	**5. 개폐기 및 계기**	
형광드(F40 W2)		개폐기	S
형광등(F40 W3)		전자 개폐기	$
벽 등		전자 개폐기용 누름 버튼	●B
비상용 조명등	●	압력 스위치	●P
유도등		플로트 스위치	●F
2. 콘센트		플로트레스 스위치 전극	●L
콘센트		배선용 차단기	B
콘센트(3극)	3P	누전 차단기	E
콘센트(방수용)	WP	컷아웃 스위치	C
비상 콘센트		전력량계	WH
3. 스위치		전력량계(상자입 또는 덮게부)	WH
스위치	●	변류기	CT
풀 스위치	●P	변류기(상자입)	CT
파일럿 램프 스위치	●L	전류 제한기	L
자동 스위치	●A	전류 제한기(상자입)	L
조광기		누전경보기	G
리모콘 스위치	●R	누전 화재 경보기	F
셀렉터 스위치	⊗		
리모콘 스위치	▲		

명 칭	심 벌
6. 소형 변압기	
벨 변압기	T B
리모콘 변압기	T R
네온 변압기	T N
형광등용 안전기	T F
방정등용 안전기(형광등용 이외의 것)	T H
7. 배 · 분전반	
배전반 또는 분전반	
전동용	
동력용	
전력 또는 전열용	
직류용	
8. 배전	
천장 은폐 노선	
노출배선	
바닥 은폐배선	
바닥면 노출배선	
지중 매설배선	
전선의 접속점	
상승	
인하	
소통	
접지	
풀박스 및 접속상자	
VVF용 조인트 박스	
절검구	
수전점	
벅스 덕트 본체	
티(T)	
9. 전화	
내선 전화기	T
가입 전화기	PT
공중 전화기	
전환기	
보안기	
단자반	
중간 단자반	II
주단자반	III
국선용 단자반	III
수동 교환기(중계대 포함)	
자동 교환기	
버튼 전화 주장치	
전화용 아웃레트	
10. 일반 경보장치	
경보 누름 버튼	
경보벨	A
경보 버저	A
경보 수신반	
11. 전기기계	
부시계	
시보 부시계	
주시계	
시계 감시반	
시보 누름 버튼	
시보벨	T
시보버저	T
12. 확성 장치 및 인터폰	
스피커	
폰스피커	
채널 실렉터	
잭	J
감쇠기	
라디오 안테나	R
전화기형 인터폰(부)	
전화기형 인터폰(주)	
확성 인터폰(부)	
확성 인터폰(주)	
증폭기	AMP
원격 조작기	RM
13. 호출장치	
누름 버튼(벽붙이)	
누름버튼(탁상)	
누름 버튼(손잡이)	

명칭	심벌
누름 버튼용 아룻레트	
벨	
버저	
차임	
표시기	
간호부 호출용 누름 버튼(벽부)	N
간호부 호출용 누름 버튼(손잡이)	N
간호부 호출용 표시등(천장부)	
간호부 호출용 표시등(벽부)	
간호부 호출용 수시반	NC
14. 재실 표시 장치	
재실 표시기	
재실 표시 스위치반	
재실 표시 스위치	
15. 텔레비전	
텔레비전 안테나	
증폭기	
4분기기	
2분기기	
4분배기	
2분배기	
분파, 혼합기	
직렬 유닛 75Ω	
직렬 유닛 300Ω	
기기 수용 상자	
16. 전원	
축전기	
건전기	
충전용 정류 기기	
충·방전반	
17. 자동화재경보설비	
차동식 스폿형 감지기	
보상식 스폿형 감지기	
정온식 스폿형 감지기	
연기 감지기	S
감지선	
공기관	
열전대	
열반도체	
차동식 분표형 감지기의 검출부	
P형 발신기	P
회로 시험기	
화재 경보벨	B
수신기	
부수신기(표시기)	
중계기	
표시등	
표지판	
보조전원	TR
이보기(移報器)	R
차동 스폿 시험기	T
중단 저항기	Ω
기기 수용 상장	
경계구역 경계선	
경계구역 번호	
18. 비상경보설비	
비상용 누름 버튼	F
비상 전화기	ET
비상벨	B
사이렌	
조각장치	EP
경계구역 경계선	
경계구역 번호	
19. 소화설비	
자동누름 버튼	E
모터 사이렌	M
경보벨	B
경보버저	BZ
제어반	

명 칭	심 벌	명 칭	심 벌
표시반	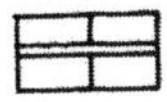	연동 제어기	
20. 방연 댐퍼, 방화문 등의 제어 기기		**21. 피뢰침**	
		돌침부(평면도용)	
연기 감지기(전용의 것)	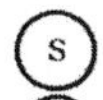	돌침부(입면도용)	
열 감지기(전용의 것)	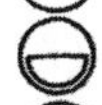	피뢰도선 지붕위 도체	
자동 폐쇄장치	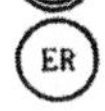	접지 저항 측정용 단자	⊗

제4장 전력부하설비

1. 조명설비

일반적으로 건축의 전기설비 중에서 조명에 요하는 소비전력은 총 소비전력의 약 20~30%에 달하고 있으며, 어느 건물에서나 필요로 하는 설비이다. 조명설비는 명시조건을 만족시켜야 함은 물론 건물내 각 작업장의 환경과 조화를 이루고, 한편으로는 경제적이며 취급하기 쉽고 안전하여야 한다.

1-1 조명 용어

(1) **광속**(光束)-빛의 양

빛은 전자파의 일종이며, 광원이 어느 면을 단위시간 내에 통과하는 비율을 광속이라 하며, 단위는 루멘(lumen, lm)이다.

(2) **광도**(光度)-빛의 세기

어느 면에의 발산광속의 입체각 밀도를 광도라고 하며, 단위는 칸델라(candela, cd)이다.

(3) **조도**(照度)-어느 장소에 대한 밝기

어느 면에 투사되는 입사광속의 면적당 밀도를 조도라고 하며, 조도의 단위는 룩스

(lux, lx)이다.

<표 4-1> 여러 상황에 따른 조도

장 소	조 도(lx)	장 소	조 도(lx)
직사일광의 지면상(여름)	100,000	맑은 날의 북쪽창가	2,000
약간 흐린날 지면상	30,000~50,000	밝은 방(맑은 날)	200~500
몹시 흐린날 지면상	10,000~20,000	독서에 적당한 밝음	200~500
청공광 지면상	10,000	1cd 점광원으로부터 1m	1.0
만월의 지면상	0.2	1cd 점광원으로부터 1km	10^{-6}

(4) **휘도**(輝度)-표면의 밝기

발광면의 휘도는 그 면의 그 방향의 광도를 광원의 정사영 면적으로 나눈 것을 말하며, 단위는 니트(nit, nt) 및 스틸브(stilb, sb)를 사용하며, $1[nt]=1[cd/m^2]$이고, $1[sb]=1[cd/cm^2]$이다.

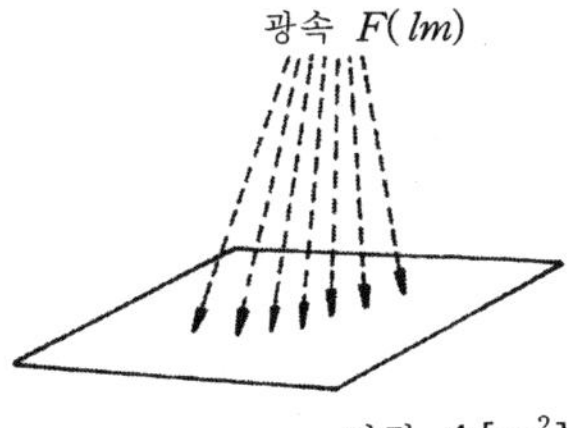

<그림 4-1> 조도의 개념

1-2 조명방식

조명방식은 다음과 같이 여러 방식이 있다.

(1) 직접 조명

조명방식 중 가장 간단하고 적은 전력으로 높은 조도를 얻을 수 있으나, 강한 음영이 생기므로 눈이 쉽게 피로해진다.

(2) 간접 조명

조명 능률은 떨어지나 균일한 조도를 얻어 안정된 분위기를 창출한다.

(3) 반간접 조명

간접 조명에다 직접 조명의 장점을 채택한 방식이다.

(4) 전반 조명

사무실과 공장 등에 많이 채용되는 방식으로 작업면 전체에 균일 조도를 얻을 수 있다.

(5) 국부 조명

특정 작업면에 높은 조도를 필요로 할 때 채용되는 방식으로 밝고 어둠의 차이가 크기 때문에 눈이 쉽게 피로해지는 결점이 있다.

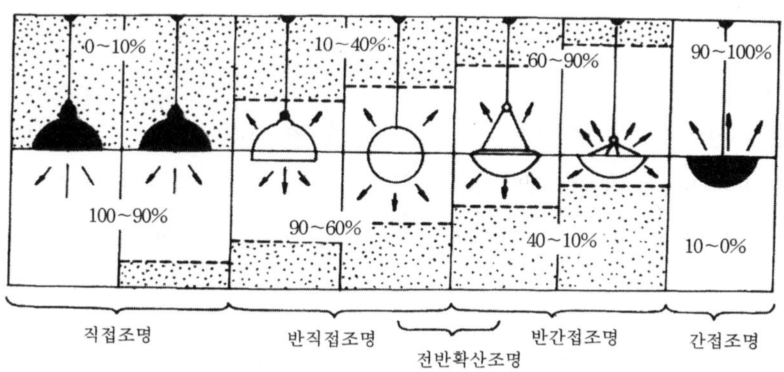

<그림 4-2> 배광에 의한 조명기구의 분류

1-3 좋은 조명의 조건

(1) 조도

조명의 목적에 적합하도록 충분한 조도를 갖도록 해야 하는데 조도는 생리적 및 심리적 여건에 알맞고 경제적인 설계에 의한 것이어야 한다.

① 일시적 작업 : 150lx 내외

② 보통 작업, 사무실 : 750lx 내외

③ 정밀한 시작업 : 7500lx 내외

(2) 광속의 발산도 분포

균등한 밝음이 눈에 잘 나타나는 현상으로 시야 내에 광속 발산 분포가 고르지 않으면 보임이 나빠지고 불쾌감을 받거나 피로의 축척이 심하게 된다.

(3) 눈부심

광원이 직접 보이거나 정반사에 의해 눈에 직접 들어오지 않도록 시선의 30° 범위 내의 glare zone에는 광원을 배치하지 않는 것이 좋다.

(4) 그늘

명암의 대비는 2 : 1~6 : 1 정도가 좋으며 3 : 1 정도가 가장 입체적으로 보인다. 그늘이 없을 때의 조도에 대해서는 명암이 10% 이내이어야 한다.

(5) 연색성

빛의 분광특성이 색의 보임에 미치는 효과를 연색성(演色性)이라 하며, 태양광선 밑에서 본 것 보다 색의 보임이 멀어질수록 연색성이 떨어진다고 한다. 또한 동일한 색을 가진 것이라도 조명하는 빛에 따라 다르게 보이며, 이 물체의 색을 달리 보이게 하는 것을 말할 때는 연색성이 이용된다.

(6) 심리적 효과

조명방식에 따라 실내 분위기가 달라지므로 광원과 조명방식을 잘 선택하여 작업자의 심리적 효과를 증진시킬 필요가 있다.

(7) 경제성

조명기구는 효율이 높고 보수, 관리가 용이하며 경제적인 것을 선택하도록 한다.

1-4 광원의 종류 및 특성

(1) 백열전구

진공의 유리구 내에 필라멘트를 봉입하여 전류를 통하면 고온 반사에 의하여 발광

한다. 용량이 30W 이하는 진공전구이고, 30W 이상에서는 텅스텐 필라멘트의 증발을 억제하기 위해서 아르곤과 질소가스를 혼합한 가스입 전구로 한다. 백열전구의 특징은 아래와 같다.

① 휘도가 높고 연색성이 좋다.

② 조명효율은 100W 기준시 15lm/W이며, 수명은 1,000시간 정도이다.

③ 점멸소광이 용이하다.

④ 백열등의 광색은 온도가 높을수록 주광색에 가까우며 텅스텐의 용융점은 3,000℃ 정도로서 붉은 느낌을 많이 준다.

⑤ 실온 상승의 원인과 전원 전압의 변화에 따른 영향을 받기 쉽다.

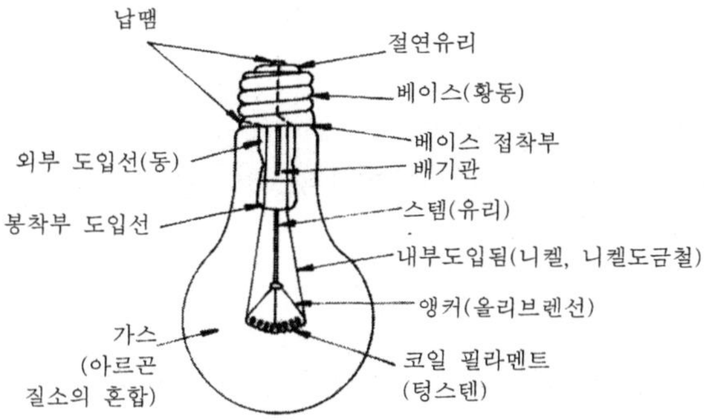

<그림 4-3> 백열전구

(2) 형광등

방전관 내에 수은 및 아르곤 가스를 봉입하고 관의 내면에 형광물질을 균일하게 도포하여 전극을 방전시킬 때 형광 빛을 발산한다. 형광등의 종류는 예열 시동형, 순간 시동형, 속시 시동형이 있으며, 특징은 아래와 같다.

① 휘도가 낮고 효율이 매우 높다.

② 임의의 광색을 얻을 수 있다.

③ 수명이 약 7,000시간으로 길다.

④ 용량은 20W, 40W가 주종이며 용도는 전반 조명, 국부 조명, 간접 조명 등의 용도로 사무실 및 공장 등에 적용된다.

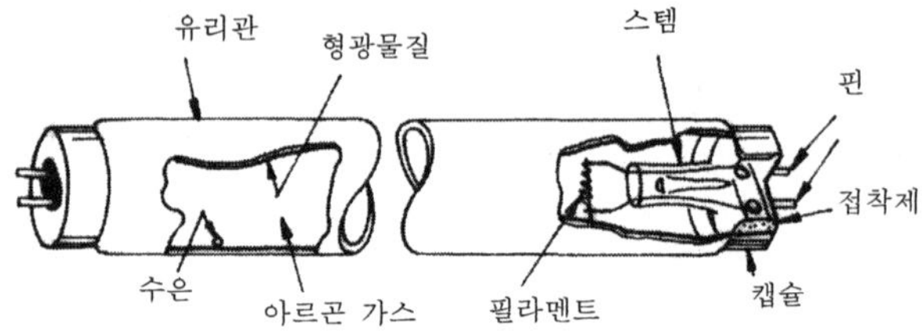

(a) 구조

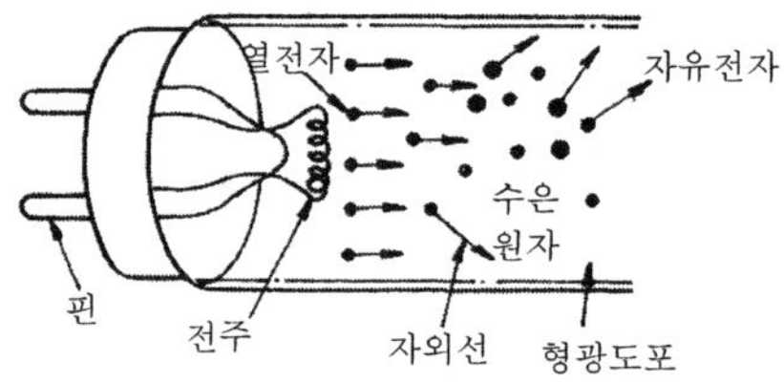

(b) 동작원리

<그림 4-4> 형광 방전관

(3) 수은등

유리관 내에 봉입된 수은증기 중의 방전을 이용한 곳으로 수은 증기압에 따라 다음과 같이 나누어진다. 저압 수은등은 살균용, 고압 수은등은 도로·공원·광장·큰 공장의 조명용, 초고압 수은등은 영화촬영이나 영사등의 광원에 사용된다. 특징은 아래와 같다.

① 점등시간은 8분정도로 길다.

② 수명은 6,000~12,000시간 정도이다.

③ 용도로는 층고가 높은 장소, 투광 조명, 가로등과 대광속이 필요한 곳에 사용된다.

(4) 매탈 헬라이드 램프(metal halide lamp)

고압 수은램프의 연색성 및 효율을 개선하기 위하여 고압 수은램프에 금속 또는 금속할로겐 화합물을 혼입한 것이다. 특징은 아래와 같다.

① 수은등과 비슷한 원리로 조명효율이 70~80lm/W로 높고 좋다.

② 색상은 자연색과 유사하며 연색성이 수은등에 비해 좋다.

③ 용도로는 수은등의 용도와 같으며 최근에 많이 사용되고 있다.

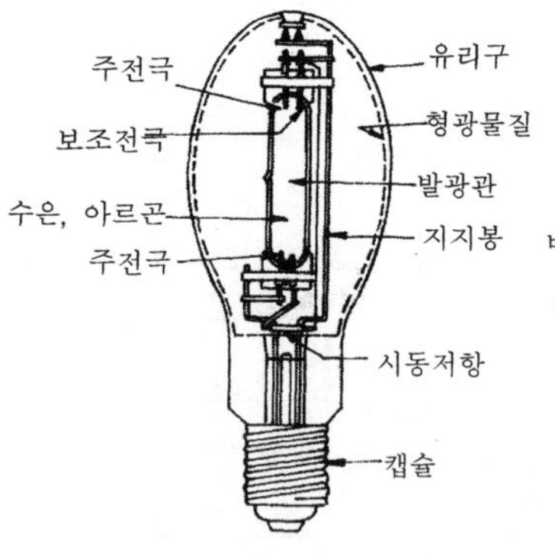

<그림 4-5>
고압 수은등의 구조

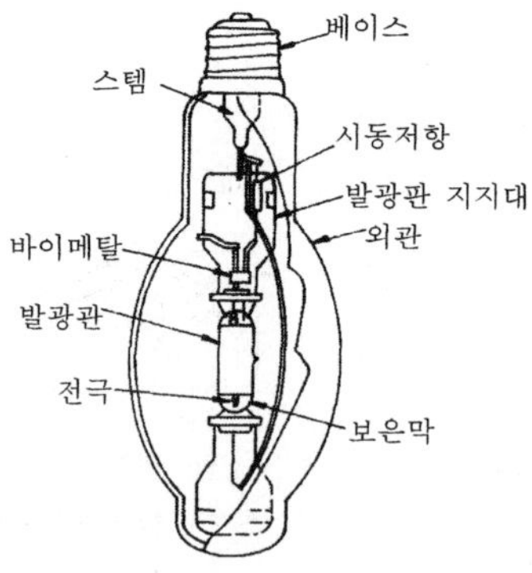

<그림 4-6>
메탈 헬라이드 램프의 구조

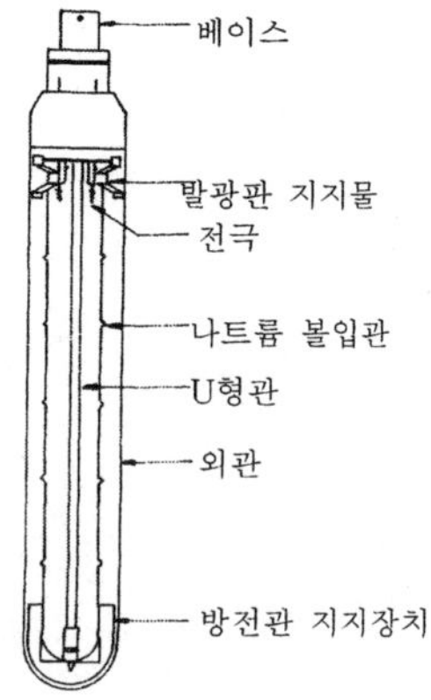

<그림 4-7>
저압나트륨 램프의 구조

(5) 나트륨 램프

저압 나트륨등과 고압 나트륨등 2종류가 있으며, 주로 고압 나트륨등을 사용한다. 특징은 아래와 같다.

① 나트륨 증기를 통해 방전시키면 강력한 황등색이 방산하는 단일광으로 명시 효과가 좋다.

② 용도는 터널, 가로등, 정원 및 주위 표시등에 사용된다.

1-5 건축화 조명

조명기구로서 형태를 취하지 않고 건물 중에 일체로 하여 조합시키는 형식으로서, 특별한 조명기구를 사용하지 않고 천장, 벽, 기둥 등의 건축부분에 광원을 만들어 실내계획을 하는 조명방식을 말한다.

(1) 종류

① 다운 라이트(down light) : 천장에 작은 구멍을 뚫어 그 속에 기구를 매입하는 것이다.

② 광창 조명 : 넓은 4각형의 면적을 가진 광원을 천장 또는 벽에 매입하는 것이다.

③ 코브 라이트(cove light) : 벽의 구조로 조명기구를 이용하는 방식이다.

④ 벽면 조명 : 코니스 라이트(cornice light)와 밸런스 라이트 등의 방식이다.

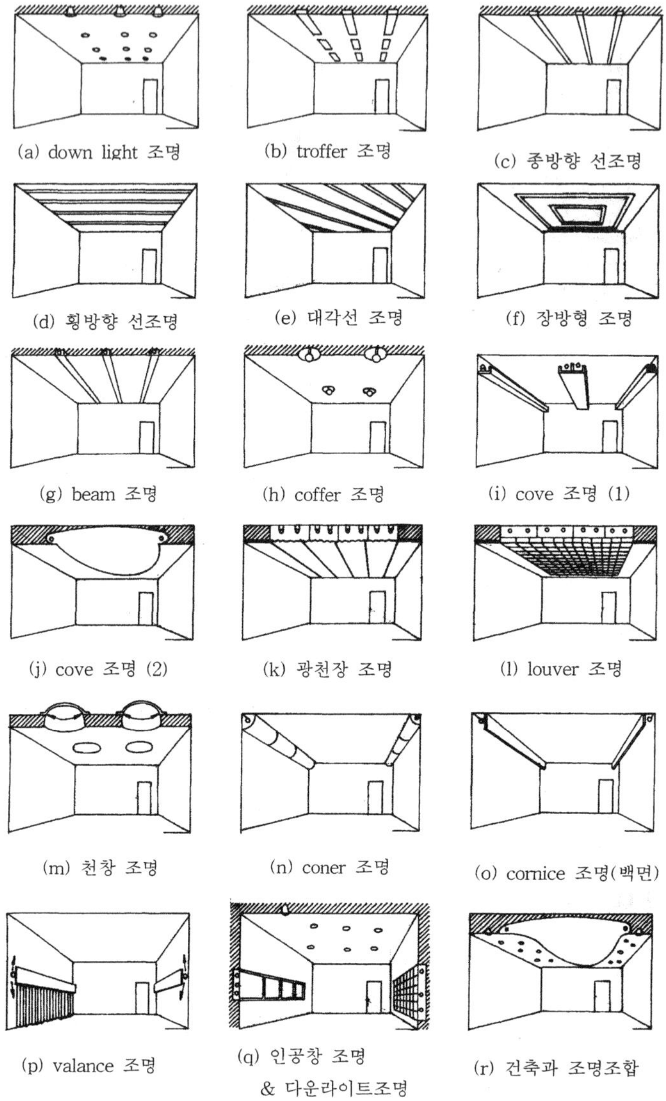

<그림 4-8> 건축화 조명의 예

(2) 특징

① 장점

- 발광면이 적고 눈부심감이 적다.
- 명랑한 느낌을 준다.
- 조명기구가 보이지 않아 현대적인 감각을 준다.

② 단점

- 구조상으로 비용이 많이 든다.

1-6 조명설계

다음과 같은 순서에 의해 설계한다.

① 소요 조도를 설정한다.

② 광원을 선택한다.

③ 조명방식을 결정한다.

④ 조명기구를 선정한다.

⑤ 조명기구의 배치를 결정한다.

⑥ 조명계산

⑦ 광원의 수 및 광원의 크기 결정

⑧ 조도분포와 휘도 등을 재검토한다.

⑨ 점멸방법, 스위치 콘센트 등의 배치를 정한다.

⑩ 건축평면도에 배선 설계를 한다.

2. 콘센트 설비

건물 내에서 콘센트의 역할은 크며, 콘센트의 소요개수는 방의 용도, 규모 등에 따라 달라진다. 콘센트의 용도는 다양하기 때문에 많을수록 편리하지만 설치비, 보수비가 많이 든다. 즉, 일반 사무실의 경우에 콘센트의 이용률은 20% 정도에 지나지 않는다. 콘센트의 설치위치는 우선 사용자의 의견을 반영하여 적정한 위치와 개수를 결정하는 것이 좋다.

콘센트시설에 유의할 사항은 다음과 같다.

① 콘센트의 설치높이는 바닥 위 0.3m 전후로 한다.

② 콘센트의 위치는 입구의 문, 가구, 계기 등의 후면에 오지 않도록 한다.

③ 콘센트는 1구용 · 2구용 · 3구용이 있고, 또한 방수형, 접지단자가 있는 것도 있다.
용량도 10A, 15A, 20A 이상 등 여러 종류가 있으며, 사용목적에 적합하도록 선

정해야 한다(그림 4-9 참조).

④ 동일한 구내일지라도 전기방식이 다른 분기회로에는 콘센트 용도를 달리하는 플러그를 설치하여 전기사고가 나지 않도록 한다.

⑤ 엘리베이터 홀, 복도 등은 청소기용으로서 콘센트를 10~15m당 1개를 설치한다.

⑥ 기둥에 콘센트를 설치할 경우 칸막이를 할 때 지장이 없도록 위치를 선정한다.

⑦ 일반 사무실의 경우, 사무용 기기를 사용할 때 편리하도록 플로어 콘센트를 6×6m당 4개 이상 설치하는 것이 바람직하다. 그리고 콘센트를 벽면에 설치할 경우는 6×6m당 2~4개 정도 설치하는 것이 좋다.

⑧ 주택의 주방에는 사용 전기기구를 고려하여 정하되, 적어도 벽면에 2구용 콘센트 1개 이상 설치하도록 하며, 전열기용으로 20A 콘센트를 설치한다.

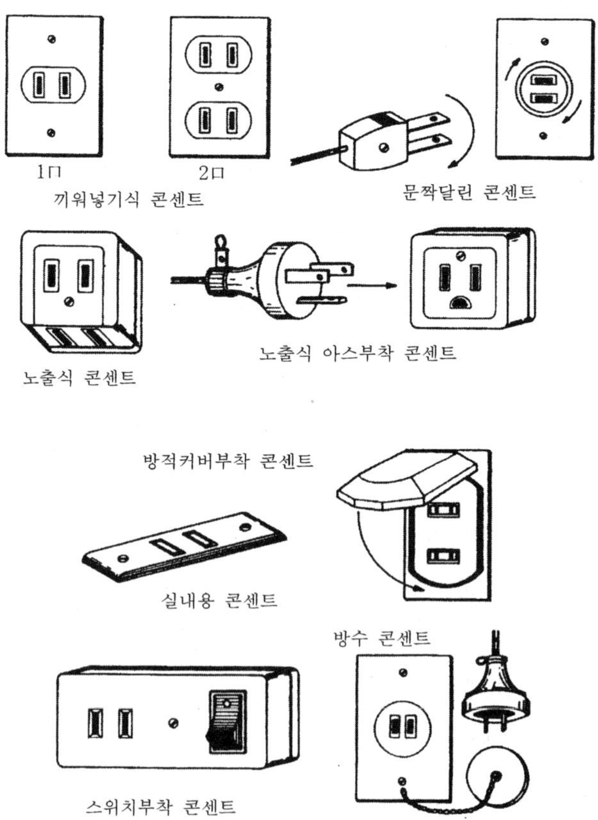

<그림 4-9> 콘센트의 종류

3. 동력설비

동력설비라 함은 빌딩, 공장 등의 건물에 설비되는 공조, 급배수, 환기, 엘리베이터와 공장기기 등에 필요한 동력과 이에 수반되는 배선, 감시, 제어설비 등을 총칭한다.

3-1 전동기(motor)

전동기는 대규모 건물에 설비되는 공조시설, 급배수, 엘리베이터, 에스컬레이터 등을 운행하는데 필요한 기계이다. 전동기는 부하용량이 가장 큰 설비로서 전 부하용량의 55~70%정도를 차지한다. 그 중에서도 공기조화설비가 가장 큰 비중을 차지하고 있다. 전동기는 <표 4-2>와 같이 분류한다.

<표 4-2> 전동기의 분류

<table>
<tr><td rowspan="2">교류용 전동기</td><td>3상 교류용 전동기</td><td>보통 농형 유도전동기
동기 전동기
권선형 전동기</td></tr>
<tr><td>단상 교류용 전동기</td><td>분상 기동 유도전동기
반발 기동 유도전동기
콘덴서 분상 전동기</td></tr>
<tr><td>직류용 전동기</td><td colspan="2">복권 · 분권 · 직권 전동기</td></tr>
</table>

3-1-1 직류용 전동기

속도조절이 간단하고 시동 토크가 크므로 고도의 속도제어가 요구되는 장소나 큰 시동 토크를 필요로 하는 엘리베이터, 전차 등에 사용한다. 교류를 직류로 바꾸는 장치가 필요하며, 가격이 비싼 것이 단점이다.

3-1-2 교류용 전동기

펌프, 압축기, 송풍기 및 선풍기를 위한 편리한 동력원이다. 손쉽게 설치 · 운전이 가능하며, 교류는 어디서나 손쉽게 구할 수 있어서 편리하다. 구조가 간단하고 견고하며,

가격이 저렴하다. 교류전동기는 유도(誘導)전동기, 동기(同期)전동기, 정류자(整流子) 전동기가 있으며, 유도전동기는 3상 전동기와 단상 전동기로 구분된다.

(1) 3상 유도 전동기

3상 유도 전동기의 특징은 다음과 같다.

① 구조가 견고하고 운전이 간단하다. 산업용 전동기의 90% 이상을 차지하고 있다.
② 구동되는 기계장치의 요구에 맞추어 광범위한 마력(馬力)을 얻을 수 있다.
③ 연속 운전하여도 과열되지 않는다.
④ 부하의 변동에도 일정한 속도를 유지한다.
⑤ 부하가 걸린 상태에서도 안전하게 기동된다.

1) 농형(籠形) 유도 전동기

장기간 일정속도로 운전이 가능하고, 구조가 견고하고 부하의 변동에도 불구하고 일정한 속도를 유지한다.

2) 권선형 유도전동기

덜 견고하고 값이 비싸고 농형보다는 무겁다.

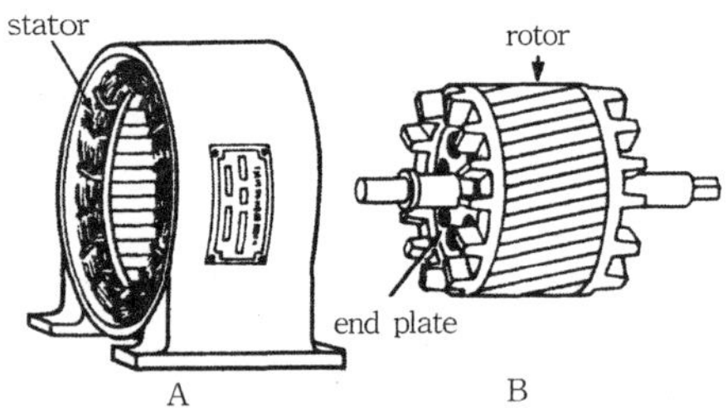

<그림 4-10> 3상 유도 농형 전동기

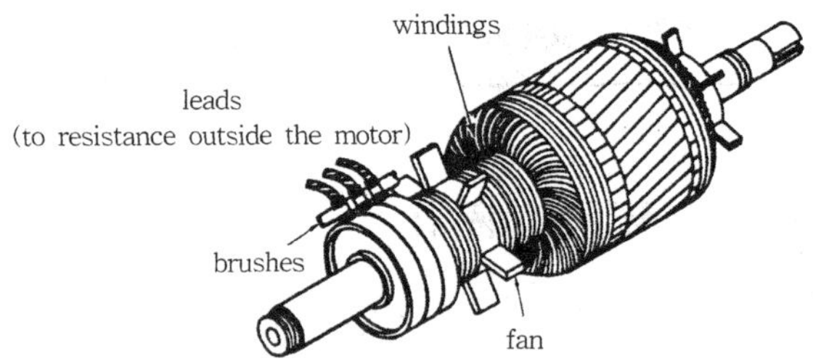

<그림 4-11> 3상 유도 권선형 전동기

3) 동기 유도전동기

절대적으로 일정속도가 요구되는 곳이나 저속 또는 높은 마력의 전동기가 요구되는 곳에 사용한다.

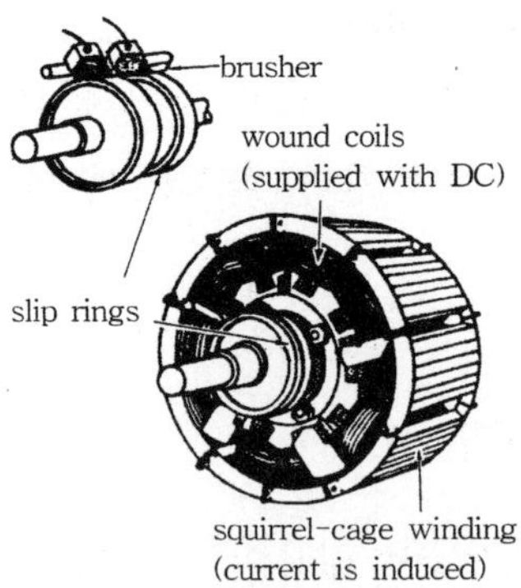

<그림 4-12> 3상 동기 전동기

(2) 단상 유도 전동기

1) 분상 전동기(split-phase moter)

구조가 간단하고 1/8～3/4마력의 크기의 것이 있다. 주로 냉장고, 세탁기, 펌프, 통풍기, 연마기, 사무실용 기구 및 소형 공구에 사용한다.

2) 축전기-가동식 전동기(capacitor-start moter)

장시간 소음 없이 운전되며 저 마력에서도 신속히 가동해야 하는 장비계통에 적합하다. 주로 냉동기 계통이나 작은 압축기 같은 장비의 운전용으로 사용된다.

3) 반발형 전동기(repulsion-type moter)

반발에 의하여 가동되고 유도에 의하여 운전된다. 회전자의 회전방향은 쉽게 역회전된다.

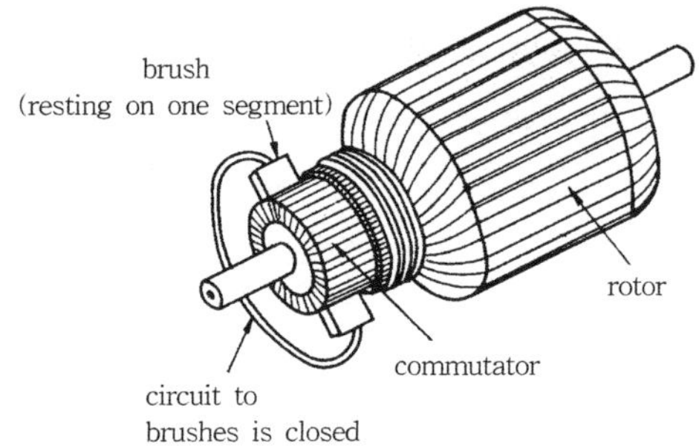

<그림 4-13> 반발기동 유도전동기

4) 영극 전동기(shaded-pole moter)

아주 작은 규모로 제작되며 통상 1/20마력 이하이며, 모든 교류 전동기 중에서 가장 간단하며, 효율도 가장 낮다. 전동기의 속도는 부하가 변동하여도 거의 일정한 것이 특징이다.

3-2 동력설비의 감시 · 제어

최근 들어 건물의 고층화와 설비 내용의 충실에 의해 신뢰도의 향상 및 집중제어가 요구되며, 동력설비의 자동화됨에 따라 여러 대의 전동기 등에 대한 감시제어 기구를 1개의 반에 모은 감시 · 제어반이 널리 사용되고 있다.

3-2-1 동력 제어반

동력 제어반은 전동기를 운전, 정지시키기 위한 기기류를 수납한 철판제의 함이며, 전동기 한 대 분만큼의 기기류를 수납한 단독의 것에서 수십 대 분을 수납한 집합형의 것까지 여러 가지가 있다. 동력 제어반의 설치장소는 일상 점검하는 것이므로 공조기계실이나 펌프실의 입구부근으로 하고 조명도 고려해야 한다.

3-2-2 동력 감시반

대규모 동력설비에서는 멀리 떨어져 있는 감시실과 같은 곳에서 건물 전체의 동력시설을 하나의 반으로 감시 · 제어하는 시스템을 동력 감시반이라고 한다. 동력 감시반은 각 전동기의 운전상태나 각종 수조의 수위를 감시하고, 전동기의 고장이나 수조의 수위이상이 생긴 경우 즉시 바 표면에 장치되어 있는 표시창의 점등, 벨 또는 부저에 의해 경보음을 발생하도록 되어 있다.

제5장 정보설비

1. 전화설비

1-1 구내교환기

보통은 전화설비에 포함시키지 않고 따로 전화 교환설비라고도 한다. 이 설비는 관공서, 회사, 공장 및 은행 등의 외부와 내부 및 상호간에 연락을 하기 위한 설비를 말한다. 전화 교환기를 교환방식에 따라 분류하면 수동식과 자동식으로 분류할 수 있다.

1-1-1 수동식 구내전화

자석식과 공전식 두 종류가 있으며, 사람이 직접 손으로 접속하는 방식이다. 자석식의 경우에는 취급국이 자동식일 경우에는 설치할 수 없다. 공전식은 50회선 이하의 적은 온라인 경우에 사용되어 온 방식으로 설비가 간단하기 때문에 설치비용이 적게 들며, 보수 및 운용이 간편한 것이 특징으로 발신자의 수고를 덜 수 있다는 장점도 있다. 중계대는 탁상형과 거치형이 있으며, 탁상형의 경우에는 전용 교환실을 필요로 하지 않는다. 그리고 교환 취급자는 유자격자가 아니더라도 가능하다.

1-1-2 자동식 구내전화

자동식은 스텝 바이 스텝(step by step)식, 크로스바 (cross bar)식이 있다. 내선 상호간의 통화 및 국선 발신통화를 내선 사용자가 자동적으로 할 수 있는 관계로 교환 취급자수를 줄일 수 있어 인건비를 절약할 수 있다.

2. 인터폰 설비

구내 또는 옥내전용의 통화연락을 목적으로 설치하는 것으로 현관과 거실, 주방을 연결하는 도어폰(door phon)을 비롯하여 업무용, 공장용, 엘리베이터용 등에 널리 사용되고 있다.

(1) 작동원리에 따른 분류

프레스토크(press talk)식과 동시통화 방식이 있으며, 도어폰(door phone)에는 동시통화 방식이 많이 사용된다.

(2) 접속방식에 의한 분류

① 모자(母子)식 : 1대의 모기(母機)에 여러 대의 자기(子機)를 접속한 것으로 배선은 간단하지만 빈도가 많은 곳에는 적합하지 않다. 병원 등에 알맞다.

② 상호식 : 각 기기 사이에 통화가 가능하며 배선 본수가 많아진다. 기기들 사이에서 독립된 업무를 수행할 때 효과적이다.

③ 복합식 : 대규모의 경우에 알맞고 모자식과 상호식을 조합한 것이다.

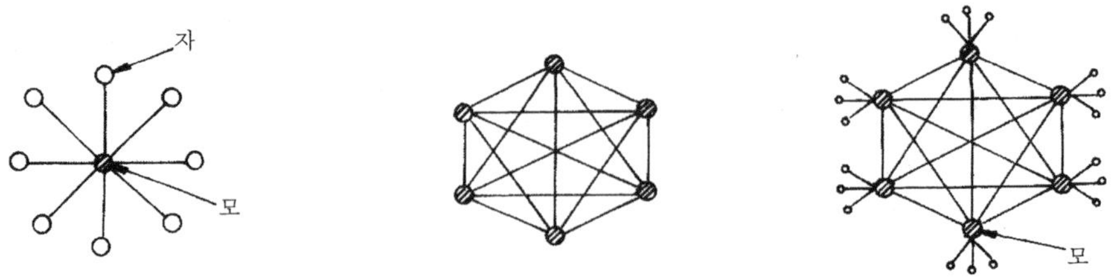

(a) 모자식　(b) 상호식　(c) 복합식

<그림 5-1> 인터폰의 접속방식

3. 안테나 설비

텔레비전과 라디오 등의 공동 시청 설비를 말하는 것으로, 전기식 성능을 얻는 것도 중요하지만 건물의 미관을 해치지 않도록 주의해야 한다. 시공상 주의할 사항은 다음과 같다.

① 안테나는 풍속 40m/s정도에 견디도록 고정시킨다.

② 안테나는 피뢰침 보호각 내에 들어가도록 한다.

③ 원칙적으로 강전류선으로부터 3m 이상 띄어서 설치한다.

④ 정합기(整合器)의 설치높이는 일반적인 경우 바닥 위 30cm 높이로 한다.

⑤ 방향성 결합기나 분배기를 사용하지 않는 플러그에는 더미 로드(dummy load)를 부착한다.

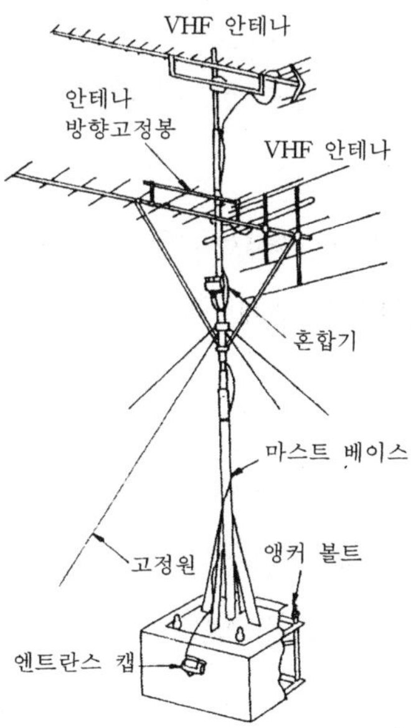

<그림 5-2> TV공동수신설비

4. 확성설비

확성설비는 소방법에 의한 비상경보 설비로 설치되는 경우도 있으나 대부분은 대규모 건물의 전달 또는 호출용 설비로 시설되는 경우가 많다. 확성설비의 구성요소는 증폭기, 마이크로폰, 테이프 레코더, 차임, 레코드 플레이어, 와이어리스 마이크, 스피커 등이다.

5. 감시·제어설비

최근 건물의 고층화·대형화와 더불어 건물 내의 일반 동력설비, 공기조화설비, 약전설비, 운송설비 등의 작동상태를 확인·점검하는 것은 운전 조작뿐만 아니라 보수·관리 면에서도 대단히 중요하다. 건물 내의 동력설비 감시방법으로는 다음과 같은 것을 들 수 있다.

(1) 전원표시

전원이 살아있는지의 여부를 판별하는 것으로 이 표시는 전동기 설치 근처의 조작 제어반 또는 전동기로부터 떨어진 곳에 있는 중앙 감시반에서 램프를 통해서 알 수 있다.

(2) 운전표시

모든 시설들이 정상적으로 가동중인지를 알 수 있는 것으로 이 표시는 조작 제어반으로 중앙감시반 어느 쪽에서도 할 수 있다.

(3) 고장표시

고장의 유무를 알 수 있는 것으로 고장과 동시에 벨이나 부저(buzzer) 등에 의해 고장을 알린다.

(4) 램프점검

램프를 사용한 표시방법은 여러 가지가 있으나, 어느 것이나 용량이 적은 램프를 이용하는 관계상 단선유무를 점검할 필요성이 있다. 따라서 램프의 작동상태를 필요할 때 점검할 수 있도록 회로를 구성하는 것이 바람직하다.

(5) 집중제어

큰 빌딩이나 공장 등에서 많이 채택하고 있는 중앙집중 감시방식을 말하는 것으로, 보통 조작반과 운전상태를 알기 위한 도시반(graphic panel)으로 구성된다. 운전자는 중앙 감시실에서 운전상태를 마음대로 조작할 수 있는 것이 특징이다. 중앙감시 방식이 되면 감시대상물에 대한 운전 조작용 및 감시용 제어선이 많이 필요하게 된다. 사무실 건물의 경우 연면적 $300m^2$ 정도이면 제어선은 대략 800회선을 상회하는 것이 보통이다.

제6장 반송설비

1. 개요

엘리베이터, 에스컬레이터, 전동웨이터, 컨베이어, 슈터, 곤도라 등과 같이 사람이나 물품을 운반하는 설비를 총칭하여 반송설비라고 한다. 근대화 이후 인구의 도시집중으로 건물이 고층화, 대형화됨에 따라 빌딩의 상하수송 문제가 대두되면서 부각되기 시작했다. 이 장에서는 주로 빌딩의 주요 수송수단인 엘리베이터와 에스컬레이터에 대해서 설명하기로 한다.

<표 6-1> 수송설비의 종류

수송설비의 종류	용 도
엘리베이터	사람·물건의 수직이동
에스컬레이터	사람의 수직수송을 목적으로 수평이동
덤웨이터	물건의 수직이동
입체주차설비	자동차 주차를 목적으로 수직이동
모노레일	대용량 물건의 수평 이동
켄베이어	각종 믈건의 수직·수평 이동
이동보도설비	사람의 수평이동 보도설비

2. 엘리베이터

엘리베이터는 승강기 내에 설치된 레일에 따라 매달려 있는 카(car)를 동력으로 승강시키는 장치이다. 엘리베이터는 사람을 운반하는 기능을 가지고 있으므로 특히 안전에 주의해야 한다. 엘리베이터와 관련된 법규를 살펴보면, 연면적 2,000m^2 이상으로서 6층 이상인 건물에는 설치해야 한다. 단, 6층 이상인 건축물로서 각 층의 거실 바닥면적 300m^2 이내마다 1개소 이상의 직통계단이 있는 경우에는 설치하지 않아도 된다.

2-1 구조

엘리베이터는 크게 나누어 로프식과 유압식으로 대별되는데 건물내에서 주로 사람이 이용하는 경우는 로프식 엘리베이터가 사용된다. <그림 6-1>에서 보는 바와 같이 카(car)와 균형추를 로프로 권상기에 직결된 로프차에 매달아서 기계실에 있는 전동기 및 제어반으로 카를 승・하강시킨다.

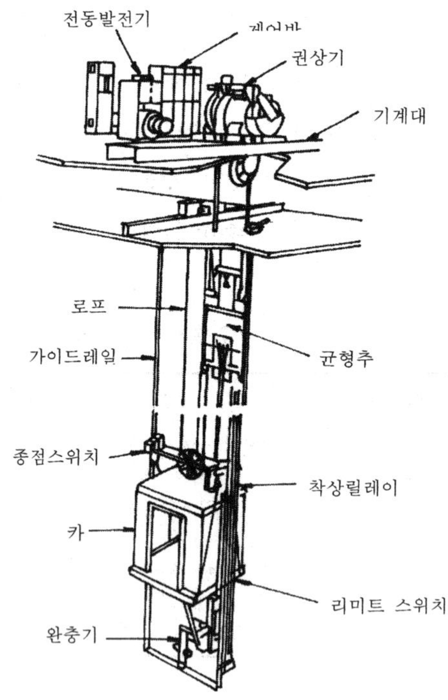

<그림 6-1> 엘리베이터의 구조(로프식)

2-2 안전장치

엘리베이터는 수많은 부속기기들로 구성되어 있으며, 사람 및 물건을 안전하게 수송하는 것이 중요하기 때문에 많은 안전장치가 있다.

(1) 출입문 잠금스위치(door lock switch)

홀의 출입문의 열림을 방지하는 장치로서, 카가 목적층에 도착하여 카의 문을 여는 경우 이외에는 문이 열리지 않도록 잠금역할을 하는 장치이다.

(2) 추락방지판

사고 발생시 층 사이에서 카 내의 승객이 밖으로 나가려고 할 경우, 승강로 벽과 카 사이의 공간으로 승객이 추락하는 것을 방지하도록 하는 장치이다.

(3) 전자 브레이크(magnetic breaker)

전자 브레이크는 전자석 내의 플랜저를 흡인함으로써 브레이커 슈에 힘이 가해지고, 이 힘의 마찰력에 의하여 제동력이 작동한다.

(4) 조속기(調速機)

카가 정상적인 속도 이상으로 주행하여 위험하게 될 때 전동기의 전원을 자동으로 차단시켜 주고, 조속기 로프를 붙잡아서 강제 정지장치를 작동시켜 주는 기기이다.

(5) 끼임 방지장치

카의 출입문에 설치되며 문이 닫히고 있을 때 어떤 물체가 문 사이에 끼게 되면 이를 검출하여 문이 다시 열리도록 하는 장치로서 기계식과 광전식이 있다.

(6) 강제정지 장치

조속기 동작에 의하여 비상시에 카를 안전하게 정지시키도록 하는 장치로서 카의 아래쪽에 쐐기형으로 부착되어 있어서 비상시에 카드 레일을 움켜잡아서 카를 정지시켜 주는 장치이다.

(7) 과부하방지 장치

카의 바닥에 설치하여 허용중량 이상이 카 내에 탑승되는 것을 방지하는 장치로서 허용중량 초과시 부저가 울림과 동시에 카가 출발되지 않도록 하는 장치이다.

(8) 리미트 스위치

카가 최상층이나 최하층에서 정상 운행치를 벗어나 그 이상으로 운행하는 것을 방지하는 안전장치이다.

(9) 완충기(buffer)

카나 카운터 웨이터가 최하층 아래로 하강할 경우에 이들의 운동에너지를 흡수하여 카를 안전하게 정지시킴으로써 비상시 카 내에 있는 승객을 보호하는 장치이다.

2-3 운전방식

2-3-1 단독 운전방식

전자동 운전방식으로 엘리베이터 내의 운전반에 있는 버튼을 누르면 그 층의 운전방향과 같은 방향의 홀 부름에 응하여 층 순서대로 정지하고 홀 부름이 없으면 최고층의 부름에 응한 후 자동적으로 방향을 바꾸어 반대방향의 부름에 응하는 운전방식이다.

2-3-2 병렬 운전방식

2대 이상의 엘리베이터가 1대는 출발층에 대기하고 다른 1대는 중간층에 대기하였다가 홀의 부름에 응하여 교차적으로 운전하는 방식이다.

2-3-3 군관리 운전방식

엘리베이터를 군(group)관리하는 목적은 종합적인 운전효율을 높이고 이용자에 대한 서비스 향상을 위하여 대기시간을 단축시키는 운전방식이다. 컴퓨터에 의한 제어방식으로 국내에서 군관리 시스템에 의하여 운전하는 방식의 종류는 <그림 6-2>와 같다.

(1) directional zoning 운전방식

엘리베이터의 상호위치나 운전방향의 변화에 순시적으로 대응하는 서비스 지역을 설정하고 홀에서의 부름이 있으면 대기시간이 최소인 엘리베이터를 할당하는 방식

(2) heavy up 운전방식

평상적인 교통수요에 있어서도 그 절반은 출발 기준층을 중심으로 하는 운전방식으로, 로비층의 서비스를 강화하기 위하여 상승방향의 교통수요가 많아진 경우 분산대기를 해제하고 엘리베이터를 로비층에 집결시켜 서비스를 강화하는 방식

(3) 분할급행 운전방식

출근시의 교통량이 급증하는 한 회사 점유의 빌딩 등에서 수송능력을 강화하는 방식으로 엘리베이터 군을 상층부, 하층부 전용으로 나누어 급행 서비스를 실시함으로써 정지횟수가 반감되어 정지시간을 단축하여 수송능력을 증가시키는 방식

2-4 엘리베이터 선택방법

엘리베이터의 종류는 용도에 따라 여러 가지가 있으나, 건물의 규모나 사용 목적에 따라 알맞은 엘리베이터를 선택해야 한다. <표 6-2>는 용도에 따른 엘리베이터의 규격을 나타낸다.

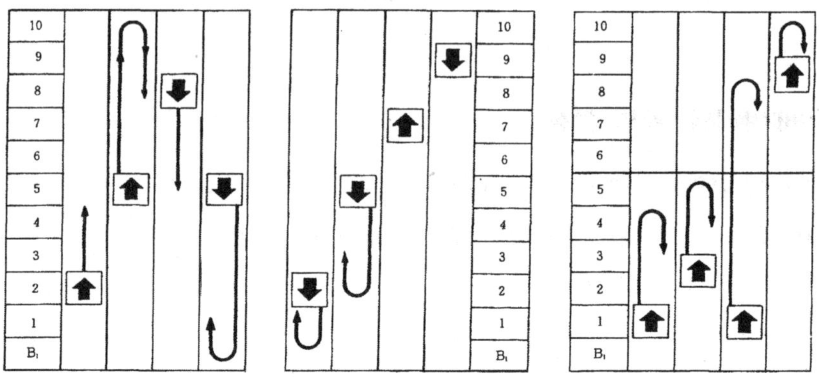

(a) directional zoning 운전방식 (b) heavy up 운전방식 (c) 분할 급행 운전방식

<그림 6-2> 군관리 운전방식

<표 6-2> 용도별 엘리베이터의 선택

	용 도	적 재 [정원]	속 도 [m/min]	제어방식
승용 엘리베이트	소빌딩, 아파트, 맨션 (4~6층 건물)	400~750kg (6인) (11인)	30, 45, 60	교류 궤환제어, 유압식
	중빌딩, 아파트, 맨션 (5~10층 건물)	400~1,150kg (9인) (17인)	45, 60, 90, 105	교류 궤환제어, 직류기어드, 유압식
	오피스 빌딩, 고층호텔, 아파트(10~20층 건물)	1000~1,600kg (15인) (24인)	60, 90, 105, 120, 150, 210, 240	교류 궤환제어, 직류기어드, 직류 기어 레스
	오피스빌딩, 고층 호텔 (20층 건물 이상)	1150~1,600kg (17인) (24인)	210, 240, 300, 450, 540	직류 기어 레스
	백화점	1350~1,800kg (20인) (27인)	90, 120, 150	교류 궤환제어, 직류기어레스
	침대용(병원)	750~1,000kg (11인) (15인)	30, 45	교류 궤환제어
사람·화물 엘리베이터	사무소 빌딩, 백화점, 소창고 빌딩	750~2,000kg	15, 30, 45, 60	교류 2단속도, 직류기어드, 유압식
	대백화점, 대창고 빌딩	1500~7,000kg	15, 30, 45, 60	교류 2단속도, 직류기어드, 유압식
자동차용 엘리베이터		2,000~3,000kg	15, 30, 45	교류 2단속도, 유압식
전동 덤웨이터		50~500kg	10, 15, 20, 30	교류 1단속도

2-5 엘리베이터의 위치 선정

건물에 엘리베이터를 선정할 때는 다음과 같은 사항을 고려하여 결정한다.

① 엘리베이터는 건물에 출입하는 대부분의 사람이 항상 이용하는 것이므로 가장 눈에 잘 띄는 장소를 선정한다.

② 하나의 건물에 여러 대의 동종 엘리베이터를 설치하는 경우에는 뱅크운전(공통의 승강장 버튼으로 제어함)을 한다.

③ 바닥면적 $5,000 \sim 6,000m^2$또는 그 이상의 대형 빌딩에서는 건물 중심에 집중하거나, 빌딩 외의 교통기관의 관점에서 보아 교통량이 많은 출입구 쪽 가까운 장소로 집중한다.

④ 바닥면적 3,000~4,000㎡의 중·대형 빌딩에서는 주 현관에 이웃하는 비교적 넓은 엘리베이터 홀을 가진 장소에 엘리베이터 3대를 병렬로 뱅크에 설치한다.

⑤ 바닥면적 1,000㎡이하의 빌딩에서 공용부는 한쪽으로 치우쳐 설치하는 것이 좋다.

3. 에스컬레이터

3-1 개요

에스켈레이터는 건물 내의 교통수단의 하나로 30° 이하의 기울기를 가진 계단식으로 된 컨베이어로서, 정격속도는 30m/min 정도가 일반적이다. 엘리베이터의 수송능력이 시간당 400~500명인데 비해 에스컬레이터의 시간당 4,000~8,000명 정도로 수송능력이 매우 높기 때문에 백화점 등에서 널리 사용되고 있다. <그림 6-3>은 에스컬레이터의 각부 구조와 명칭을 나타낸 것이다.

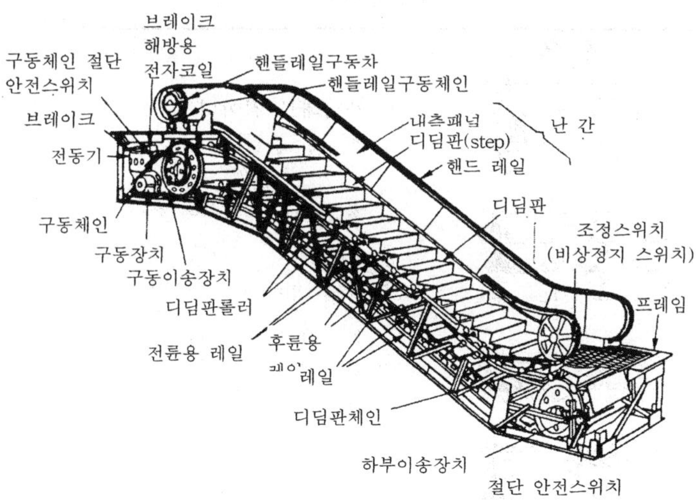

<그림 6-3> 에스컬레이터의 구조

3-2 에스컬레이터의 배열방식

에스컬레이터는 건물의 현관에 들어갔을 때 눈에 쉽게 띄는 곳에 사람의 흐름방향으로 설치하는 것이 바람직하다. 일반적으로 건물의 중앙부에 설치하지만, 중소규모의 점포 빌딩 등에서는 매장의 구분이나 유효활용 등을 고려하여 한쪽 모퉁이에 설치하는 경우도 있다.

에스컬레이터의 배열방식은 <표 6-3>에서 보는 바와 같이 단열형, 단열 중복형, 병렬형, 교차형, 복렬형 등이 있다.

3-3 에스컬레이터의 설치 위치

에스컬레이터의 설치 위치는 건물의 규모와 용도에 따라 달라진다.

(1) 일반 건축물의 경우

① 가능한 한 주 출입구의 가까운 곳

② 에스컬레이터를 이용하는 승강자가 고르게 분포할 수 있는 곳

<표 6-3> 에스컬레이터의 배열방식

형 식	배 열	특 징
단열형	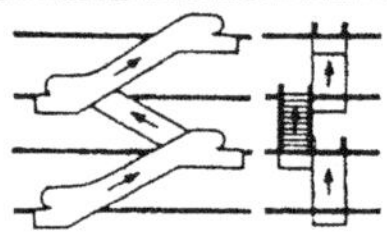	① 차례대로 갈아타고 목적지로 올라간다. ② 중・소 건물에 많이 이용된다.
단열 중복형	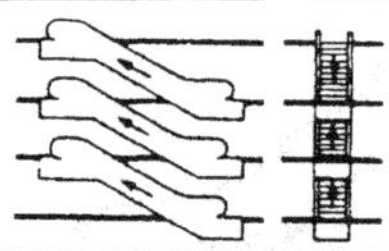	① 점포 내로 승객을 유도한다. ② 소규모의 건물에 적용한다. ③ 위로 올라가는 전용이다.
병렬 설치형	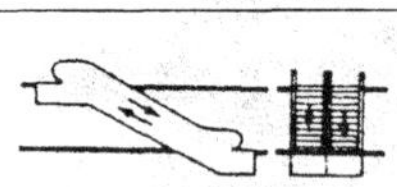	① 상・하향 운전을 할 수 있다. ② 사무실 빌딩, 은행, 호텔 등의 넓은 빌딩에 설치하면 적당하다.
교차형	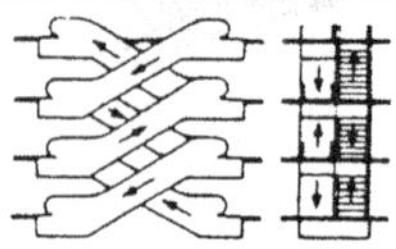	① 상・하향 연속 갈아 탈 수 있으며, 상・하향 승강구가 분리되어 있어서 복잡하지 않다. ② 대형 건물에 채용한다.
복렬형	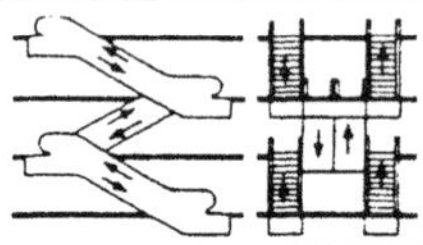	① 외관이 호화스럽다. ② 승강구가 편리하다. 면적이 크다. ③ 대형 건물에 많다.

(2) 건물의 주 용도가 지하층과 2층인 경우

① 은행, 식당, 상점 등이 2층에 있는 경우는 외부도로에서 직접 에스컬레이터에 승강할 수 있는 위치

② 지하층에 식품점이나 식당이 있는 경우에는 외부 고객을 유치하기 의해서는 1층의 주출입구에 가능한 한 가까운 곳에 설치한다.

(3) 백화점의 경우

① 각 층의 중심부에 설치하고, 상 · 하강 중에 진열된 상품을 보기 쉽게 한다.

② 외부 통로에서 에스컬레이터가 잘 보이는 위치에 설치한다.

(4) 기차역 등의 경우

① 가능한 한 사람의 눈에 잘 띄는 위치에 설치한다.

② 단, 개찰구나 나가는 출입구에 너무 가깝지 않게 설치한다.

제7장 방재설비

1. 개요

재해에는 화재, 도난, 지진, 풍해, 수해, 뇌해 등 여러 가지가 있으나 이들을 대별하면 천재와 인재로 구분된다. 방재설비는 화재통보설비, 비상용 조명설비, 유도등 설비, 비상경보설비, 피뢰설비, 항공장해등 설비 등이 있다. 이 장에서는 피뢰설비와 항공장애등 설비에 관해서 설명하기로 한다.

2. 피뢰침 설비

피뢰침을 설치하는 목적은 낙뢰(落雷)에 대한 피해를 줄이고 뇌격전류를 신속하게 땅으로 방류시켜서 인명과 건축물을 보호하고자 하는데 있다. 건축법에는 지반면상 20m 이상의 건축물에는 반드시 피뢰침을 설치하도록 규정하고 있다. 그러나 중요한 건조물이나 천연기념물, 많은 사람이 모이는 건물, 위험물을 취급하는 건물 등은 20m 이하인 경우에도 피뢰침을 설치하는 것이 바람직하다.

2-1 피뢰침 방식

피뢰방식에는 돌침 방식, 수평도체 방식, 케이지 방식이 있으며, 일반적으로 돌침 방식을 많이 사용한다.

(a) 정전유도에 의해 지면에서 플러스의 전하가 유도된다.

(b) 뇌문에서 지면으로 전자가 튄다.

(c) 동시에 전류는 지면에서 뇌문으로 올라간다.

<그림 7-1> 낙뢰의 발생 요인

(1) 돌침 방식

뇌격은 선단이 뾰족한 금속도체 부분에 잘 떨어지므로, 건축물 근방에 접근한 뇌격을 흡인하게 하여, 선단과 대지 사이를 접속한 도체를 통해서 뇌격전류를 대지로 안전하게 방류하는 방식이다. 돌침식 피뢰설비는 건축물에 직접 설치하는 것과 떼어서 시설하는 것이 있다. 일반적으로 전자의 방식이 많이 사용되고 있으나, 후자는 위험물을 저장하는 창고 등에 시설하면 보호면에서 전자보다는 우수하다.

(2) 수평도체 방식

이 방식은 보호하고자 하는 건축물의 상단에 수평도체를 가설하고, 이에 뇌격을 흡인하게 한 후, 인하도선을 통해서 뇌격전류를 대지에 방류한다.

(3) 케이지(cage) 방식

피보호물 주위를 적당한 간격의 그물눈을 가진 도체로 포위하는 방식이며, 완전한 피뢰방식에 속한다.

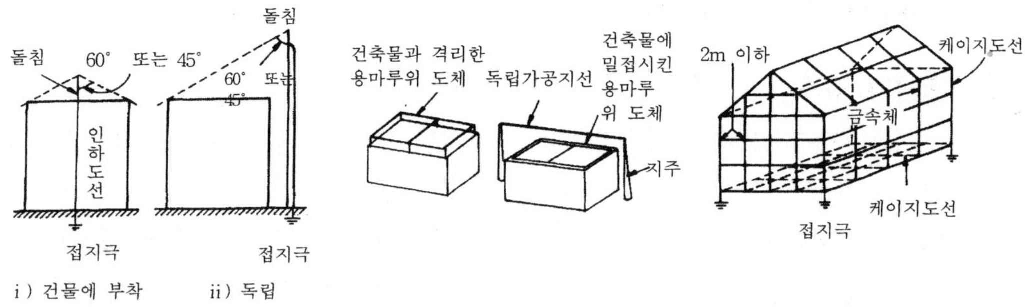

(a) 돌침 방식 (b) 수평도체 방식 (c) 케이지 방식

<그림 7-2> 피뢰설비방식

2-2 피뢰침의 보호각

낙뢰의 피해를 안전하게 보호하는 돌침 및 수평도체의 보호각은 일반 건축물의 경우에는 60°, 위험(화약류)관계 건축물의 경우에는 45°로 하여야 한다. 피뢰침의 보호각은 가급적 작게 잡는 것이 안전하다. 수평도체로 옥상을 보호할 경우, 수평도체의 보호각 속에 들어가지 않은 부분은 보호되지 않는 부분에서 가장 가까운 점에 이르는 수평 도체까지의 수평거리가 10m 이하가 되도록 수평도체를 시설하면 그 부분도 보호될 수 있다.

2-3 피뢰침의 구조

피뢰침을 구조상으로 나누면 돌침부, 피뢰도선, 접지전극으로 크게 나눌 수 있다.

① 돌침부 : 돌침은 동, 알루미늄 또는 용해 아연도금을 철로서 지름 12mm 이상의 봉상도체(棒狀導體) 또는 이와 동등한 강도와 성능을 가진 것을 사용한다. 돌침지지 철물로서 철판을 사용하는 경우에는 피뢰도선을 관속으로 통해서는 안된다.

② 피뢰도체 : 뇌전류(雷電流)를 흘러내리게 하기 위한 돌침과 접지 전극과를 연결하는 도선으로서, 그 중 피보호물의 꼭지로부터 접지 전극까지의 사이에 거의 수직인 도체부분을 인하도체(引下導體)라 한다.

③ 접지전극 : 피뢰도선과 대지를 전기적으로 접속하기 위하여 지중에 매설한 도체이며, 낙뢰전류를 충분히 방출할 수 있는 용량을 가져야 한다. 재료는 동판이며, 한 면의 면적이 $0.35m^2$ 이상, 두께 1.4mm 이상의 것을 사용한다

2-4 피뢰침설비의 시공방법

(1) 돌침부 시공

① 돌침과 지지철물과의 가설은 나사조임이나 땜 등으로 전기적, 기계적으로 완전히 한다.

② 돌침과 피뢰도선의 접속에는 도선접속용 단자, 돌침부 접속철물 또는 도선접속구멍 중의 어떤 것을 사용하여 나사조임으로 전기적으로 완전히 설치한다.

③ 돌침지지 파이프 및 피뢰도선은 전용지지 철물로 2m 이내의 간격에서 건물에 고정한다.

(2) 피뢰도선의 시공

① 돌출부와 접지극을 잇는 피뢰도선의 경로는 될 수 있는 대로 짧게 하고, 어쩔 수 없는 완곡부가 있을 경우에는 그의 구부림 반지름을 20cm 이상으로 한다.

② 도선은 전등선, 전화선 또는 가스관 등으로부터 1m 이상 떨어져야 한다. 단, 중간에 접지된 금속물이나 철근콘크리트조, 또는 철골이 있으면 그럴 필요가 없다.

③ 도선으로부터 1m 이내에 접근하는 빗물받이, 철관, 철사닥다리가 있으면 이들을 $14mm^2$이상의 도선으로 접지해야 한다.

④ 도선은 도중에서 접속하는 것을 가능한 한 피하고, 부득이 접속하는 경우에는 슬리브 접속, 단자접속 등을 사용한다.

⑤ 구리띠를 건축물의 옥상에 피뢰도체로서 시설할 때에는 루프로 하고, 약 60cm마다 지름 5mm 이상의 황동제 볼트로 건물에 고정시키고, 또한 구리띠 길이 30m마다 구리띠를 완곡으로 한 신축장치를 사용한다.

⑥ 피뢰도선과 철골, 또는 철근을 접속하는 경우는 은땜 후 황동용접 등으로 하여 전기적으로 견고하게 접속하고, 다시 방식도료로 접속부를 칠한다.

⑦ 땅속에 들어가는 도선부분이나 도선을 보호할 필요가 있는 부분에는 경질비닐관, 도관 또는 동관, 황동관 등을 사용하여 지상 25cm, 지하 30cm까지를 보호한다.

(3) 접지전극의 시공

① 도선과 접지전극의 접속은 특히 부식에 주의한다. 보통은 황동땜 용접이 사용되고, 그 후에 피치탈을 도포하고 방식처리를 한다.

② 접지전극은 인하도선의 근처에 각각 1개, 또는 2개 이상 매설되며, 2개 이상의 접지전극을 사용할 경우는 2m 이상 떨어뜨리고 보통 30mm 이상의 도선으로 접속한다.
③ 피뢰침용의 접지극 및 접지선과 기타의 접지극 또는 접지선과는 2m 이상 띄워야 한다.
④ 설치 후의 관리상 접지전극의 위치를 표시하는 것이 바람직하다.

3. 항공 장애등 설비

항공 장애등은 야간에 운행하는 항공기에 대하여 항공의 장애가 되는 물건의 존재를 시각으로 인식시키기 위한 등이며, 장애등의 설치에 관해서는 교통부령의 정하는 바에 따라야 한다.

항공법 41조에는 지표면 또는 수면으로부터 60m 이상 높이의 초고층 건축물이나 공작물은 항공장애등과 주간 장애표시등을 설치하도록 되어 있다. 항공 장애등은 2 종류가 있는데 장애등의 설치기준은 다음과 같다.

3-1 고광도 항공장애등

① 등광은 명멸(明滅)로서 광원의 중심을 포함하는 수평면하 15° 이하에서 윗 방향으로 모든 방향에서 식별할 수 있을 것
② 1분간 명멸횟수는 20~60일 것
③ 최대광도는 2,000cd 이상일 것

3-2 저광도 항공장애등

① 부등광으로서 광원의 중심을 포함하는 수평면하 15°에서 윗방향으로 모든 방향에서 식별할 수 있을 것
② 광도는 20cd 이상일 것

제5편

특수설비

제1장　가스설비

제2장　소화설비

제1장 가스설비

1. 개요

사람이 생활하기 위하여 건설하는 건축물에서는 조리, 급탕, 난방 등을 위하여 에너지의 공급이 필요하다. 현재 우리 나라의 도시에서는 에너지의 공급을 가스에너지에 의존하는 경향이 높아지고 있다. 가스 연료의 특성은 아래와 같다.

① 연소시 재나 매연이 발생하지 않는다.

② 무공해 연료이다.

③ 중량비 열량이 크다.

④ 보일러 등의 부식이 적다.

⑤ 폭발위험이 있다.

⑥ 무색 · 무취이므로 누설시 감지가 어려워 위험하다.

2. 액화석유가스(LPG : liquified petroleum gas)

2-1 개요

LP가스는 액화석유가스로 주로 용기에 담아 가정용 연료뿐만 아니라 가스절단 등

공업용으로 많이 사용된다. 석유 중에 액화하기 쉬운 프로판(C_3H_8)과 부탄(C_4H_{10}) 등을 액화한 것으로 주성분이 프로판이므로 **프로판가스**라고도 한다.

천연가스나 석유정제 과정에서 채취한 가스를 압축·냉각하여 액화시킨 것으로 LP가스는 상온에서 6~7kg/cm^2 압력을 가하면 간단히 액화되어 용기에 담을 수 있다. 1*l*의 프로판은 0.53kg의 액체밀도를 가지며 기화하면 약 250*l*의 가스로 변한다. 1*l*의 부탄은 0.60kg의 액체밀도를 가지며 기화하면 약 250*l*의 가스로 변한다. 이러한 부탄과 프로판가스는 액화에 의하여 부탄은 1/225, 프로판은 1/250으로 체적이 축소되므로 액화된 액체는 압력에 견딜 수 있는 용기에 넣어 보관한다. LP가스의 특성은 아래와 같다.

① LP가스는 공기의 약 1.5배, 부탄은 공기의 약 2배 정도 무겁다
② 액화 및 기화가 용이하다. LPG는 상온 상압하에서 기체이지만 가압이나 냉각을 하면 쉽게 액화한다.
③ 무색, 무미, 무취하다. 누출시 감지를 위하여 향료를 혼합한다.
④ 연소범위가 좁다.
⑤ 중독성이 없다.
⑥ 발열량이 높다. 1kg당 프로판이 약 12,000kcal, 부탄은 약 11,800kcal이다. 기체 1m^{3}당의 발열량은 프로판이 약 24,000kcal, 부탄이 약 31,000kcal으로 도시가스의 7,000~11,000kcal에 비하여 높다.

2-2 용기설치 방법

LP가스는 용기나 조정기를 제외하고는 일반 도시가스의 배관설계와 같으나 특히 용기나 조정기를 설치할 때는 고려할 사항은 다음과 같다.

① 통풍이 잘 되는 옥외에 설치하고 직사광선을 피한다.
② 용기는 40℃ 이하로 보관한다.
③ 용기 2m 이내는 화기접근을 피한다.
④ 부식되지 않도록 습기 등을 피한다.
⑤ 용기는 충격을 피하고 안전한 장소에 설치해야 한다.

3. 액화천연가스(LNG : liquified natural gas)

원유생산을 목적으로 유정(油井)에 깊이 묻은 파이프를 통하여 유정에서 생산되는 가스이며, 유정가스 중에서 메탄 성분만을 추출한 가스이다. 천연적으로 산출하는 천연가스를 -162℃까지 냉각·액화한 것이다. 액화할 때 탄산가스, 유화수소, 중탄화수소 등을 정제 제거하므로 기화된 LNG는 전혀 불순물을 함유하지 않은 가스이다. 액화시에 체적이 1/600으로 축소된다. LNG의 특성은 아래와 같다.

① LNG는 공급의 안정성, 청결, 편의, 안정
② 알래스카, 보르네오, 아부다비, 인도네시아 LNG 등이 있다.
③ 무색·무취이고 공기보다 가볍다.
④ 대규모 저장시설로 공급해야 한다.
⑤ 발열량이 높고 무공해이다.

4. 도시가스

4-1 가스의 특성

도시가스는 제조소에서 도로에 매설되어 있는 배관에 의하여 수요자에게 공급되는데, 도시가스의 원료인 석탄, 코크스, 나프타, LPG, 천연가스를 제조·정제·혼합하여 소정의 발열량으로 조정한 것을 말한다. 따라서 도시가스는 원료별로 조성이 서로 다르기 때문에 비중뿐만 아니라 연료의 특성이 달라지므로 가스의 배관설계나 기구선정에 주의해야 한다. <표 1-1>은 연료용 가스를 원료별로 분류한 것이다.

4-2 가스설비의 구성

가스설비의 구성은 원료에서부터 제조, 압송, 저장, 압력조정, 소비설비에 이르기까지 과정에 필요한 설비를 말한다. 각 과정별 주요설비는 다음과 같다.

① 제조설비 : 제조 또는 발생설비, 정제설비 등

② 공급설비 : 홀더, 압송기, 정압기, 도관, 가스미터, 가스콕 등
③ 소비설비 : 접속구, 기구, 기타 기구의 부속설비 등

가스공급 방식은 압력에 따라 분류되는데 저압공급은 가스의 종류에 따라 다르며 공급압력은 최저 50mmAq, 최고 250mmAq이다. 중 : 고압 공급은 $1kgf/cm^2$ 이상의 압력으로 공급되며 간선수송용으로 이용되고 통상적인 사용압력의 공급을 위하여 배관의 도중에 압력조정기(governer)를 설치하여 압력을 조정한다.

<표 1-1> 연료용 가스의 종류

원 료	명 칭	제 조 법	비 고
석탄 (코크스)	석탄가스 발생로가스	석탄의 건류 공기와 수증기의 혼합기를 코크스 밑에서 불어 넣는다.	석탄을 원료로 하는 방법은 고체 연료에서 액체연료로의 에너지 혁명으로 인해 점점 줄어드는 추세에 있다.
석유	기름 가스 나프타가스	석유분해의 방법에 따라 열분해식 기름가스와 접촉분해식 기름가스의 2종류가 있다. 나프타란 석유중의 輕質留分의 총칭으로 기스화방법에 따라 ICI식 개질가스, CRG식개질가스, 사이클릭식 나프타 분해가스의 3종류가 있다. 석유제품의 제조시 부생하는 프로판, 부탄 등을 액화한 것이다. 나프타에 특수촉매를 사용하여 스팀분해 한 것이다.	현재 주류를 이루고 있는 가스나, 원료의 저경황화(低硬黃化)가 강요되고 있는 등 문제가 있다.
천연 가스	천연가스 LNG	주로 매탄을 주성분으로 한 가스로 가스정, 석유정에서 산출한다. 1기압, -162℃에서 액화한다. 위의 가스를 액화한 것이다.	가스원료의 무공해성 및 열량이란 점에서 장차 위의 가스에 대신해야 할 성질의 것이다.

5. 급배기 설비

최근들어 주택생산 기술의 발달로 주택이 점점 더 단열화·기밀화 되어가고 있으며, 연소기구에 의한 가스중독 사고도 더욱 위험한 요소로 대두되고 있는 실정이다. 따라서 충분한 급·배기 설비를 갖추어 불의의 사고가 발생하지 않도록 해야 하겠다. 연소기구의 연소형태는 개방연소형, 반밀폐 연소형, 밀폐 연소형 등이 있으며, 연소형태에 따른 특징은 아래와 같다.

5-1 개방 연소형

연소용 공기를 실내에서 공급받고 연소한 배기가스를 그대로 옥내에 배출하는 방식이다. 환기상태가 좋지 않으면 시간이 경과함에 따라서 실내공기가 연소 배기가스에 오염되고 연소공기가 부족하여 가스 기기가 불완전 연소되어 일산화탄소 중독의 원인이 되므로 특히 환기에 주의해야 한다.

5-2 반밀폐 연소형

연소용 공기를 옥내에서 공급받고 연소 배기가스는 배기통을 통하여 옥외에 배출하는 방식이다. 자연통풍력에 의한 자연배기방식(Conventional Flue=CF 방식)과 배기팬을 이용한 강제배기 방식(Forced Exhaust=FE 방식)이 있다.

반밀폐식 가스 기기를 설치할 때에는 배기통과 급기구를 설치하지 않으면 불완전연소 및 일산화탄소 중독의 원인이 된다.

5-3 밀폐 연소형

옥외에서 도입한 외기에 의하여 연소하고 옥외로 연소 배기가스를 배출하는 방식이다. 자연 통풍력에 의하여 급배기를 행하는 자연 급배기방식(Balanced Flue=BF방식)과 급배기팬을 이용하는 강제 급배기방식(Forced Draught Balance Flue=FF방식)이 있다.

또한 공동주택 등에서 각층을 수직으로 관통하는 덕트를 설치하고 여기에 BF 방식 기기를 설치하여 급배기를 행하는 BF-D 방식이 있는데 이 때에는 건축물의 주위상황을 고려하여 건축설계 단계에서부터 설치를 검토해야 한다.

제2장 소화설비

1. 개요

화재의 발생은 『출화(出火) → 플래시 오버(flash over)→ 화재 최성기 → 다른 구역으로 연소이동』의 과정을 통하여 진행되며 때에 따라서는 인명손실을 포함한 커다란 재해가 발생한다.

1-1 실내화재 성상

실내화재의 경우, 실내의 화재성상은 <그림 2-1>로 설명할 수 있다.

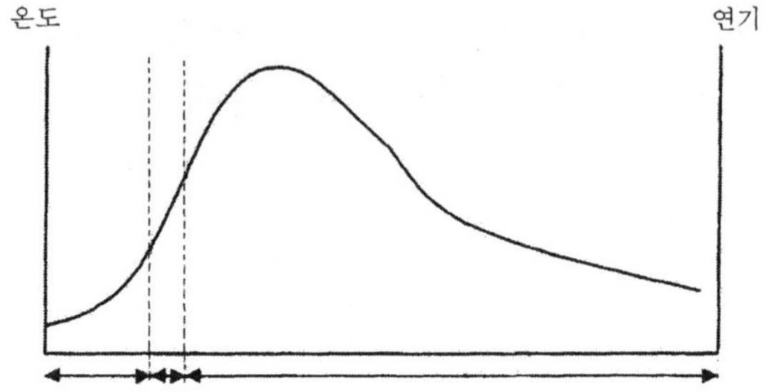

A : 전실화재 전단계(Pre-Flash over)
B : 전실화재 단계(Flash over)
C : 전실화재 후단계(Post-Flash over)

<그림 2-1> 실내의 화재성상

(1) 전실화재 전단계(pre-flash over)

이 단계에서는 실내화재가 전실화재로 발전 여부가 결정되는 시기이며, 이 기간 중에 화재의 탐지 및 거주인원의 안전피난이 이루어지게 된다. 따라서 전실화재 전단계의 화재분석은 거주인원의 화재 안전을 예측하는데 매우 중요한 역할을 하게 된다. 방 크기 및 구조, 건축자재, 창문 크기, 연료의 양·종류 및 배열상태에 따라 전실화재까지의 시간 및 전실화재 여부가 결정된다. 경우에 따라서는 처음으로 점화된 가연물질만 연소되고 화재가 소멸하는 경우도 있다.

(2) 전실화재(flash over)

화재 초기 단계에서는 실내 내장재와 가연성 물질이 연소하는 과정에서 열분해 생성물질이 완전 연소되지 않아 미연(未燃)가스로서 축적되어 이 농도가 증가하여 한계에 달하면 갑자기 불꽃이 폭발적으로 확산하여 창문이나 방문으로부터 연기가 뿜어나오는 상태가 된다. 이 **폭발적 연소현상**을 **플래시 오버**라고 한다.

(3) 전실화재 후단계(post-flash over)

일단 전실화재로 발전하게 되면 실내온도는 계속 상승하여 1,200℃ 이상이 된다. 이 단계에서 실내온도를 결정하는 변수는 연료의 연소 열량, 연소에 필요한 공기의 유입상태, 단열 효과 등이다.

같은 종류의 연료라도 연소시 공급되는 공기의 양이 달라지게 되면 실내온도의 변화가 달라진다. 전실화재 후단계에서는 일반적으로 창문의 크기 및 창문의 높이, 연료의 연소 속도 등에 따라 환기지배형 화재와 연료지배형 화재로 나누어지게 된다. 환기지배형 화재의 경우 최고 실내온도 및 화재 지속시간 등은 환기조건에 따라 달라지게 된다. 건물내 화재가 플래시 오버 상태로 발전할 경우 화재는 발생장소에서 소멸할 때까지 계속되던지 아니면 같은 층의 다른 방이나 층으로 이동하게 된다. 화재의 전파는 창문을 통하여 방출된 화염에 의한 것이 가장 보편적이다.

1-2 화재의 분류

화재는 연소상태에 다라서 달라지며, 가연물의 종류에 따라 다음과 같이 분류한다.

(1) 일반 화재 (A급)

일반적으로 나무, 종이, 섬유 등의 가연물의 종류에 따라 다음과 같이 분류한다.

(2) 기름화재 (B급)

일반적으로 인화성 액체 및 유지류가 연소되는 화재를 말하며, 주로 질식소화가 효과적이다.

(3) 전기화재 (C급)

변전실, 발전기실 등의 전기기기 또는 감전의 위험이 수반되는 시설에서 발생하는 화재를 말하며, 주로 질식 소화가 효과적이며 특히 물에 의한 소화는 금해야 한다.

(4) 가스 화재

도시 가스, 프로판 가스 등의 화재를 말하며, 이들의 연소상태는 B급 화재(기름 화재)와 비슷하나 연소시 분출현상이 수반되므로 기름 화재와는 다소 다르다.

1-3 소화원리

화재의 3요소는 가연물, 산소공급원, 점화원이다. 소화의 원리는 3요소가 성립되지 못하게 분쇄하는 것이며, 소화방식은 다음과 같이 4가지로 분류할 수 있다.

(1) 냉각소화

가연물을 냉각하여 그 온도를 발화점 이하로 낮추는 방법이며, 연소중에 가연물의 온도를 저하시켜서 연소를 정지시키는 소화와 가연물의 온도를 저하시켜서 점화에너지를 받지 않도록 하는 방화로 구분된다.

(2) 질식소화

연소에 필요한 산소 공급을 차단하여 연소를 정지시키는 방법이다. 모든 화재에 가장 적당한 소화방법으로 유류화재에 많이 이용된다.

(3) 제거소화

연소반응 중에 가연물을 제거함으로써 연소를 정지시키는 방법이다. 예를 들면 가스 화재시 가스 배관의 콕이나 밸브를 잠가서 가스의 공급을 차단시키면 가연물이 제거되어 연소가 정지된다.

(4) 희석소화

연소의 3요소 중에서 두 가지 요소에 대하여 행하는 방법으로써 가연물을 희석시키는 방법과 산소를 희석시키는 방법이 있다. 가연물의 희석방법은 수용성의 가연물에 물을 첨가하여 희석시켜서 연소를 정지시키는 것이며, 산소의 희석방법은 연소에 필요한 산소의 공급원인 공기중의 산소 농도를 낮추어 연소를 정지시키는 방법이다.

2. 소방설비

소방시설의 종류는 소방법 시행령에서 소화설비, 경보설비, 피난설비, 소화수용설비 및 기타 소방 활동상 필요한 설비로 규정하고 있다. <표 2-1>은 특수 소방대상물을 나타내고, <표 2-2>는 소방법시행령 제13조에서 규정하고 있는 소방시설의 종류를 나타낸다.

<표 2-1> 특수 장소(특수 소방 대상물)

종 별	용도별	비 고	종 별	용도별	비 고
제1종 장소	1. 공연장	극장, 영화관·연예장 등	제2종 장소	17. 정거장	터미널, 선박·항공기의 발착장
	2. 경기장	각종 경기장, 체육관 등		18. 대합실	
	3. 집회장	공회당, 시민홀, 예식장, 노동회관 등		19. 교회, 사찰	
	4. 음식점	대중음식점, 유흥음식점, 다방 등		20. 4층 이상의 공동주택	아파트
	5. 유기장	당구장, 기원·전자 유기장 등		21. 학교	
	6. 시장	도매시장, 일반 소매시장, 백화점 등		22. 학예전시관	도서관, 박물관·미술관·과학관
	7. 여관			23. 강습소	학원, 독서실·헬스클럽 등
	8. 호텔	콘도미니엄		24. 사업장	은행, 회사·이발소, 화장장 등
	9. 여인숙			25. 공장	

종별	용도별	비고	종별	용도별	비고
제1종 장소	10. 기숙사		제3종 장소	26. 영화 및 텔레비전 촬영소	방송시설 등
	11. 의료원	종합 병원, 의원, 조산소 등		27. 창고	
	12. 노인복지시설	양로시설, 노인 복지 회관 등		28. 차고, 주차장	
	13. 아동복지시설	아동상담소, 보육시설, 탁아 시설 등		29. 비행기 격납고	
	14. 심신 장애자 복지시설	지체 부자유자 재활시설, 점자 도서관 등	지정 문화재	문화재 보호법에 의해 서 문화재로 지정된 건축물	
	15. 유치원		지하가		지하상가터널(궤도차량용 제이)
	16. 공중목욕장	일반 목욕탕, 특수 목욕탕·실내수영장·안마시술소 등	복합 건물	하나의 건축물에 제1종 내지 제 3종 장소에서 용도가 2 이상이 복합되어 있는 건축물	

<표 2-2> 소방시설의 종류

구 분		소방용 설비의 종류
소방에 필요한 설비	소화설비	1. 소화기 및 간이 소화용구(물양동이·소화 수통·건조사·팽창 질석·소화 약제) 2. 옥내 소화전 설비 3. 스프링클러 설비 4. 물분무 소화 설비·포발 소화 설비·이산화 탄소 설비·할로겐화물 소화 설비 및 분말 소화 설비 5. 옥외 소화 설비 6. 동력 소방 펌프 설비
	경보설비	1. 자동화재탐지설비 2. 전기화재경보기 3. 자동화재속보설비 4. 비상경보설비(비상벨·자동식 사이렌·방송설비)
	피난설비	1. 미끄럼대·피난 사다리·구조대·완강기·피난교·피난 밧줄 기타 피난 기구 2. 유도등 또는 유도 표지 3. 비상 조명등 4. 방열복·공기 호흡기 등 인명 구조 장구
소화 용수 설비		1. 소화 수조·저수지 기타 소화 용수 설비 2. 상수도 소화 용수 설비
기타 소화 활동상 필요한 시설		1. 배연설비 2. 연결송수관설비 3. 연결상수설비 4. 비상콘센트설비 5. 무선통신보조설비

2-1 옥내소화전 설비

옥내소화전은 화재가 소화기로는 불가능한 단계에 사용하는 소화설비로서 건물 각 층의 벽면에 호스, 노즐, 소화전을 내장한 소화전함을 설치하고 소화펌프 및 배관으로 소화전에 급수해 둔다.

2-1-1 설치

옥내소화전 설비는 수원, 가압 송수장치, 배관, 소화전, 부속장치 등이며 <그림 2-2>와 같다. 방화대상물의 층마다, 그 층의 각 부분에서 호스 접속구까지의 수평거리가 25m 이하가 되도록 설치한다. 설치위치는 피난자 및 조작원의 안전을 고려하여 복도 또는 계단에 가까운 위치로 하는 것이 바람직하다. 이 경우에 방화문의 개폐를 방해가 되지 않는 위치로 해야 한다.

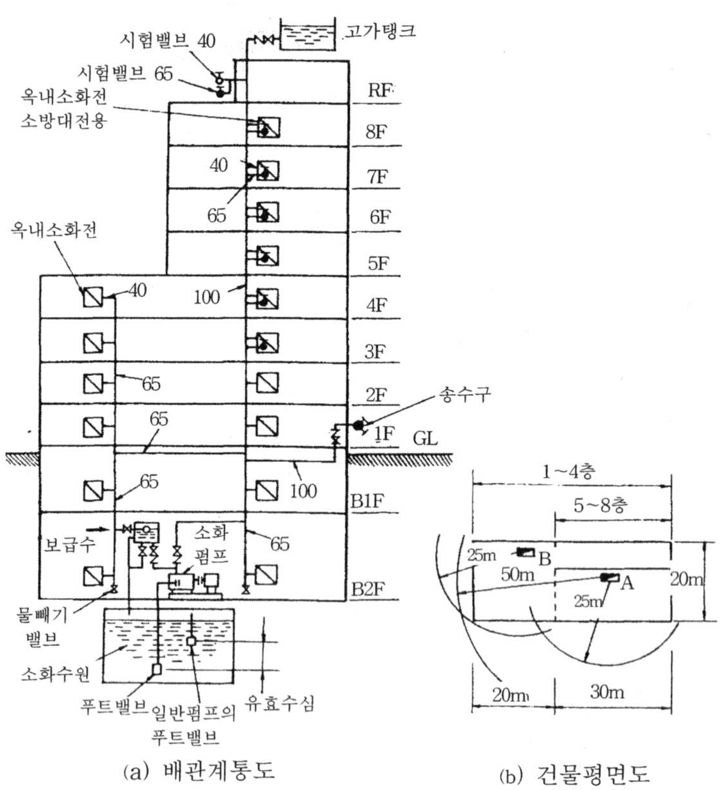

<그림 2-2> 옥내소화전 설비의 계통도

2-1-2 수원

수원의 수량은 옥내소화전 설치수가 가장 많은 층에서의 설치수(설치수가 5를 넘는 경우는 5로 한다)에 $2.6m^3$를 곱해서 얻은 값 이상으로 한다. 수원의 종류는 지하에 설치하는 지하수조, 고가수조, 압력수조방식이 있다. 수원의 수위가 펌프보다 낮은 곳에 있을 때는 다음과 같은 호수조(呼水槽)를 설치한다.

① 호수조는 전용으로 하고 용량은 100~150l 정도로 한다.
② 호수조에는 감수경보장치 및 자동급수장치(볼탭)를 설치한다.

2-1-3 가압송수장치

방수압력 및 방수량은 건물 내의 모든 층에서 그 층의 모든 옥내소화전(설치수가 5를 넘는 경우는 5로 한다)을 동시에 사용하는 경우에 각각의 노즐끝단에서 방수압력이 $1.7kg/cm^2$이상이고 동시에 방수량이 130l/min 이상의 성능을 갖는 것으로 한다.

2-1-4 소화전함 및 부속품

소화전함은 불연성 및 난연성의 재료를 사용하며 일반적으로는 강판제를 사용한다. 내부에는 소화전, 호수, 노즐을 내장하고 조작에 지장이 없도록 충분히 여유를 둔다. 뚜껑은 180° 열리는 구조로서 표면에 "소화전"이라고 표시한다. 소화전함의 상부에는 10m 떨어진 위치에서 식별이 용이하게 적색등을 단다.

2-1-5 배관

주배관 중에서 수지관은 호칭지름 50mm 이상으로 하고 그 배관이 5개층 이상의 층을 담당하는 경우는 65mm 이상으로 한다. 배관에는 고가수조 또는 압력수조 등을 이용하여 항상 물을 채워둔다.

2-2 옥외소화전 설비

대규모 건축물의 1, 2층의 소화를 목적으로 한 것으로 인접건물로의 연소방지에도 사용되며, 옥외소화전은 소화전 호스와 노즐을 수납한 수납전함, 배관, 가압 송수장치, 수원으로 구성된다. 옥외소화전 설비의 계통도는 <그림 2-3>과 같다.

2-2-1 설치

방화대상물의 각 부분에서 하나의 호스 접속구까지의 수평거리가 40m 이하가 되도록 설치한다. 설치위치는 건물의 출입구, 창 등에 가까운 옥외로서 건물 내부의 소화활동을 용이하게 할 수 있는 장소로 한다. 또, 노즐, 호스 등의 방수용 기구를 내장하는 옥외소화전함은 옥외소화전에서 도보거리 5m 이내의 장소에 설치한다.

2-2-2 수원

수원의 수량은 옥외소화전의 설치수(설치수가 2개를 넘을 경우 2개로 한다)에 $7m^3$를 곱해서 얻은 수량 이상으로 한다.

2-2-3 가압송수장치

모든 옥외소화전(설치수가 2개를 넘을 경우 2개로 한다)을 동시에 사용한 경우에 각각 노즐선단에서의 방수압력이 $2.5kg/cm^2$이상, 방수량은 $350l/min$ 이상의 성능을 갖는 것으로 한다.

2-2-4 소화전 및 부속품

소화전 밸브는 설치환경, 조건 등에 의해 지상식·지하식, 단구·쌍구, 보통형·부동형(不凍形) 등으로 구분된다. 표지, 표시는 옥내소화전에 준한다.

2-2-5 배관구조

옥내소화전 설비와 거의 같으나 옥외에 매설하게 되므로 강관의 경우는 아스팔트 슈트권으로 하는 등 방식피복을 행하거나 수도용 주철관 등 내식성이 뛰어난 재료를 사용한다. 배관의 최소관경은 소화전의 개구수가 1개인 경우는 65mm 이상, 2개인 경우는 100mm 이상으로 하는 것이 바람직하다.

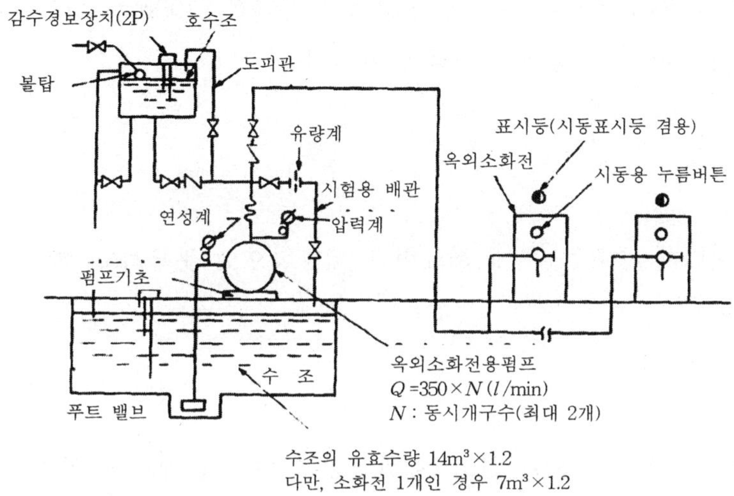

<그림 2-3> 옥외소화전 설비의 계통도

2-3 스프링클러 설비

이 설비는 건물 천장에 설치하여 실내온도의 상승으로 가용 합금편이 융용됨으로써 자동적으로 화염에 물을 분사하는 자동소화설비이다. 또한 화재가 발생하면 자동적으로 퓨즈가 끊어져 물이 실내로 분사하는 소화를 행함과 동시에 화재경보 장치가 작동하여 화재를 초기에 진화할 수 있다.

2-3-1 적용 건물

① 지하층, 무창층 등과 같이 소방차 진입이 곤란한 곳에 설치

② 4층 이상, 10층 이하의 층으로서 바닥면적 1000m^2 이상인 것

③ 시장으로서 판매장 바닥면적의 합계가 4층 이하의 건축물에서는 9,000m^2 이상, 5층 이상의 건축물에 있어서는 6,000m^{2}이상인 것.

④ 11층 이상의 소방대상물로서 여관 또는 호텔의 용도로 사용되는 소방대상물은 전층

⑤ 제 1, 2, 4, 5류의 준위험물이나 특수 가연물로서 지정수량의 1,000배 이상을 저장 · 취급하는 것

⑥ 반자 높이가 10m 이상의 래크식 창고로서 연면적 2100m^{2}이상인 것

⑦ 스프링클러 설비가 해당되는 건물의 보일러실

2-3-2 종류

스프링클러 설비의 종류는 크게 폐쇄형과 개방형으로 분류하고 배관 계통도는 <그림 2-4>와 같다.

(1) 개방형

개개의 헤드에는 퓨즈 부분이 없고, 배관도중의 밸브의 개폐에 의하여 일정구역 마다의 헤드가 일제히 방수하는 것. 극장, 무대, 공장 등 천장이 높은 곳에서 사용한다.

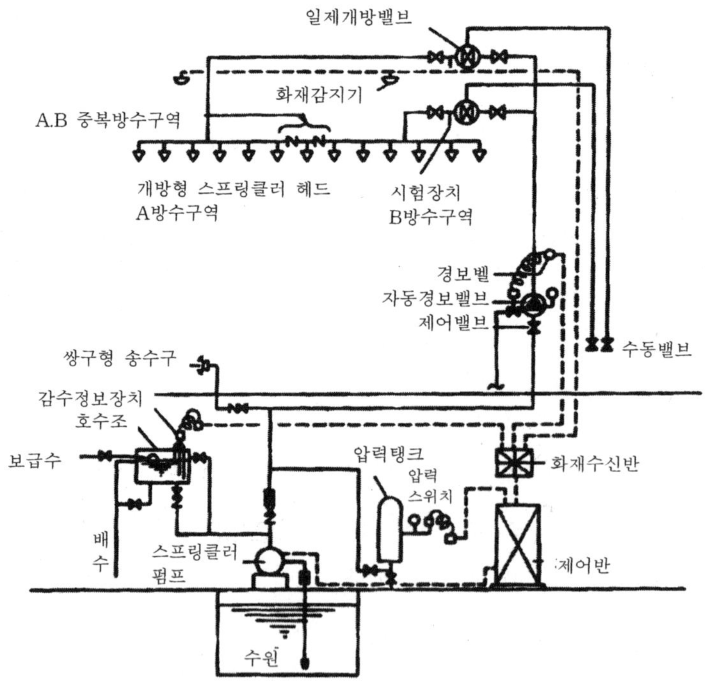

(a) 개방형

(2) 폐쇄형

헤드 끝이 막혀 있고 배관 내에는 항상 물이나 압축공기가 차 있어 용융편이 녹으면 곧 바로 물이 방사된다.

① 습식 : 수원에서 헤드까지 전 배관에 물이 채워져 있다. 가장 일반적인 방식이며, 겨울은 얼지 않도록 보온이 요구되며, 누수의 우려가 있다.

② 건식 : 배관중에 압축공기를 충진하여 놓고 화재에 의하여 퓨즈가 녹으면, 먼저

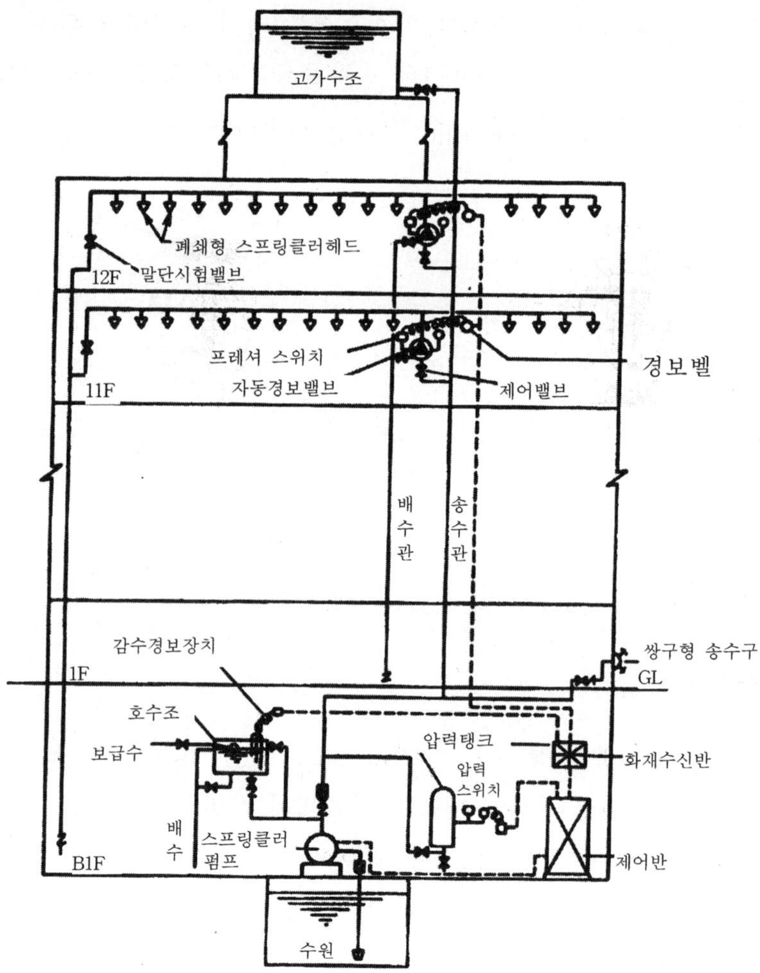

(b) 폐쇄형

<그림 2-4> 스프링클러 설비의 계통도

공기가 방출되고 물을 분출하는 시스템이다. 한냉지 등 동결의 위험이 있는 곳에서 사용한다.

2-3-3 스프링클러 헤드의 구조

스프링클러 헤드의 모양은 다양하지만 그 원리는 대부분 비슷하다. 헤드는 프레임, 디플랙터, 가용편 등으로 구성되어 있으며, 종류는 일정 온도에 의해 가용편이 용융되는 가용 합금형과 온도에 의해 밀봉된 액체가 팽창하여 유리구가 터지는 밸브형의 2 종류가 있다. 스프링클러 헤드의 가용편의 용융온도는 67~75℃ 정도이며, 방수압력은 $1kg/cm^2$ 이상이고, 방수량은 $80l/min$ 이상이 되어야 한다.

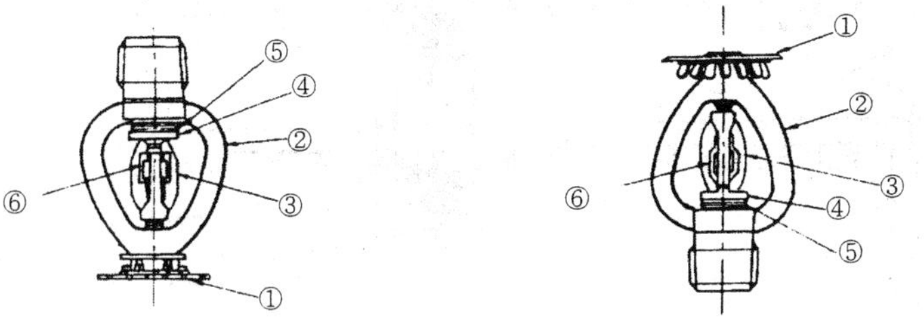

(a) 하향형 (b) 상향형

① deflector ② frame ③ fusible link
④ valve cap ⑤ metal gasket ⑥ cylinder

<그림 2-5> 스프링클러 헤드의 구조

2-3-4 시설기준

① 헤드는 소방대상물의 천장 또는 반자와 덕트, 선반 기타 이와 유사한 부분에 설치한다. 다만, 폭이 9m 이하인 실내에는 측벽에 설치할 수 있다.

② 천장, 반자, 선반 등의 각 부분에서 하나의 스프링클러 헤드까지의 수평거리는 무대부 1.7m 이하, 래크식 창고 2.5m 이하, 백화점 등에는 2.1m 이하, 내화구조 건축물에는 2.3m 이하로 한다.

③ 방수압은 $1kgf/cm^2$ 이상이며, $12kgf/cm^2$를 초과하지 말고, 방수량은 $80l/min$ 이상으로 한다.

④ 무대부에는 개방형 헤드를 설치한다.

⑤ 일반적으로 헤드 하나가 소화할 수 있는 면적은 $10m^2$로 본다.

2-3-5 스프링클러 헤드의 배치방법

스프링클러 헤드의 배치방법은 정방형과 지그재그형 2 종류가 있다. 정방형으로 배치하는 경우, 설치간격은 내화건물에서 3.2m 이하, 백화점 등에서 3.0m 이하로 한다. 정방형으로 배치하는 경우, 헤드의 대각선 거리는 내화건물에서 4.6m 이하, 백화점 등에서 4.2m 이하로 한다.

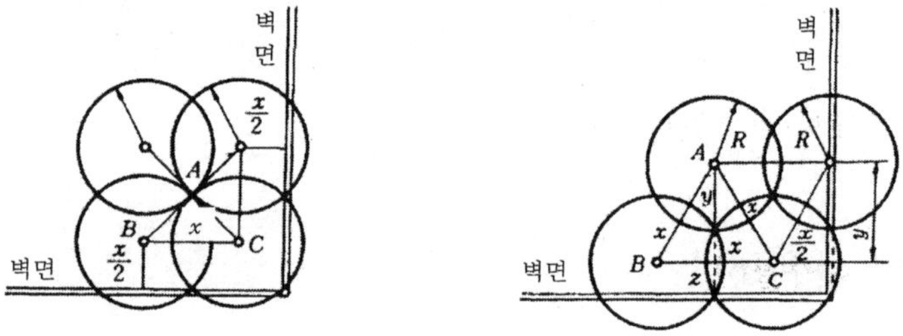

ΔABC는 직각이므로,

$x^2 = R^2 + R^2 = 2R^2$

$\therefore\ x = \sqrt{2}R$

(a) 정방형 배치

$y = \frac{3}{2}R,\ z = \frac{1}{2}R$

$x^2 = \left(\frac{x}{2}\right)^2 + \left(\frac{3}{2}R\right)^2$

$\therefore\ x = \sqrt{3}R$

(b) 지그재그형 배치

<그림 2-6> 스프링클러 헤드의 배치법

3. 특수 소방설비

근대 들어 각종 산업의 발달로 생산공장이나 대규모 빌딩에서 주택, 아파트에 이르기까지 화재발생 건수도 과거에 비해 많아졌고, 화재의 종류 또한 다양해짐에 따라 종전과 같이 물로 소화해야 한다는 고정관념으로 진화에 임했을 때 오히려 화재가 확대되는 결과를 가져다 줄 수도 있다.

따라서 소화설비도 특수한 것이 연구되어 건축구조 가연물의 종류나 조건에 따라 이에 대앙한 특수 소화설비가 사용되어야 한다.

3-1　물 분무 소화설비

이 소화설비는 스프링클러 설비보다 더 미세하고 보다 균일한 분무상의 물로 연소면을 덮어 보통의 방수로서는 소화할 수 없는 가연물, 유류, 전기화재에 유효하다. 가솔린 등 인화점이 낮은 가연성 액체의 소화는 곤란하지만, 차고 등에서 기름의 층이 엷은 경우나 위험물 저장소·취급소 또는 통신설비의 화재에 특히 유효하다.

3-2　포 소화설비

포헤드, 노즐에서 공기 혹은 탄산가스를 내장하는 포를 분출하여 기름면을 덮어 질식 소화하는 설비이다. 특히 저인하의 유류에 유효하며 비행기 격납고, 차고, 위험물 저장 탱크 등 유류화재 소화에 적합한 설비이다.

3-3　탄산가스 소화설비

이 소화설비는 분사헤드 또는 노즐에서 이산화탄소를 방사하여 공기보다 비중이 무거운 탄산가스로 가연물에의 산소공급을 차단하여 질식소화를 주로 하는 소화설비이며 기화시에 흡열에 의한 냉각작용을 한다. 일반적으로 가연물은 산소농도를 용적비 15% 이하로 하면 소화되지만, 재실자도 질식하게 되어 보안조치가 필요하다. 이 소화설비는 통신기계실, 중요 문화재의 화재나 감전의 염려가 없는 전기화재, 기름화재 등에 유효하다.

3-4　할로겐화물 소화설비

할로겐화물을 질소가스의 압력으로 송액하고, 분사헤드 또는 노즐에서 가스상태나 안개상태로 방사하여 불연성의 가스에 따라 산소농도를 저하시키는 질식작용과 할로겐의 마이너스 촉매효과에 의한 연소의 억제작용에 따라 소화를 행하는 것으로 냉각에 의한 소화효과도 있다.

전도성이나 오손이 없고 소화효과는 탄산가스 가스설비와 거의 같지만 억제작용이 있기 때문에 소화능력이 크고 질식 등 인체에의 위험이 적은 소화제도 있으며, 전산기실이나 전기실 등의 소화에 적합하다.

방출방식이나 기기의 구성은 탄산가스 소화설비와 거의 같으며, 질식 등의 위험이 있기 때문에 보안장치가 필요하다.

3-5 분말소화 설비

이 소화설비는 분사헤드 또는 노즐에서 소화분말을 방사하여 소화분말이 열에 의하여 분해하여 발생하는 이산화탄소에 의하여 공기의 공급을 차단하거나, 공기 중의 산소농도를 내림으로써 연소를 정지시키는 질식효과 외에도 열분해시의 흡열작용이나 구름모양의 분말에 의하여 방사열을 차단하여 가연물의 온도상승을 방해하는 냉각작용도 한다.

소화대상물은 전기나 기름화재에 효과적이며, 소염작용이 크고 소화속도가 빠르기 때문에 특히 기름 등의 표면화재에 효과적이다. 물에 의한 손상은 없지만 소화 후에 소화배관 등을 포함하여 분말의 뒷처리나 소화제의 고정방지 등의 문제는 있으나 항공기 사고관련 화재에는 포와 함께 필요한 소화설비이다.

방출방식이나 기기의 구성은 이산화탄소 소화설비와 거의 같으며, 질식과 분말에 의한 호흡곤란 등의 위험이 있기 때문에 소화 후 보안조치가 필요하다.

4. 화재경보 설비

화재경보 설비는 화재발생을 초기에 감지하여 신속하게 거주자에게 알리는 설비로서 소방법에 따라 자동화재 탐지설비, 전기화재 경보기, 자동화재 속보설비, 비상경보설비 등으로 분류한다.

4-1 자동화재 탐지설비

자동화재 탐지설비는 건물 내의 화재 초기단계에서 발생하는 열 또는 연기를 자동적으로 감지하여 벨, 사이렌 등의 음향장치에 의해 건물 내 거주자에게 알리는 설비이다. 자동화재 탐지설비는 화재에 의해 발생한 열 또는 연기 등을 감지하는 감지기, 발생한 장소를 표시하는 수신기와 발신기, 음향장치, 표시등으로 구성되어 있다.

4-1-1 열감지기

(1) 차동식(差動式)

실내온도 상승속도가 일정 값 이상일 때 작동하는 것으로, 일반 사무실, 거실, 천장 등에 부착한다.

(2) 정온식(定溫式)

실내 온도가 일정온도 이상일 때 작동하는 것으로 바이메탈에 의해 작동한다. 이 방식은 온도 변화가 심한 식당의 주방이나 보일러실에 설치한다.

(3) 보상식

차동식과 정온식의 장치가 병합되어 있는 방식이다.

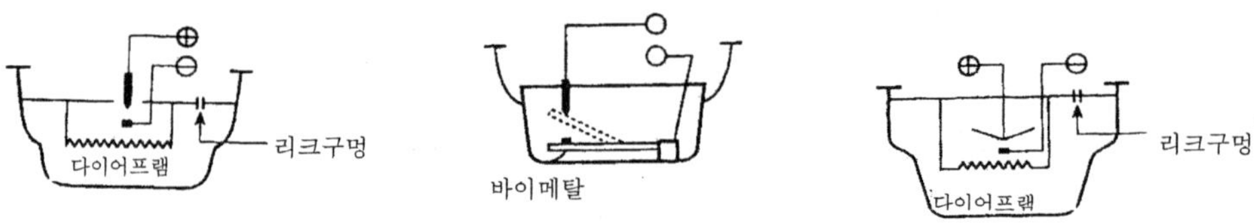

(a) 차동식 스폿형 (b) 정온식 (c) 보상식

<그림 2-7> 자동화재 탐지설비(열감지식)

4-1-2 연기감지기

(1) 광전식

감지기기 내에 연기가 일정농도 이상이면 광속이 감소되어 감지 작동한다.

(2) 이온화식

연기의 이온농도를 감지하여 작동한다.

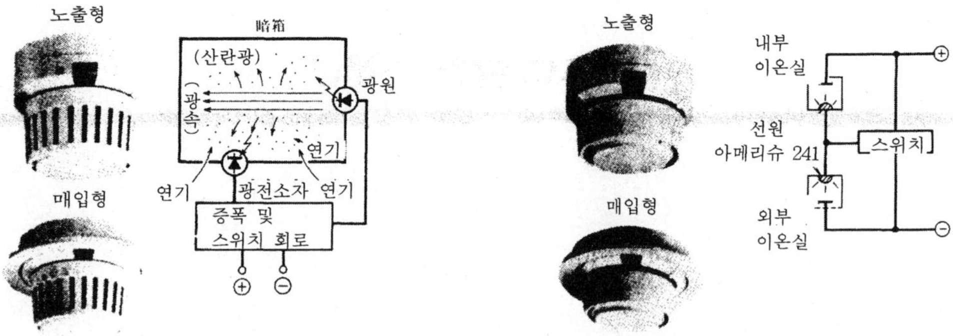

(a) 광전식　　(b) 이온화식

<그림 2-8> 자동화재 탐지설비(연기 감지식)

4-1-3 설치방법에 따른 분류

(1) 스폿형

한 곳에 부착하여 특정지역의 온도상승을 감지한다.

(2) 분포형

천장에 공기관을 분포시켜 넓은 지역의 온도상승을 감지한다.

4-2 수신기 및 발신기

화재감지기나 발신기로부터 신호를 받아 경보음을 울리고 램프를 점등시킴으로써 화재발생위치를 자동적으로 표시하는 장치이다. 수신기는 주로 경비실 등 사람이 상주하는 곳에 설치하며, P형 1급, P형 2급, R형이 있다.

발신기는 화재가 발생했을 때, 발견자가 버튼을 누르면 종이 울리는 것으로 기능에 따라 P형, M형, R형으로 나누어진다.

주요 용어 해설

1. 급수설비

- **pH값** : 용액이 산성인가 알칼리성인지를 수치적으로 표현할 경우에 사용하는 지수이다.
  pH란 Potential of Hydrogen ation의 약어인데 용액의 수소이온의 농도를 나타내는 지수이고, 수소이온 농도의 역수의 대수로 표시한다. 상온에서는 pH값 7일 때 중성이며, 7보다 작으면 산성이 강하고 7보다 크면 알칼리성이 강하게 된다. 수질규준에서는 음료수의 pH값은 5.8~8.0으로 규정하고 있다.

- **수두(水頭)** : 10m수주(水柱)를 수두라 하고 수압과 수두의 관계는 수심을 h[m]라 할 때, 수압 P는 다음과 같다. $P=0.1\cdot h$[kg/㎠]이다. 1kg/㎠ ≒10mAq =10m 수두이다.

- **수격작용(water hammer)** : 급수관이나 급탕관 내의 유속이 크고, 그 흐름을 급정지시킬 때에 물의 운동에너지가 급격한 압력 상승으로 변하고, 관내에 압력파가 발생하여 어느 거리를 왕복한다. 이 힘이 관벽이나 배관상의 밸브나 수전 등에 작용하여 관을 순간적으로 신축시켜 진동을 발생시키고, 소음을 낸다든지, 거기에 접속하는 기기류에 손상을 주는 형상을 말한다.

- **경도(硬度)** : 수중의 칼슘, 마그네슘의 이온량을 이에 대응하는 탄산칼슘($CaCO_3$)의 양으로 ppm으로 환산해서 나타낸 것이다.

- **잔류염소** : 잔류염소는 0.1ppm이상 유지토록 법적으로 규정하고 있으며, 물의 출구까지 대장균, 세균을 억제하기 위함. 염소는 물에 용해하여 $Cl_2 \cdot 8H_2O$를 만들고 해리(解離)한다.
  여기서, HOCl분자(치아염소산)가 주로 살균작용을 한다.
  $Cl_2 + H_2O \rightarrow Cl_2 \cdot 8H_2O \leftrightarrow HCl + HOCl$
  $HCl + HOCl \leftrightarrow H^+ + Cl_- + OCl^-$

- **용존산소(dissolved oxygen)** : 물 속에 녹아 있는 산소량을 나타내는 수치로서, 이 수치가 클수록 물이 깨끗하다는 것을 의미한다.

- **역사이펀 작용** : 위생기구 등에 토출된 물 또는 사용한 물이 급수관 부압(負壓) 시에 사이펀 작용으로 급수 관내로 흡인되는 것을 말한다.

- **진공방지기(vaccum breaker)** : 급수관 내(內)가 부압(負壓)이 되려고 할 때, 자동적으로 공기를 급수관 내에 보급하여 역사이펀 작용을 방지하기 위한 기구. flood level보다 보통 150mm 이상을 적용한다. 또는 역류방지기(back-syphon breaker)라고도 한다.

- **펌프의 최대 설치높이(NPSH : Net Positive Suction Head)** : 흡입액면상의 기압과 펌프의 회전차 중심에 대한 압력의 차에 의해서 정해지기 때문에 그 때의 상태에 따라 일정한 한도가 있다. 실제로 펌프의 내부를 완전진공은 구조상 불가능하고 흡입관 속의 손실수두, 양액의 증기압, 설치위치의 표고 등의 영향을 받기 때문에 실제 설치높이는 보통 7m정도가 한도이다.

- **캐비테이션(cavitation)** : 액체가 유동하고 있을 때, 어느 장소에서의 정압(靜壓)이 그 때의 액체온도에 상당하는 포화증기압보다 낮아지면 액체는 구부적 증발을 일으키고 기포가 발생한다. 원인은 유체가 넓은 유로에서 좁은 곳으로 고속으로 유입될 때, 또는 벽면을 따라 흐를 때 벽면에 굴곡이 있거나 만곡부가 있으면 용존공기와 분리되어 발생한다.

- **서징(surging)현상** : 펌프운전 중에 압력 게이지의 눈금이 어떤 주기를 가지고 큰 진폭으로 흔들림과 동시에 토출량도 어떤 범위에서 주기적인 변동이 발생되고, 흡입

및 투출배관의 주기적인 진동과 소음을 수반한다.

- **크로스 커넥션(cross connection)** : 음료수 배관과 음료수이외의 배관과 접속하는 것을 말하며, 음료수와 일단 배출된 물이 흡입 또는 혼합하게 되는 배관접속을 방지토록 한다.

- **슬리브(sleeve)이음** : 바닥이나 벽을 관통하는 배관의 경우, 콘크리트를 타설할 때 미리 철판으로 만든 슬리브 속으로 관을 통과시켜 배관을 한다. 이렇게 하면 후일 관을 교체하거나 수리할 경우 편리하며 관의 신축에도 무리가 가지 않는다.

- **급수단위(Fixture Unit : F.U)** : 1분당 30 l의 급수량을 1단위로 하여 각 기구의 단위를 산출하여 급수량을 정하는 방법으로 주로 급수관의 규격을 구하는데 적용된다.

- **급수의 조닝** : 초고층 건물은 최고층과 최하층의 수압차가 크므로 최하층에서는 과대한 급수압으로 수전의 수압이 너무 커서 수격작용이 생기고, 그 결과 소음이나 진동이 일어나며 기구의 부속품 등의 파손이 생기므로 적절한 수압을 유지하기 위해 급수 조닝을 한다.

- **세정 밸브식(flush valve system)** : 급수관에서 플러시 밸브를 거쳐 변기 급수구에 직결되고 플러시 밸브의 핸들을 작동함으로써 물이 사출되어 변기속을 세정하는 것이다. 급수관경이 25mm 이상이어야 하므로 가정용 수도 인입관이 20mm정도인 일반주택에서는 사용이 곤란하고 학교, 호텔, 사무실 등에 주로 사용한다.

- **양정(揚程)** : 펌프가 물을 퍼 올리는 높이를 말하며, 흡입수면에서 펌프의 중심까지의 높이를 흡입양정, 펌프중심에서 토출수면까지의 높이를 토출양정, 흡입수면에서 토출면까지의 높이를 실(實)양정이라고 하고, 여기에 관내 기타의 마찰손실수두를 가한 것을 전(全)양정이라고 한다.

2. 배수 및 통기설비

- **트랩(trap)** : 갖가지 액상, 고형상의 오물이 관 내벽에 부착하여 부패한 후 악취, 유

해가스, 하수가스를 발생하게 되는데 이와 같은 가스나 위생해충 등을 건물 내로 침입하지 못하도록 방지하는 기구

- **조집기(intercepter)** : 배수 중 함유된 유해위험물, 바람직하지 않는 물질, 재이용 가능 물질의 류하(流下)를 저지, 분리, 수거하고, 나머지 수액은 자연유하 배수할 수 있는 기구 또는 장치이다.

- **통기관(vent pipe)** : 물이 배수관을 통과할 때, 관 내의 공기는 수류에 의해 압축 또는 흡인되어 관 내의 기압이 정압 또는 부압으로 변동한다. 이 변동폭이 어느 한도를 넘으면 트랩봉수를 파괴한다. 따라서 배수관 내의 필요 개소를 대기에 개방하여 변동압력을 빠져나가게 하거나 공기를 보급하여 관내를 대기압에 가깝게 유지한다. 이와 같이 배수관과 대기를 연결시키는 역할을 하는 관을 말한다.

- **봉수(封水)** : 수봉트랩의 수봉기능을 다하고 있는 물을 말하며, 보통 봉수의 깊이는 50~100mm정도이다.

- **배수기구단위(fixture unit value)** : 미국에서는 세면기의 배수량을 28 *l*/min로 하고 이것을 1로 정하고 타 기구의 배수량을 그 배수로 표시하며, 이것을 각 기구의 배수단위로 해서 기구단위에 다라 배수관의 관경을 결정한다.

3. 오물정화설비

- **호기성균** : 공기나 물에 존재하는 유리산소로 번식하는 종류의 세균으로서 공기가 충분한 곳에서 생존한다. 활성 슬러지법이나 살수여과베드 등의 하수처리에 이용된다.

- **혐기성균** : 공기가 거의 없는 곳에서 번식하는 종류의 균으로서 오염원의 유기화합물을 환원 또는 분해하고 산소를 빼내어 생존한다.

- **생물화학적 산소요구량(BOD; Biochemical Oxygen Demand)** : 박테리아가 유기물질을 세포로 전환하고 다시 산화하는 과정에서 호흡용으로 소모되는 산소를 측정하는 것이다.

• **화학적 산소요구량(COD; Chemical Oxygen Demand)** : 유기물질을 이산화탄소와 물로 전환하는데 소요되는 산소량을 화학적으로 측정하여 유기물질의 총농도를 결정한다.

• **살수여상법(撒水濾床法)** : 오수를 여과바닥에 살포하고, 오수중의 세균이나 기타 생물이 여과바닥 위에 생물막을 형성하며, 여과재 표면을 흘러내리는 오수중의 부유물이나 용해성 유기물을 이 생물막에 수착(水着)시키는 방법의 물정화법.

• **스컴(scum)** : 원래 비중이 적은 물질이나 혐기성 부패물로서 오수 표면에 부유하는 물질을 말하며, 기계 또는 사람이 제거해야 한다.

• **오니(汚泥)** : 하수처리 또는 정수(淨水)과정에서 생긴 침전물. (=슬러지<sludge>)

• **플록(floc)** : 물 속의 현탁물, 유기물, 미생물 등의 미립자를 응집제에 의하여 응집시켜서 크게 뭉쳐진 고체를 말하며, 이것을 바르게 침강시켜 물의 정화를 돕는다.

4. 난방설비

• **현열(顯熱)** : 물체의 상(相)이나 조성을 바꾸지 않고 온도가 변하는 데에만 소비되는 열

• **잠열(潛熱)** : 물체의 고체, 액체, 기체 등의 상태로 바뀌는 경우에 상태를 바꾸기 위하여 필요한 열을 말한다.

• **엔탈피(enthalpy)** : 어떤 물체가 가지고 있는 전(全)열량을 말한다. 즉 현열과 잠열을 합한 것을 말한다.

• **비열(比熱)** : 어떤 물질 1kg을 온도 1℃ 올리는 데 필요한 열량이다. 공기의 중량비열은 0.24 kcal/kg · ℃이다. 또 표준공기 $1m^3$를 온도 1℃올리는데 필요한 열량 즉, 용적비열은 0.24kcal/kg · ℃×1.2kg/㎥≒0.29kcal/㎥ · ℃이다.

• **정압비열** : 정지 상태에 있는 기체가 압력이 일정한 그대로 열량을 취할 때 그 일부는

기체가 팽창하는 일에 사용되는데, 이 때의 비열을 말한다.

- **정적비열** : 기체를 일정한 용적하에서 상태 변화를 시킬 때의 비열을 말한다.
- **열전도율** : 고체 또는 정지된 유체 안에서 온도차에 의해 열이 전달되어 가는 경우 열이 얼마나 잘 전달되는가를 나타내는 물성치로서 단위는 [kcal/m · h · ℃]이다.
- **열관류율** : 열관류에 의한 관류열량의 계수로서 전열의 정도를 나타내는데 사용하며, 단위는 [kcal/m^2 · h · ℃] 이다.
- **열교(熱橋)** : 벽면 등에서 열관류율이 국부적으로 커지고 열 이동이 심하게 일어나는 부분을 말한다.
- **TAC온도** : (Technical Advisory Committee)의 약자로서 ASHRAE의 공조자문역할을 하는 위원회의 명칭이다. 냉난방설계용 외기 조건을 최고, 최저 온도로 설정할 경우 연중 극히 적은 시간을 위해 장비 등의 용량이 과대해 지므로 이와 같은 문제를 해소하기 위해 초과 확율을 도입한 온도이다.
- **ASHRAE(American Society of Heating Refrigerating and Air-conditioning Engineers)** : 미국공기조화 냉동학회
- **도일(渡日, degree day)** : 난방 또는 냉방기간에 실내 기준온도와 하루동안의 외기온도 평균값의 차이를 그 날의 도일이라 부른다.
- **상당방열면적(EDR : Equivalent Direct Radiation)** : 실내온도 18.5℃, 열매온도가 증기 102℃, 온수 80℃의 표준상태에서 얻어지는 표준방열량으로 방열기의 전열량 Q[kcal/h]를 나누어 얻어지는 값으로써 표시된다.
- **표준방열량** : 표준상태에 있어서 실내온도 및 열매에 의해 결정되는 것으로 증기난방의 경우는 650kcal/m^2 · h이고 온수난방의 경우는 450kcal/m^2 · h이다.
- **방열기 밸브(radiator valve)** : 온수 또는 증기의 유량을 조정하는 것을 목적으로 하는 밸브이다.
- **증기트랩(steam trap)** : 방열기의 환수구 또는 증기배관의 최말단부에 부착하여 증

기관 내에 생긴 응축수만을 보일러 등에 환수시키기 위해 사용하는 장치이다.

- **증기헤더(steam header)** : 증기를 각 계통별로 고르게 송기(送氣)하기 위해서 설치한 장치이다.
- **하트포드 접속법(hartford connection)** : 저압증기 난방장치에서 환수주관을 보일러의 하단에 직접 접속하여 환수하면 보일러내의 증기압력에 의해 보일러 내의 수면이 안전수위 이하로 내려간다. 또한, 환수관의 일부가 파손되어 물이 누수될 경우에는 보일러내의 물이 유출하여 보일러가 텅빈 상태가 되는데, 이런 위험을 방지하기 위해서 밸런스관을 부착하고 안전 저수면 보다 높은 위치에 환수면을 접속하는 접속방식
- **리프트 이음(lift fitting)** : 진공 환수식 난방장치에서 부득이 방열기보다 높은 위치에 환수관을 배관해야 할 경우
- **드래프트(draft)** : 인체가 불쾌하게 느끼는 기류로서, 틈새바람이나 겨울철 창면으로부터의 자연대류 냉풍 등을 말한다.
- **역환수 방식** : 온수의 유량을 균등하게 분배하기 위하여 각 방열기마다의 배관회로 길이를 같게 하는 배관방식을 말한다.

5. 공조설비

- **기초대사** : 공복시 대체로 쾌적한 환경에서 편안히 누운 자세로 있을 때의 인체의 단위시간당의 생산열량을 말한다.
- **에너지 대사율** : 작업으로 인하여 증가한 열량. 즉 노동대사의 기초대사에 대한 비로 정의한다.
- **예상평균 온냉감신고(PMV : Predicted Mean Vote)** : P.O.Fanger에 의해 제안된 것으로서 쾌적의 정도를 7단계로 표시한 것이다. 숫자는 각각 +3(hot), +2(warm), +1(slightly warm), 0(neutral), -1(slightly cool), -2(cool), -3(cold)를 나타낸다.

- **평균복사온도(MRT : Mean Radiant Temperature)** : 실내의 어떤 점에 대하여 주위 벽에서 방사하는 열량과 똑같은 열량을 방사하는 흑체의 표면온도를 말한다.
- **열수분비** : 엔탈피 변화와 공기중의 수증기량의 변화와의 비를 나타낸다.
- **현열비(Sensible Heat Factor : SHF)** : 현열비는 엔탈피 변화에 대한 현열량의 변화비율이다.
- **콘택트 팩터(Contact Factor : CF)** : 공기가 냉각코일을 통과할 때 오랫동안 접촉해서 나온 공기
- **바이패스 팩터(Bypass Factor : BF)** : 코일에 전혀 접촉하지 않고 통과한 공기. 바이패스 팩터의 값은 코일의 열수와 통과풍속에 따라 다르나 일반적으로 4열의 냉각코일은 0.1~0.2정도이다.
- **상당외기온도(相當外氣溫度, Sol-Air Temperature)** : 외기온도에[외벽면 전체일사량×일사흡수율/외벽표면 열전달률]을 더한 값
- **상당온도차(相當溫度差, Equivalent Temperature Differential)** : 태양복사열이 외벽에 닿아 진폭의 감소와 기간지연후 벽체나 지붕을 통과하여 실내에 도달되는데(q_1), 이 열과 전도열(q_2)을 합한 열량이 실제부하이므로, q_1과 q_2를 동시에 반영한 온도
- **예열부하(豫熱負荷)** : 난방 필요시각에 앞서 운전을 개시하여 실온을 설정온도로 올리는 것을 예열이라고 하고, 이때의 운전부하를 말한다.
- **축열부하(蓄熱負荷)** : 간헐난방 사용 시간의 부하와 연속난방부하와의 차이를 말한다. 일반적으로 연속난방부하의 20~40%값을 예열부하로 본다.
- **조닝(zonning)** : 건물이 대규모일 때, 외부 존(perimeter zone)과 내부 존(interior zone)으로 나누고, 다시 외기 부하의 매 시간당 변동에 대응할 수 있도록 방위별로 나누어 각각 분출온도 또는 풍량을 바꾸어 공조를 실시한다. 또한 동일 건물 내에서라도 사용할 때간이나 실내조건이 다른 방에는 그 목적에 맞추어 조닝할 필요가 있다.

• **동시부하율(diversity factor)** : CAV방식에서는 각 존의 최대 풍량의 합계를 공조기의 급기 풍량으로 선정하며, VAV방식의 급기풍량은 이에 비해 약 20~40% 적은 용량이 되며 이를 동시부하율이라고 한다.

• **엘리미네이터(eliminator)** : 공기중의 물방울이 공기 세정기에서 빠져나가지 않도록 설치한 장치.

• **풍량조절 댐퍼(volumn damper)** : 덕트 내에 흐르는 풍량을 조절, 또는 폐쇄하기 위해 쓰이는 부속품

• **스플릿 댐퍼(split damper)** : 덕트 분기점에 설치하는 댐퍼이며, 댐퍼의 위치를 조절함으로써 분기풍량을 조정할 수 있다.

• **방화댐퍼(fire damper)** : 화재 발생시 덕트내의 온도가 72℃ 이상이 되면 가용편이 녹아 자동적으로 댐퍼가 닫히도록 되어 덕트를 통한 다른 실로의 연소를 방지하기 위한 댐퍼이다.

• **가이드 베인(guide vane)** : 덕트 내의 굴곡된 부분의 기류를 안정시켜 저항을 줄이기 위한 설비이다.

• **그릴(grilles)형 취출/흡입구** : 풍량조절이 불가능하며 저속의 환기용 취출구나 흡입구에 사용한다.

• **레지스터형** : 그릴형에 셔터나 댐퍼를 부착한 것으로 풍량조절이 가능하다.

• **머쉬룸(mash room)** : 바닥밑에 배기용 덕터를 유도하여 직접 바닥에서 배기하는 경우에 사용한다.

• **정압(靜壓)** : 유동하는 유체의 전압에서 동압을 뺀 압력을 말하며, 흐름의 방향에 대해서 수직방향으로 작용하는 단위면적당의 힘을 말한다.

• **동압(動壓)** : 덕트속의 공기는 정압외에 풍속에 의하여 일어나는 압력을 있는 바, 이것을 동압 또는 속도압이라고 한다.

• **계장(instrumentation)** : 시스템의 운전 및 성능관리를 하기 위하여 설치된 측정장치, 제어장치, 감시장치 또는 그 장치를 설치하는 작업을 말한다.

6. 냉동설비

- **냉동톤** : 0℃의 물 1ton을 24시간 동안 0℃의 얼음으로 만드는 능력을 말한다.
- **브라인(brine)** : 간접 냉각식 냉동장치의 제빙·공조 등에 사용되며, 냉동에는 2차 냉매로서 원래는 염수를 말한다.
- **임계온도** : 기체를 액화할 수 있는 최고의 온도. 참고로 각 냉매의 임계온도는 암모니아 133℃, 탄산가스 31.35℃, 아황산가스 157℃, 프레온 12 111.5℃, 메틸클로라이드 143℃이다.

7. 전기설비

- **역률(力率)** : 교류회로에 전력을 공급할 때의 유효전력과 피상전력과의 비
- **부등률** : 부하의 수요전력이 최대가 되는 시각이나 조건이 다른 몇 개의 부하군일 때 종합된 부하의 최대 수요 전력의 값을 각개의 최대 수요 전력합계보다 적게 잡기 위한 것
- **콘덴서** : 축전기라고도 하며 유도체와 전극과의 조합에 의해 전하를 저장하는 장치로 역률개선에 사용된다.
- **분전반** : 분기 보안장치로 퓨즈류를 모아 놓은 장치롯, 배전반으로부터의 각 간선에서 소요의 부하에 배선을 분기하는 개소에 설치한 것으로 배전반의 일종이다.
- **전압강화** : 전선에 전류를 보냈을 때 그 저항으로 인해 전압이 강화하는 현상. 길이와 전류에 비례하며, 전선의 단면적에 반비례한다.
- **서킷 브레이크(circuit breaker)** : 과전류가 흐를 때 자동적으로 회로를 끊어서 보호하는 것으로, 퓨즈와는 달리 아무런 손상을 입지 않고 다시 원상태로 복귀하여 재사용할 수 있으며, 노퓨즈 브레이커라고도 한다.

• **코브 라이트(cove light)** : 벽의 구조로 조명기구를 이용하는 방식이다.

8. 소방설비

• **스프링클러(sprinkler)설비** : 건축물의 천장 또는 천장 위에 배관으로서 스프링클러 헤드를 배치하고 화재의 초기 단계에서 헤드가 일정 온도에 이르면 자동적으로 개방되며 압력수가 광범위하게 살수되어 소화 도는 불길의 억압, 연소확대를 방지하는 설비

• **포말 소화설비** : 비행기 격납고, 차고, 위험물 저장탱크 등 유류 화재소화에 적합한 설비로 연소면을 포말로 덮어씌움으로써 산소의 공급을 차단하여 질식 소화하는 방식이다.

• **분말 소화설비** : 일반적으로 중조(탄산수소 나트륨)를 주성분으로 하는 약제의 분말을 질소 또는 탄산가스의 압력으로 노즐 또는 호스에서 방사하여 연소면을 감싸고 공기를 차단하여 화재의 열로 분해시켜 이산화탄소와 다량의 수증기를 발생하여 질식작용에 의해 소화하는 것으로 가솔린 화재에 적합하다.

• **할로겐화물 소화설비** : 증발성 액화 소화설비라고도 하며, 증발하기 쉬운 액체의 소화제를 탄산가스 등의 가압용 압력으로 방사하여 주로 질식작용과 억제작용으로 소화하는 방식으로, 인체에 거의 무해하고 소화로 인한 2차적인 피해가 없어 가장 우수한 설비로 최근 많이 쓰이고 있다.

• **드렌처(drencher)설비** : 건축물의 외벽, 창, 지붕 등에 설치하여 인접건물에 화재가 발생했을 때 수막을 형성함으로써 화재의 연소를 방지하는 방화설비이다.

• **디플렉터(deflector)** : 스프링클러설비의 방수구에서 유출되는 물을 세분시키는 작용을 하는 부분

건축설비

2022년 2월 10일 인쇄
2022년 2월 25일 발행

공 저 : 남재성·신동인·김태곤·도진석·최상현
펴낸이 : 이 석 환
펴낸곳 : 도서출판 서우
등 록 : 제8-159호
주 소 : 서울시 은평구 대조동 191-5
전 화 : (02)383-1696,1697
팩 스 : (02)387-9578
ISBN 89-91985-06-8 93540

값 23,000 원

신저작권법에 의한 한국에서 보호를 받는 저작물이므로
무단전재와 복제를 금합니다.